疫情大考中的中国建造

CHINA CONSTRUCTION IN THE EPIDEMIC

火神山医院、雷神山医院

建 设 纪 实

主编：张琨

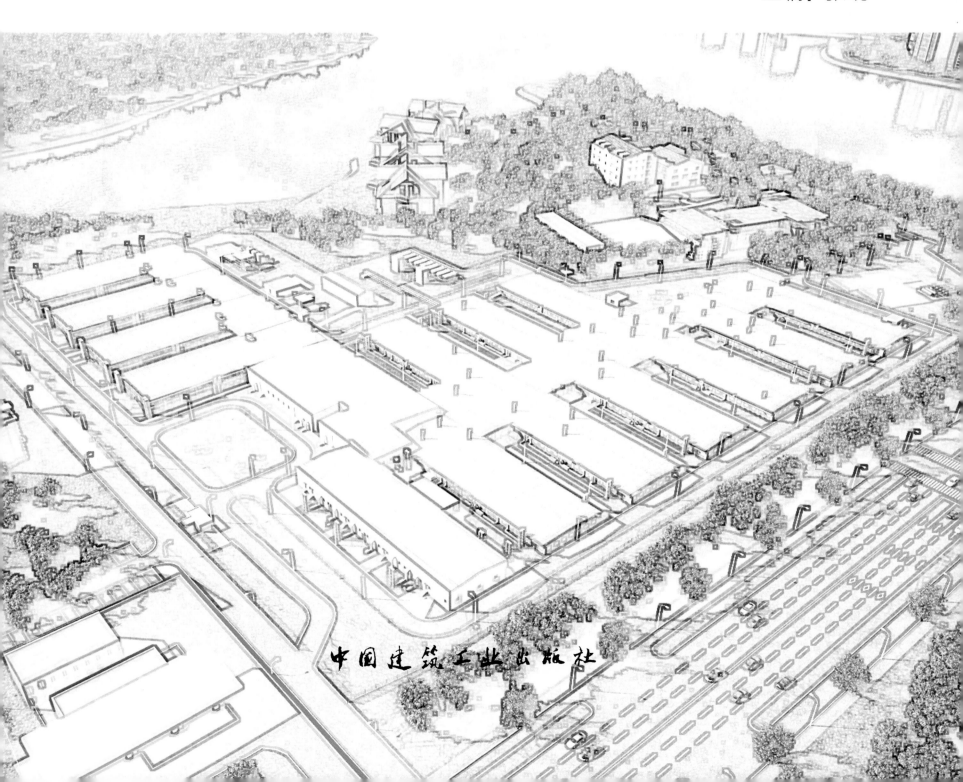

中国建筑工业出版社

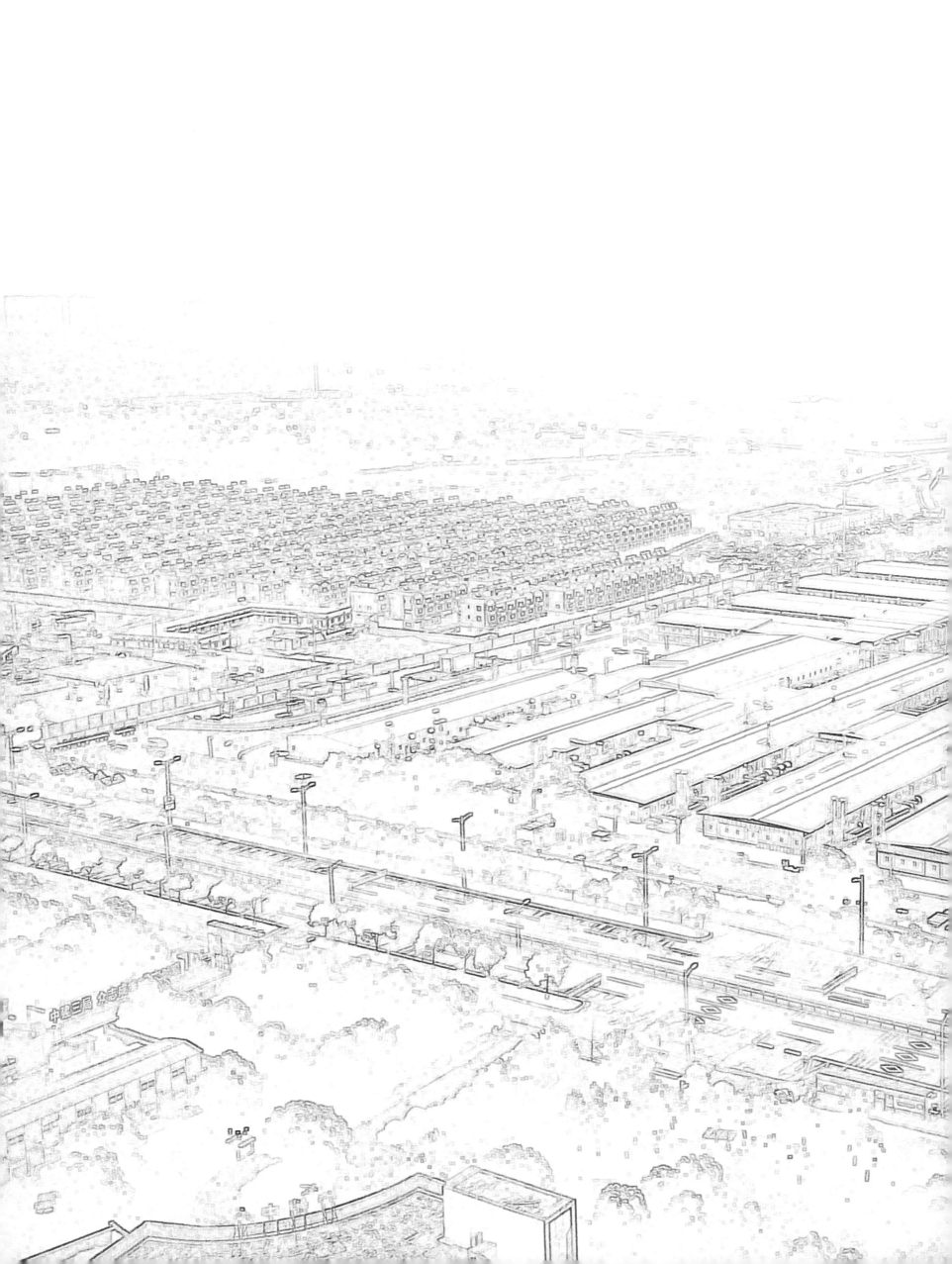

前言 | PREFACE

2020 年初，新型冠状病毒肺炎（COVID-19）疫情在武汉蔓延，防疫形势异常严峻。为增加重症患者收治能力，武汉市决定火速抢建火神山、雷神山两座应急防疫医院。

面对极端的建造条件，中建三局集团临危受命，牵头建设火神山、雷神山医院。在这场承载生命重托的特殊战斗中，数万名建设者奋不顾身，夜以继日，发挥长期积累的管理、技术优势，以 10 天、12 天的极限速度高标准建成两座 1000 床位、1600 床位的大型传染病医院，创造了令世人惊叹的"中国速度"。

在参建单位的共同努力下，两座医院在快速建造、防病毒扩散、信息化技术、快速调试与智能化运维等方面取得了较大创新与突破，实现了周边环境"零污染"、医护人员和维保人员"零感染"的理想运营效果。

这是在疫情大考中"中国建造"的一次精彩亮相！

在疫情防控的最关键时期，火神山医院运行 73 天，累计收治患者 3059 人；雷神山医院运行 68 天，累计收治患者 2011 人。为打赢疫情防控的武汉保卫战发挥了重要作用。

火神山、雷神山医院的建设，充分体现了中国特色社会主义制度的优越性，践行了习近平总书记"人民至上，生命至上"的理念。能够以极短的工期建成，是党和政府调动全国资源、全社会齐心相助的结果。谨以此书向两座医院建设的决策者、组织者、参建者、医疗团队、志愿者以及以各种方式给予支持的团体和个人表示崇高的敬意！

由于水平所限，书中难免会有贻误，敬请读者谅解。

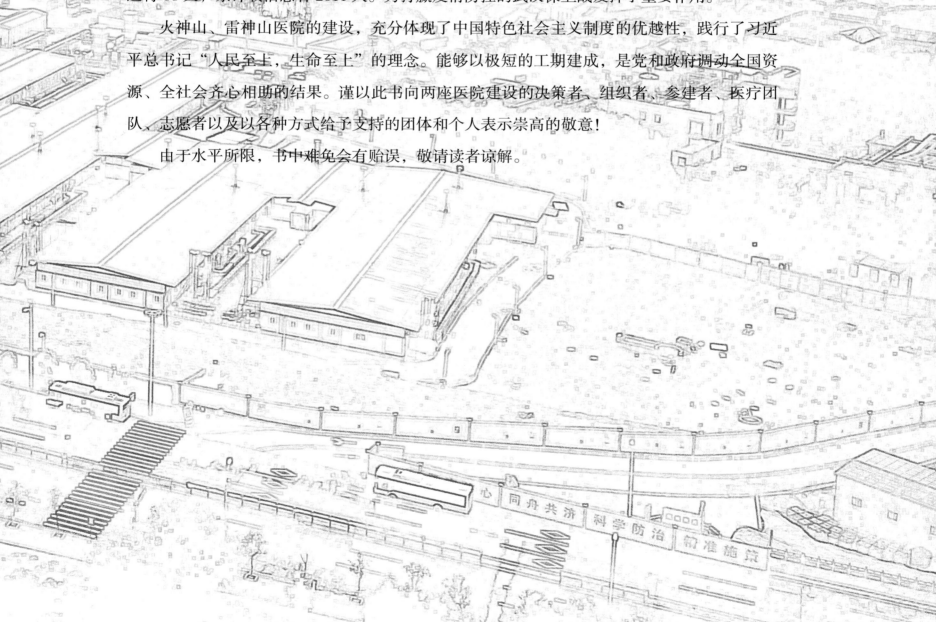

目录 | CONTENTS

▣|**1** 开篇
PRELUDE

武汉火神山医院
WUHAN HUO SHEN SHAN HOSPITAL

武汉雷神山医院
WUHAN LEI SHEN SHAN HOSPITAL

概况

1. 火神山医院

武汉火神山医院位于蔡甸区武汉职工疗养院旁，西邻知音湖大道，北接汉阳大道，南接天鹅湖大道。

该医院总建筑面积约 3.39 万 m^2，床位约 1000 张，主要功能用房及系统包括：1 号病房楼、2 号病房楼、ICU、医技楼、药品库房、雨水收集系统、污水处理系统、变配电系统、给水排水工程、室外工程（含道路、园林绿化、挡墙等），以及配套的垃圾暂存间、尸体暂存间、氧气站房、吸引站、焚烧炉、救护车洗消间、衣物消毒处置间等。

1 号楼为单层建筑，由 9 个单层的护理单元、医技楼及 ICU 中心组成，每个护理单元设 24 间病房。中心区域为防护区，指廊区域为病房区。医技楼设 1 间标准Ⅲ级手术室、负压检验室与 3 间 CT 室。ICU 中心设于 1 号楼与 2 号楼之间。

2 号楼为两层建筑，分 4 个组团，由 8 个护理单元组成，每个护理单元设 24 间病房。室外氧气站房、负压吸引机房、垃圾暂存间、尸体暂存间及焚烧炉设于场地东南角。

火神山医院于 2020 年 1 月 25 日开工建设，高峰期投入 1500 余名管理人员、12000 余名作业人员，历时 9 天 9 夜，于 2 月 2 日正式移交解放军联勤保障部队，为武汉收治新型冠状病毒肺炎患者发挥重要作用。2 月 4 日收治首批 45 名新冠肺炎患者，2 月 12 日在院病人数超过千人，4 月 14 日，医院最后 14 名患者全部出院。

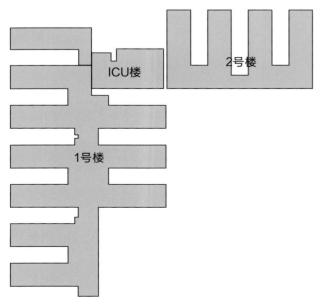

火神山医院示意图

1 开篇 PRELUDE

1.1 概况

2. 雷神山医院

武汉雷神山医院位于江夏区黄家湖东侧。医院按照功能整体分为隔离医疗区和医护生活区，其中隔离医疗区新建于原军运村旅游大巴停车场上，北临军运路、南临强军路，西侧通过军体路与医护生活区分隔开，东临黄家湖大道。

雷神山医院总建筑面积 7.99 万 m²，床位1600 张。

隔离医疗区为新建一层医疗建筑，设有护理单元、医技单元、接诊区。北侧设有污水处理站、微波消毒间、垃圾暂存间、垃圾焚烧间、氧气站、正负压站房等配套设施；并在隔离医疗区东侧出入口处设置救护车洗消间。

医护生活区将万人食堂改建为可容纳约1600 人的医护生活区，并新建约容纳 700 人的二期医护生活区；原工作餐厅改造为医护餐厅及营养食堂。原耗材库改为清洁用品库，可就近提供物资存储。

雷神山医院于 2020 年 1 月 27 日正式开工建设，高峰期投入 2500 余名管理人员、22000余名作业人员，历时 10 天 10 夜，2020 年 2 月6 日正式移交。2 月 8 日开始收治新冠肺炎患者，到 2 月 18 日首批两名患者出院，至 4 月 14 日最后 4 名患者转至中南医院，患者清零。

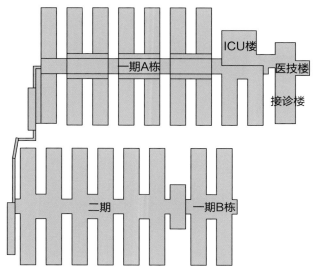

雷神山医院示意图

投入

1. 火神山医院

参建单位

　　建设单位：

　　武汉市火神山医院应急项目建设指挥部

　　设计单位：

　　中信建筑设计研究总院有限公司

　　武汉市政工程设计研究院有限责任公司

　　武汉科贝科技股份有限公司

　　监理单位：

　　武汉华胜工程建设科技有限公司

　　主要施工单位：

　　中建三局集团有限公司

　　武汉建工集团股份有限公司

　　武汉市市政建设集团有限公司

　　武汉市汉阳市政建设集团有限公司

资源投入

　　占地：50000m²

　　总建筑面积：33940m²

　　床位：1000 张

　　箱式板房：1835 个

　　HDPE 膜：60000 万 m²

　　土方转运及砂石换填：300000m³

　　机械设备及运输车辆：1500 台

　　管理人员：1500 余名

　　工人：12000 余名

　　党员突击队：8 个

　　工期：9 天 9 夜

火神山占地 **50000** m²　　总建筑面积 **33940** m²

管理人员 **1500** 余名　　党员突击队 **8** 个

土方转运及砂石换填约 **300000** m³

床位 **1000** 张　　　箱式板房 **1835** 个　　　工期 **9** 天 **9** 夜

工人 **12000** 余名　　机械设备及运输车辆 **1500** 台

HDPE 膜 **60000** 万 m²

1 开篇 PRELUDE

1.2 投入

2. 雷神山医院

参建单位

　　代建单位：

　　武汉地产集团

　　设计单位：

　　中南建筑设计院股份有限公司

　　武汉市政工程设计研究院有限责任公司

　　监理单位：

　　武汉地产集团鸿诚咨询公司

　　主要施工单位：

　　中建三局集团有限公司

　　武汉市汉阳市政建设集团有限公司

资源投入

　　占地：220000m²

　　总建筑面积：79900m²

　　床位：1600 张

　　箱式板房：3300 个

　　HDPE 膜：137000 万 m²

　　机械设备及运输车辆：2000 台

　　管理人员：2500 余名

　　工人：22000 余名

　　党员突击队：6 个

　　工期：10 天 10 夜

雷神山占地 **220000** m²　　总建筑面积 **79900** m²

工人 **22000** 余名　　箱式板房 **3300** 个

床位 **1600** 张　　工期 **10** 天 **10** 夜　　管理人员 **2500** 余名　　党员突击队 **6** 个

机械设备及运输车辆 **2000** 台　　HDPE 膜 **137000** 万 m²

疫情大考中的
中国建造

火神山医院、雷神山医院

建设纪实

◎ 1 开篇 PRELUDE

1.2 投入

效果

1. 病患收治

火神山医院 2 月 4 日开始收治病人，4 月 15 日完成使命休舱，医院稳定运行 73 天，累计收治病人 3059 人，治愈出院 2961 人。

雷神山医院 2 月 8 日开始收治病人，4 月 15 日完成使命休舱，稳定运行 67 天，累计收治病人 2011 人，治愈出院 1900 余人。

2. "零感染"

火神山、雷神山医院建设，主要优化了室内送排风口、下水排污系统、室内供氧系统、室内负压系统及医护防护设备，在建设及后期运维过程中，采用冗余性安全防疫管理理念，通过空气管控、检验管控、接触管控、人流管控等防疫管控措施，保证了建设及后期运维过程零感染。在各方的不懈努力下，火神山、雷神山医院被建设成为全国最先进的传染病医院之一，医院集中收治病患多、治愈率高，医务人员和维保人员实现"零感染"。

3. "零污染"

火神山、雷神山医院应用了高效的医疗废物无害化焚烧处理系统，其对医疗、生活污染废弃物处理无害化率接近 100%，在实现高减容比的同时，还可满足烟气达标排放标准要求。

在医院建设中创新地运用了"两布一膜"作为应急医院基底防渗层，设置塑料模块雨水调节池调节场内雨水流量，运用"活性炭吸附 +UV 光解"工艺对污水处理系统产生的废气进行除臭消毒，有效地杜绝了新冠病毒通过雨、污水扩散。

在医院运维期间，利用气压控制及防扩散技术将房间漏风量减小至 5% 以下，院内分区逐级对通风系统进行调试，以新风为主、排风为辅的调试控制，确保各分区间负压梯度不小于 5Pa，实现了气流合理组织及达标排放，提高了应急医院运行的安全性和舒适性。

通过上述技术的运用，在火神山、雷神山医院建设及运维期间，实现了零污染的目标。

雷神山医院休舱仪式

雷神山医院最后一批患者出院

病患出院，与医护人员合影留念

0 污染

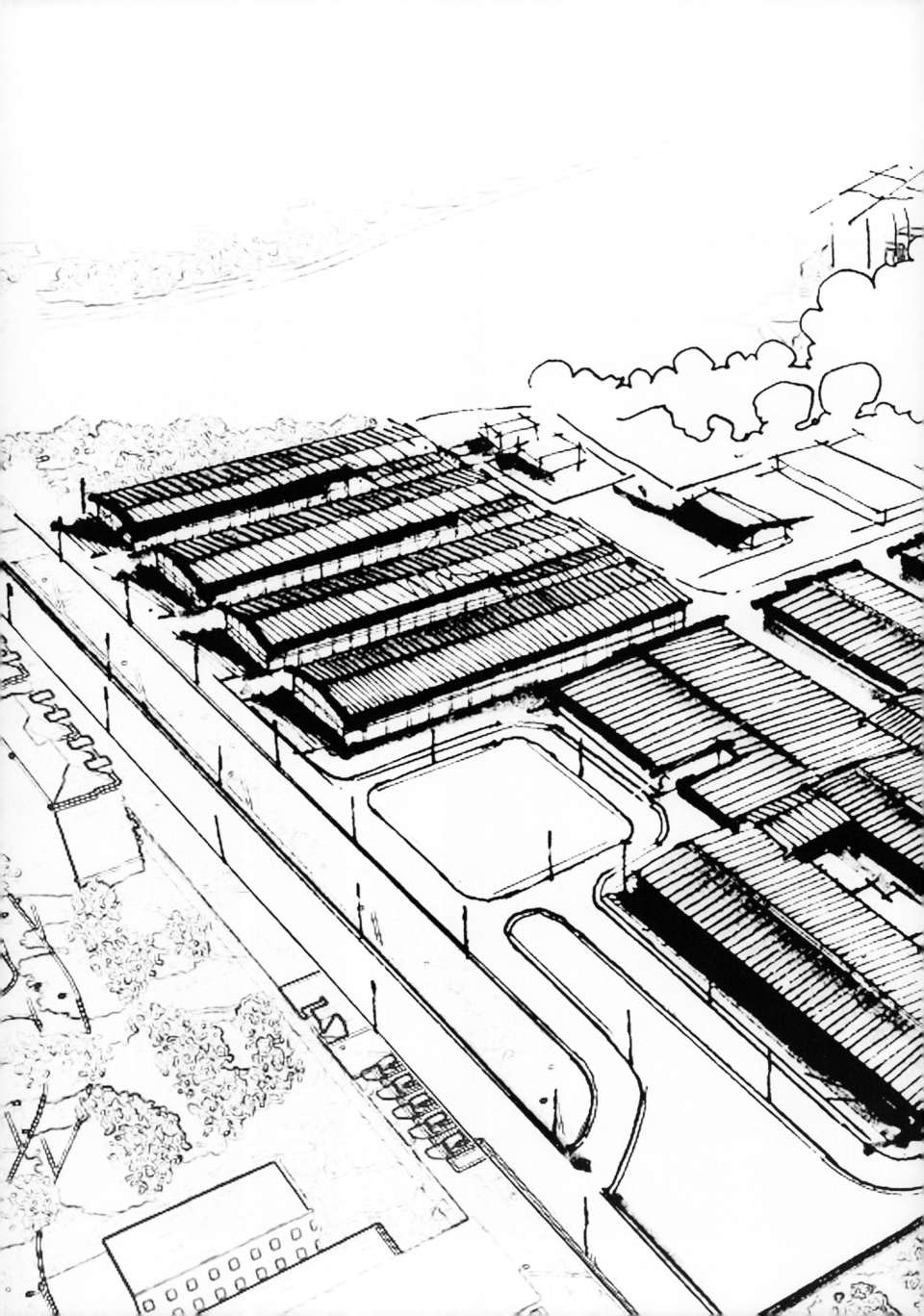

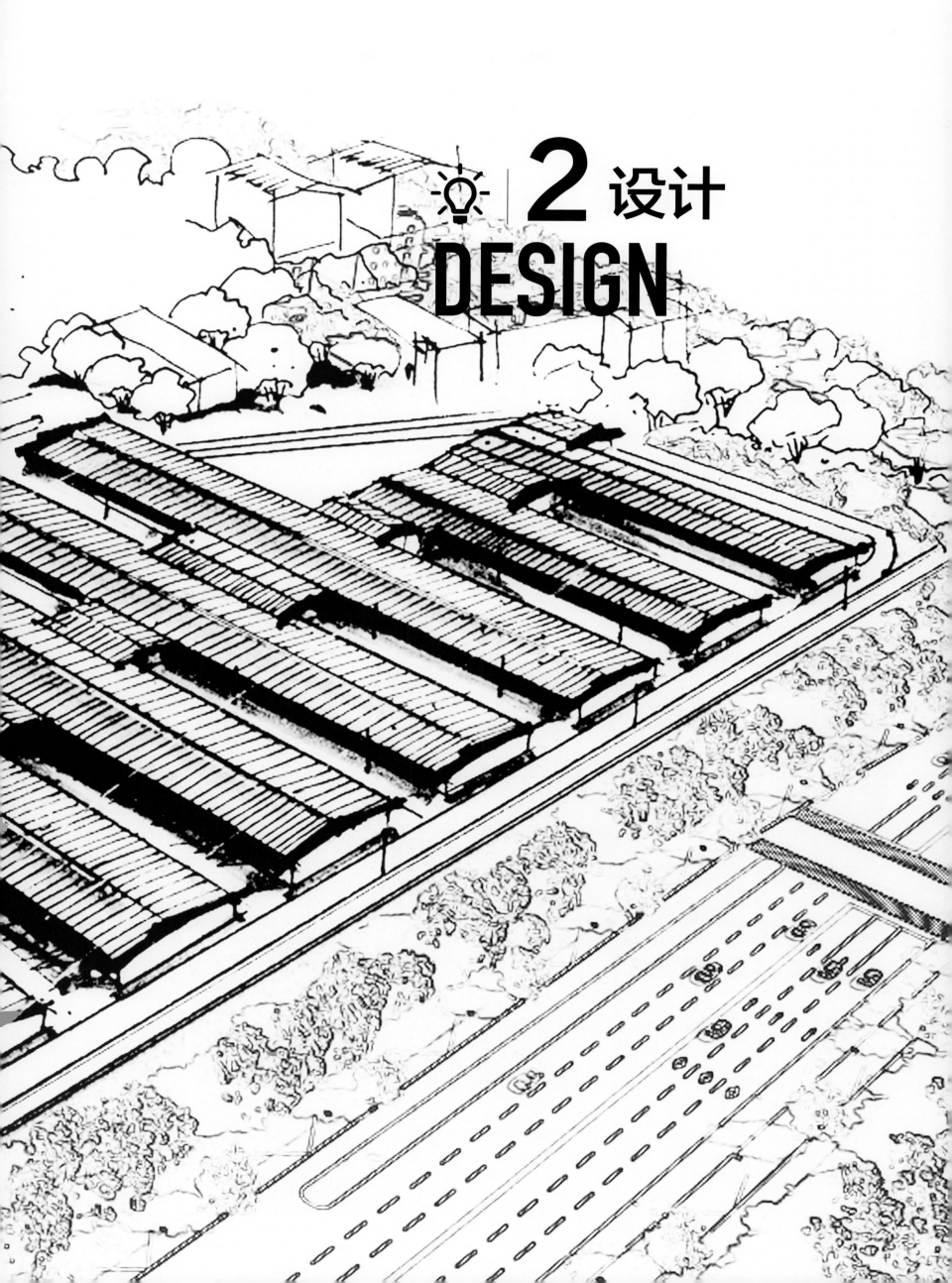

2 设计
DESIGN

设计原则

火神山、雷神山医院主要包括：接诊区、负压隔离病房区、ICU、医技楼、网络机房、中心供应库房、垃圾处理、救护车洗消等功能单元。在吸收北京小汤山医院经验的同时，对原有设计做了一些优化和改进，详见2.2章节及2.3章节，其总体设计原则如下。

1. 安全至上

从总平面规划、建筑设计、结构设计、市政和配套设施设计到建设各阶段均遵循安全至上原则，确保建筑安全、运行安全、医护人员和病患安全、内外环境安全，并尽可能创造医护人员所需的人性化诊疗环境。

2. 满足应急防控需要

因地制宜，结合既有设施进行规划设计，通过模块化、装配式等技术提高建设速度和确保建筑质量，满足应急防控需要。应急医院设计不仅应满足常规医院的基本功能，还应针对应急医院建设周期短、设备材料货源短缺、建筑空间不足、临时医疗建筑等特点，快速高效地组织设计工作。

3. 控制传染源、切断传染链

在总体规划和平面布局上，做到各功能分区明确，将洁污与分流明确划分。合理设计诊疗流程，重视医疗区内病患诊疗活动区域与医护人员工作区域相对独立，减少洁净区与污染区人流、物流的相互交叉与感染概率。

4. 保护环境、降低污染

规划设计应充分重视医院内外环境的卫生防疫安全，既要防止院区外对院内医疗区的污染，更要加强管理与防范，控制院区内污染源，避免造成病毒扩散与环境污染。

5. 平战结合

应统筹考虑短期使用和长期使用在建筑功能、安全等方面的规范要求，不宜简单降低建筑设计规范的相关要求，并为发展预留一定的空间，在其建筑布局及主体结构方面应考虑长远改建与扩建的可能性。

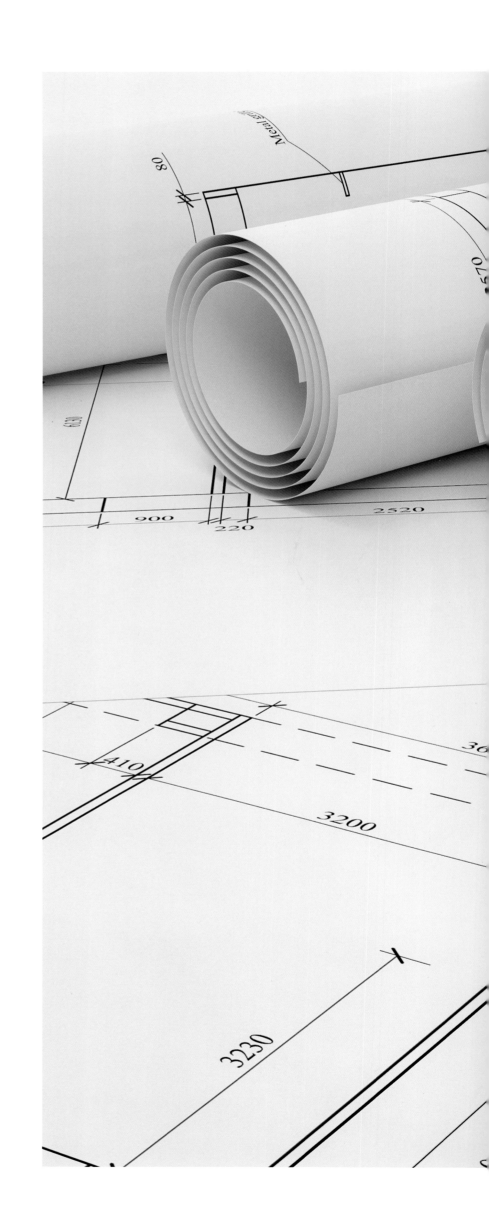

2 设计 DESIGN

2.1 设计原则

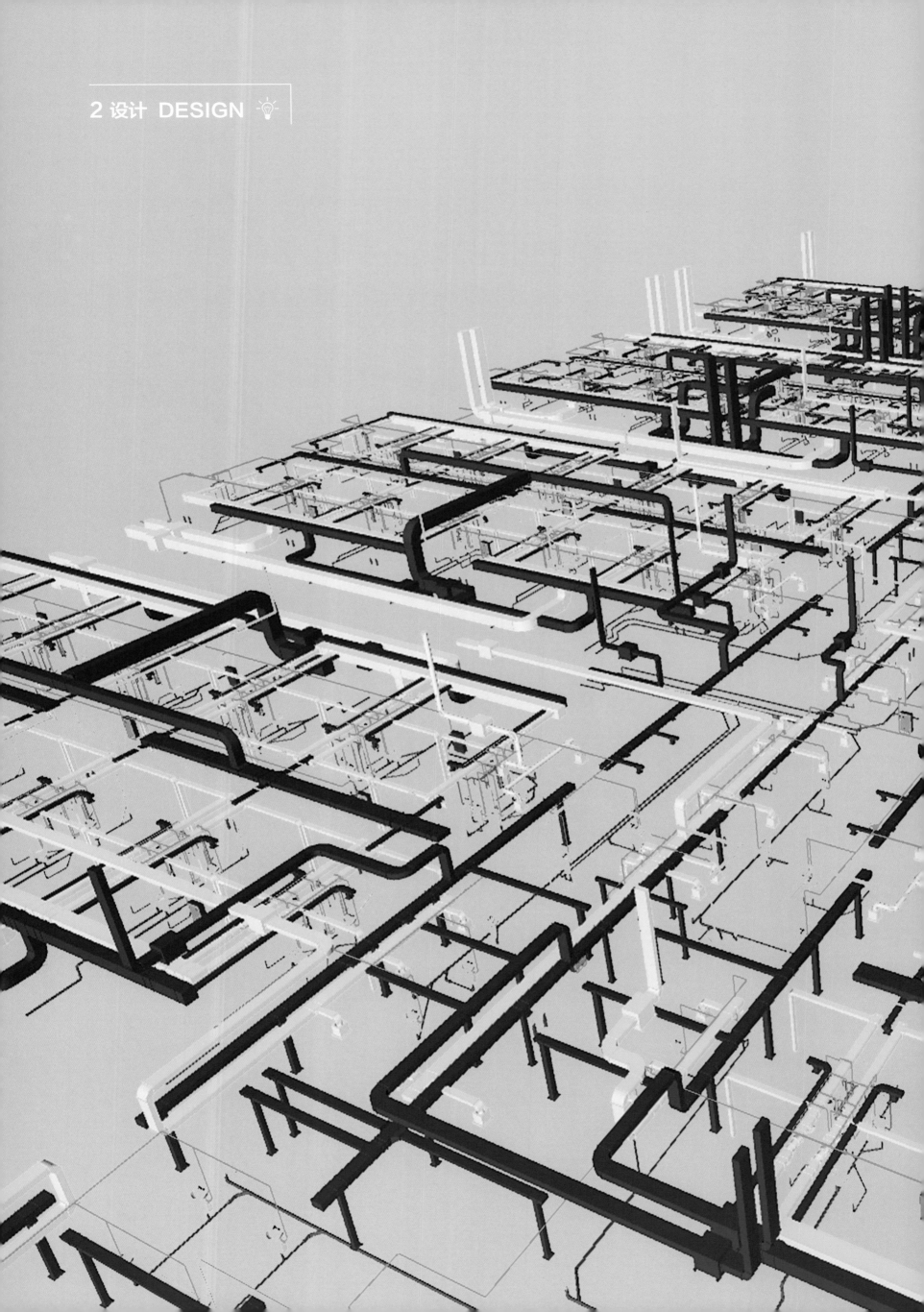

2.2 专业设计

1. 建筑

（1）鱼骨型建筑设计理念

火神山、雷神山医院的病房区，采用中轴对称的鱼骨状布局，沿中轴线布置办公区域和医护人员通道，两侧布置护理单元，每个中心模块负责 4 个护理单元，多个 H 形模块排列组成护理区。理想的护理单元之间的距离应该在 20m 以上，但是考虑到需要救治的病患较多且时间紧迫，参照北京小汤山医院护理单元 12m 间距的经验值，此次护理单元之间距离设置为 15m。护理单元端部为污物间、开水间及仪器室等功能用房，与医护办公区交接位置分别设置缓冲间和脱换隔离服房间，作为医护人员从办公区进出的两条通道。护理单元中间设医护通道，两侧分布病房，病患通道设在最外侧，病患人员通过内外联通的三个门内外进出。两个病房以及病房中间的卫生间及缓冲间组成一个标准的病房单元，按照常规集装箱的模块尺寸 3m×6m 进行房间建筑布局。单个病房为双人间，除设置医疗带、病床、电话呼叫器、电视机、床头柜等病房家具外，还在病房两侧设置了传递窗和通风设备，用于传递餐食、药物等物品和房间换气通风；独立卫生间内设置了马桶、淋浴器、洗手池等基本的洗浴用具。污染区（病房）和半污染区（医护通道）之间设置了缓冲间，缓冲间的作用主要是提供不同分区间的物理隔断，同时也起到气流组织调解的作用，避免出现房门开启后污染区气流与半污染区直接连通，造成污染空气进入半污染区导致医护人员感染。

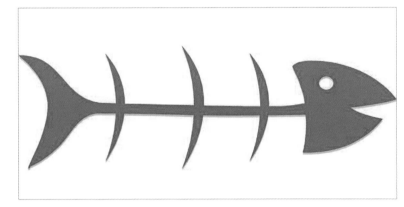

鱼骨状布局

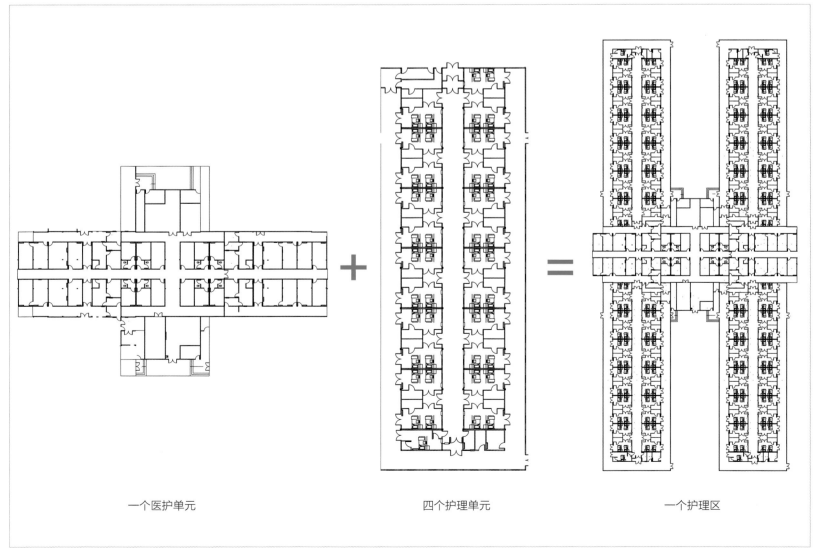

一个医护单元　　　　　　　　四个护理单元　　　　　　　　一个护理区

病房拼接示意

（2）模块化设计理念

应急医院必须在最短的时间内建成并投入使用，因此，在方案设计阶段确定的策略就是采用模块化。施工团队第一时间加入到设计团队中，充分与设计团队沟通模块化实施的可行性。在当时的情形下，能够最快、最大量供应的就是各类不同规格的活动板房。在检核各类板房的用材、结构安全参数、燃烧性能、热工性能、防水性能、气密性能、拼装方式、组合灵活性、连接构造等主要技术要素后，设计团队与施工团队共同确定以箱式结构板房为病房主要的建设用材。对于必须满足医疗设备和医疗工艺要求的较大空间用房则采用轻钢结构+标准规格钢制复合板的拼装式板房，便于全部采用模块化施工。

设计以 6m×3m×2.9m 的模块拼接形成标准单元，箱式板房可在工厂预制加工，现场拼装。同时，箱式活动板房上部荷载轻，对地基承载力的要求低，可大大简化地基处理和建筑基础的设计及施工，节省建设周期。火神山、雷神山医院施工时，一个护理单元 1~2 天就可以基本拼装完成，证明了模块化设计理念的可靠性。

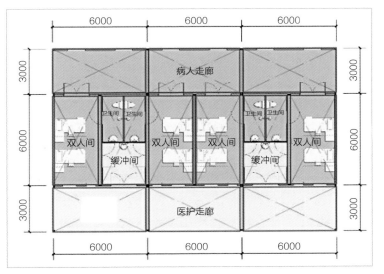

病房拼接示意

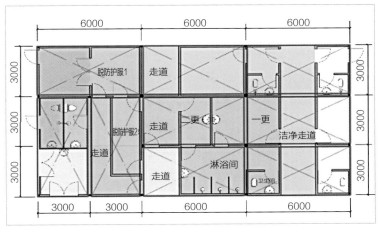

卫生通过拼接示意

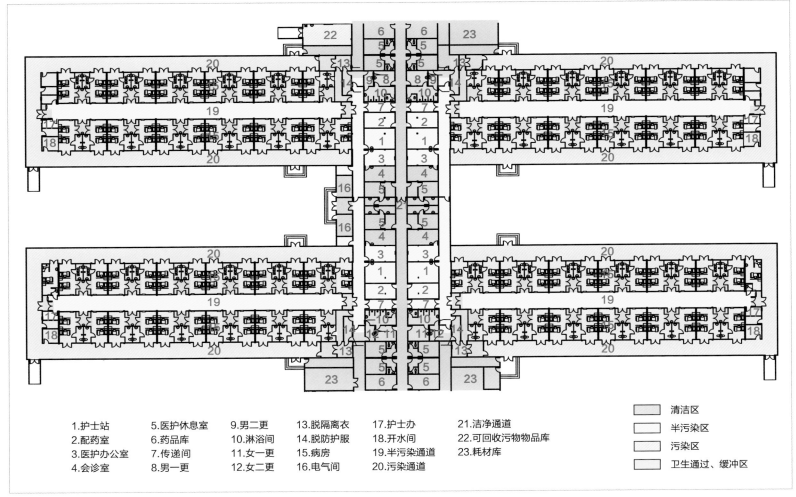

1.护士站　5.医护休息室　9.男二更　13.脱隔离衣　17.护士办　21.洁净通道
2.配药室　6.药品库　10.淋浴间　14.脱防护服　18.开水间　22.可回收污物物品库
3.医护办公室　7.传递间　11.女一更　15.病房　19.半污染通道　23.耗材库
4.会诊室　8.男一更　12.女二更　16.电气间　20.污染通道

清洁区
半污染区
污染区
卫生通过、缓冲区

标准护理单元

（3）医疗流线设计理念

火神山、雷神山医院作为应对新冠肺炎的应急医院，在医疗流线上做了比普通传染病医院更为严格的设计。

1）病人进入病房的方式

在火神山、雷神山医院，新冠肺炎患者经救护车或转运车送至每个护理单元，通过专用入口进入护理单元内部的病患通道（污染通道），最后进入隔离病房。根据院方对新冠肺炎防控等级的建议和使用要求，病患通道采取全封闭模式，设计采用带高效过滤性能的风机对外排风，防止病毒扩散，保障室外空间的相对安全。

2）护理单元内部分区

因为新冠病毒的不确定性，经与院方的院感专家沟通，在污染区、半污染区、清洁区的基础上作了进一步的细分，将半污染区分成潜在污染区和半污染区。其中，位于病房单元中间的医护人员走道为半污染区，而位于病房单元和清洁区之间的医护人员工作区定义为潜在污染区，在这两个区域之间医护人员进入的通道处设置缓冲间，医护人员离开的通道处设置脱隔离衣和防护服专用的卫生通过室，从而加强了病房单元与潜在污染区之间的隔离防护。将传统意义的半污染区划分为两个区域，更大程度地保护了医护人员在工作区的安全。

3）医护人员进出病区的卫生通过

相比普通传染病医院，火神山、雷神山医院增加了医护人员出病房的卫生通过室，用于脱隔离衣和防护服。经与接收方院感专家的沟通，确定医护人员离开病房区域（污染区）进入医护人员工作区（潜在污染），先将受污染最严重的隔离衣脱掉，然后经由缓冲走道进入医护人员工作区（潜在污染区）的防护流程。当医护人员下班离开或由潜在污染区工作界面进入清洁区工作界面时，则需再次通过脱防护服的卫生通过室将防护服、外层口罩和护目镜脱下，再经由缓冲间返回至清洁区的卫生通过室。

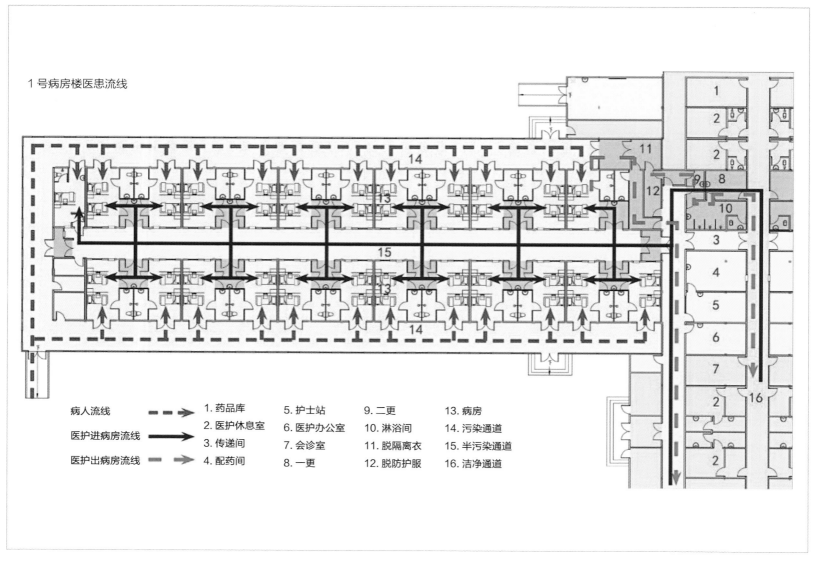

1号病房楼医患流线

病人流线	1. 药品库	5. 护士站	9. 二更	13. 病房
医护进病房流线	2. 医护休息室	6. 医护办公室	10. 淋浴间	14. 污染通道
医护出病房流线	3. 传递间	7. 会诊室	11. 脱隔离衣	15. 半污染通道
	4. 配药间	8. 一更	12. 脱防护服	16. 洁净通道

病房楼医患流线图

脱隔离衣的卫生通过室经缓冲间直通污染走道，设置一扇常闭门，便于将污染的隔离衣和防护服专业打包后经污染走道收走，降低将污染带入潜在污染区的可能，同时避免将污染带入清洁区卫生通过室，防止交叉感染，保护医护人员安全。

4）清洁区通风分区控制

火神山、雷神山医院以每个病区为标准单元模块，结合位于中部的医护人员工作区及医护人员清洁通道，使得医护人员能够通过清洁通道到达任何一个病区。但是由于清洁通道连接的病区护理单元数量较多，清洁通道长度较长，容易导致气压的不稳定。为了解决这一问题，结合病区标准单元划分，在清洁通道上增加若干分区门，实现了通风分区控制，同时保证了各分区走道气压的稳定性。

（4）环保设计理念

以火神山医院为例，项目东侧临湖，北侧与西侧为住宅，如何防止医院对周边环境的污染，是设计考虑的重点问题。

为减少对周边住宅小区的影响，在总体布局时，加大了对周边小区的退距。北侧住宅尚在建设过程中，暂无人居住，因此与北侧住宅退距控制在 20m，提高医院的可使用面积。西侧住宅已有人居住，为减少对住户的影响，加大了与西侧建筑的退距，退道路红线 40m，退西侧住宅小

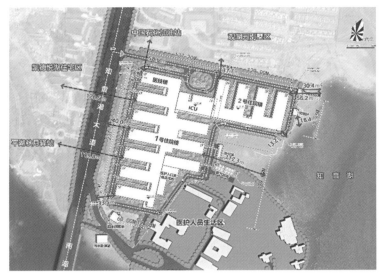

退距分析图

区 120m，形成安全的防护距离。

由于东侧临湖，为防止场地内雨水流到知音湖，在临湖周边筑起防护堤坝；为防止场地雨水下渗，采用柔性防渗措施，在项目用地内满铺防渗膜，对雨水进行全面的收集，在雨水收集池进行处理达标后再排放到市政管网。

由于病房为污染区，空调冷凝水也有污染性，因此对空调冷凝水进行了有组织的收集，并汇入污水管网统一处理。

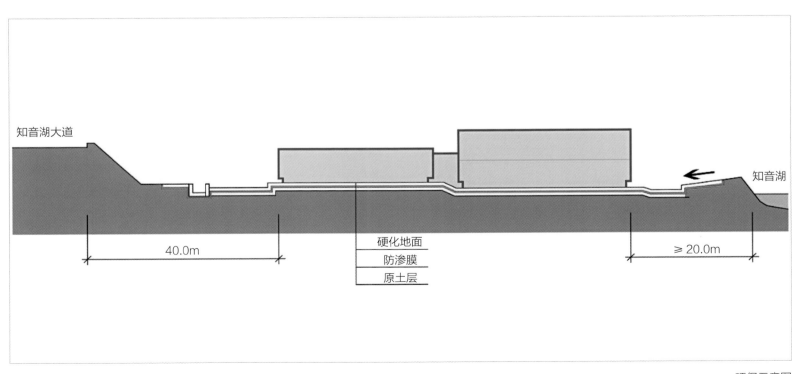

知音湖大道

硬化地面
防渗膜
原土层

40.0m

≥ 20.0m

知音湖

环保示意图

（5）快速建造设计理念

9天9夜的极短工期，多个施工单位同时施工，对项目组织是一个巨大的考验，也造成了最大的不确定性，这需要在设计时预先考虑，并准备相应的对策。

首先，是场地的高差问题。施工场地为原始地貌，高差较大，为节约时间，先平整出来的用地先开始结构施工；为减少填方量，设计调整策略，将场地分为两个台地，同时将建筑也按用地分成两大部分，交界处留出足够的间距，仅用通道连接，以加快现场施工速度。

其次，是集装箱的拼接问题。设计采用的集装箱是 3m×6m 的标准模块，但由于时间紧迫，现场需要的上千个集装箱都是各公司现有库存产品，集装箱尺寸存在较大差异；安装无法完全达到设计的精度要求。针对这一情况，施工方与设计方将集装箱进行分类，将同一型号的集装箱安排在一个区域内使用，同时将最初的条形基础方案调整为方钢和工字钢基础代替混凝土基础，并将基础扩大。在集装箱接缝处，也考虑不同缝宽的节点详图，来对应箱体差异及施工误差。这些带有预判性的设计措施，使得施工能按计划快速实施。

（6）地域气候考虑

武汉冬季气候湿冷、多雨的气候条件有利于病毒的生存和传播，因此在设计上提出特有的防排水措施。

在筏形基础上，按集装箱大小在短边布置钢基座，再将集装箱置于钢基座上架空处理，避免极端天气下的场地积水对病房的影响；架空层同时可快速安装雨污水的排水横管，避免在筏形基础内预埋管线，提高施工的便捷性；在室外场地，设计增加了雨水口的数量，也加大了场地对雨水口的坡度，减少场地积水的隐患。

送排风设计是传染病医院的重要部分，但集装箱内部净高只有2.7m，为保证室内空间高度，大量的风管需要迁到室外，常规设计会在屋面开洞，将风管伸到屋面。考虑武汉多雨的气候，在集装箱板房屋面大量开洞，会有较大的漏水隐患，因此将主要风管布置在建筑两侧，采用侧面开洞的方式来安装风管，减少在建筑屋面的开洞。

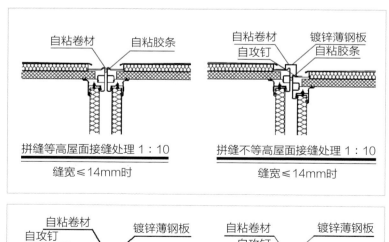

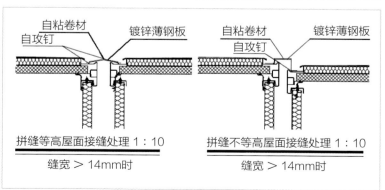

集装箱拼接详图

侧面排风口

2. 结构

（1）设计标准的确定

开始设计前，根据火神山、雷神山医院工程的特点明确设计标准，如结构的设计使用年限、耐久性年限，结构的安全等级、构件的安全等级，活荷载、风荷载、雪荷载取值，结构抗震设防重要性类别及抗震设防的有关要求，钢结构防腐措施、钢结构防火措施等标准。根据工程特点，实际设计中还需要考虑工程的实际情况及施工可行性等因素。

基于上述考虑，最终确定火神山、雷神山医院的结构设计原则：

① 建筑物应定性为临时建筑。

② 根据临时建筑相关规定和要求，火神山、雷神山医院建设工程结构的设计使用年限确定为 5 年。但考虑到火神山、雷神山医院工程建设的周期极短、能筹集的资源受限及建设人员相对不足等各种不利因素，确定火神山、雷神山医院建设工程耐久性年限按 1 年考虑。

③ 虽然火神山、雷神山医院为临时建筑，但考虑其为医疗建筑，结构安全等级确定为二级，结构重要性系数不宜小于 1.0，部分重要构件可取 1.1。

④ 结构荷载作用，按现行国家标准《建筑结构荷载规范》GB 50009 的规定执行；风荷载和雪荷载，按 50 年一遇取值计算结构荷载作用。

⑤ 结构设计应满足正常使用状态和承载力极限状态的相关要求。

⑥ 根据相关规范，临时建筑通常可不考虑抗震设防，但考虑火神山、雷神山医院建设工程是医疗建筑，确定不进行抗震计算，但满足本地区抗震构造措施。

⑦ 由于疫情期间的特殊情况，设计过程中应充分考虑材料供应、施工进度等不利因素。

标准和规范

火神山医院选址图

（2）选址及地质勘察

由于本次疫情是由传染性疾病引起的，故在选址上要有一定的针对性，明确选址及场地地质条件如下：

1）选址方面

要考虑交通便利及对周边人群的影响，尽量远离人口密集区，如住宅区、学校、商场办公楼等，尽量使其位于人口密集区域的常年主导风向的下风区。尽量靠近并利用现有市政设施，并避开易燃易爆及有害气体生产和储存区域。

2）建筑场址地质条件要求

宜地势平坦，工程地质、水文地质条件良好，地下水宜与周边水域无水力联系或水力联系较弱。上部土层宜工程力学性质良好，宜避开湖塘软土地段、填土较厚地段、山坡沟坎起伏地段，以及其他需要复杂地基处理的不良地质区域。

3）地质勘察及地基处理

由于工期紧、任务重，无法按常规的设计思路先由地质勘察单位提供详细勘察文件后再做基础设计，因此先期派设计人员进行实地踏勘并了解周边地质情况，同时安排设计代表进驻工地现场，在场平阶段严格控制填土方式，使处理后的地基承载力能满足设计要求。

因无法进行常规的地质勘探，为了确保基础设计能满足设计及使用要求，提出以下原则：

①若建设物周边有已建成的房屋，可借鉴周边的地质报告进行基础设计。

②在地质情况相对复杂的情况下，可以通过适当的静力触探对本场地的地质进行勘测，为设计提供依据。

③请有经验的勘察及设计人员，通过现场基础（槽）开挖验证的方式判断土层承载力是否满足设计要求。

④对于局部不满足要求的地方，进行适当的换填处理。

（3）基础设计

1）北京小汤山医院基础设计研究

集装箱房的基础既可以采用整板混凝土形式也可以采用混凝土条形基础形式。整板基础的优势在于对于卫生间的处理十分有利，卫生间地面直接采用硬化地坪，排水管采取提前预埋进基础底板的方式处理，水管定位准确牢固，并且整板基础施工工序相对简便，支设模板工程量小。条形混凝土基础的优势在于节约混凝土材料，并且由于采用了房间下部架空处理的方式，卫生间给水排水管线可以不用挖槽敷设直接明接进入室内，减少了开挖管线槽的工作时间，加快了工程进度。

北京小汤山医院在设计时未考虑采用筏形基础，但参照铺设公路基层的常用做法，在地基处理的最上一层做了300mm厚的水泥碎石稳定层，其抗压强度可达到4.0MPa。在稳定层上，单向布置条形基础，并在基础布置之前考虑了所有箱房的摆放方式，确定了基础的间距在3m左右，而且为保证所有箱房的角柱都能落在基础之上，将基础的宽度做了适当的加宽。

2）火神山、雷神山医院基础设计

在前期火神山医院基础设计采用筏形基础，其上布置混凝土条形基础作为房屋基础的形式，条形基础高度为50cm、宽30cm，采用C40早强混凝土。地基承载力特征值按60kN/m²设计。筏板完成面标高为−0.450m，筏板厚300mm、450mm。筏形基础混凝土采用C35，钢筋采用HRB400。筏板配筋：300mm厚筏板采用ϕ12@200双层双向通长布置，450mm厚筏板采用ϕ12@150双层双向通长布置。筏板底设置100mm厚C15混凝土垫层，钢筋保护层厚度40mm。

但随着施工逐渐推进，工期越发紧迫，箱房下部全部采用条形混凝土基础，模板支设和混凝土浇筑工程量极大。在疫情环境下，混凝土供应无法满足施工要求，为了进一步减少施工工程量，找到可以替代混凝土条形基础并且能快速支顶集装箱房的材料成为解决问题的关键，型钢的引入完美地解决了这个问题。

在火神山医院施工的后期将方钢管□300×300摆放在筏板基础上，以方钢管作为条形基础，在其上安装箱式装配式钢结构模块化建筑，从而减少了混凝土材料的使用，加快工期。

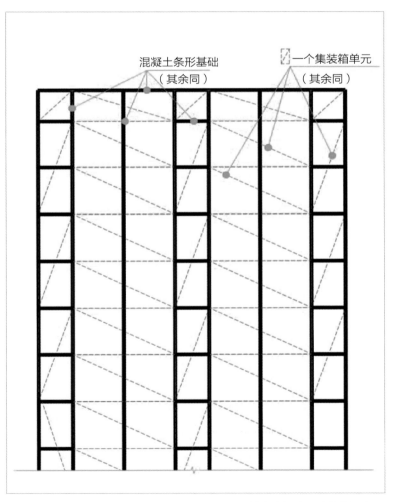

北京小汤山医院条基示意图

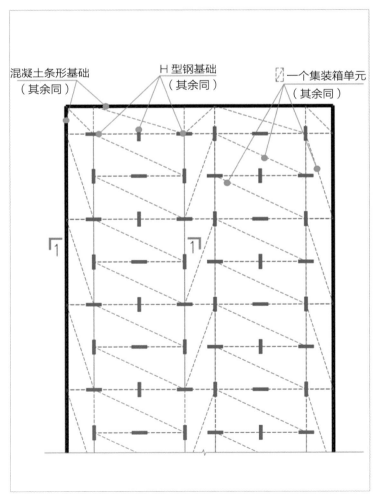

条基＋型钢组合式基础示意图

疫情大考中的
中国建造
火神山医院、雷神山医院
建设纪实

2 设计 DESIGN

2.2 专业设计

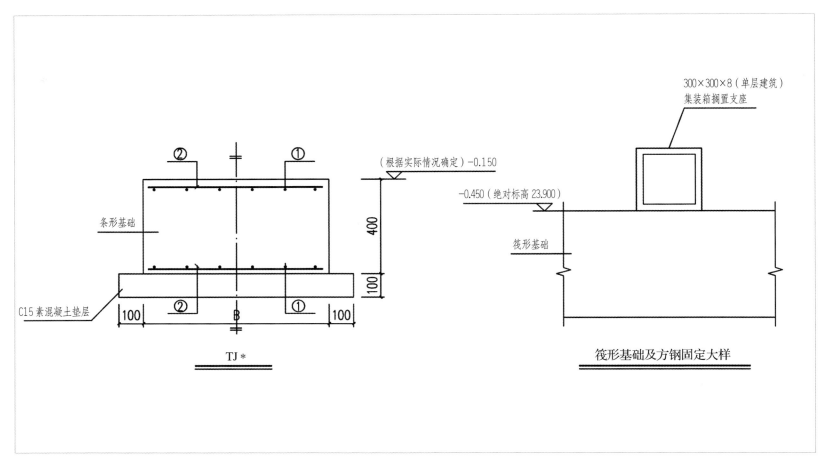

300×300×8（单层建筑）
集装箱搁置支座

（根据实际情况确定）-0.150

-0.450（绝对标高 23.900）

条形基础

筏形基础

400

100

C15 素混凝土垫层

100   100

②   ①   ②   ①

B

TJ *

筏形基础及方钢固定大样

火神山医院筏形基础大样

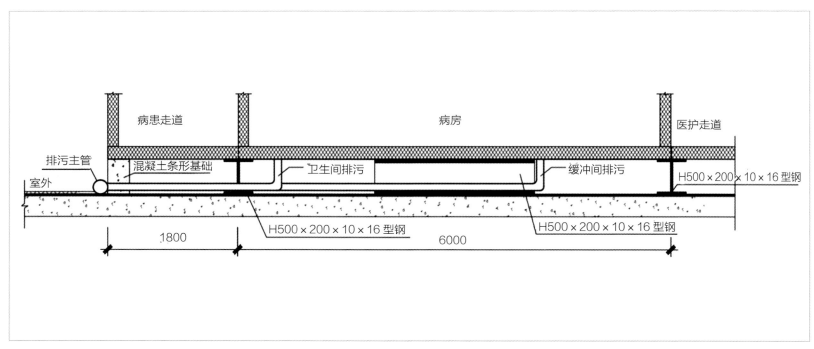

病患走道   病房   医护走道

排污主管   混凝土条形基础   卫生间排污   缓冲间排污   H500×200×10×16 型钢

室外

1800   H500×200×10×16 型钢   6000   H500×200×10×16 型钢

雷神山医院型钢基础示意图

雷神山医院则在箱房框架节点处和结构跨中全部采用了长约 1m，高约 50cm 的型钢构件作为集装箱的条形基础。但建筑外一圈仍采用混凝土材质条形基础，其可起到挡土墙的作用。这种方案可极大减少模板支设和混凝土浇筑的工程量，并且此种方式也利于集装箱下部空间的积水排出。

火神山、雷神山医院的医技区及部分配套区建筑由于房屋建筑需求高，并且有大跨度的建筑需求，常规活动板房及集装箱房无法满足建筑需求，而特殊加工的活动板房由于工厂已停产无法生产，因此结构上采用了钢结构来满足使用，基础形式则按照通常钢结构建筑设计，采用筏板基础。

（4）主体结构设计

在应急的情况下，主体结构选型首先要考虑快速建造的需要，在质量可靠的前提下满足制作快（最好选用成品）、运输方便、安装快捷的要求。因此结构形式的确定应由设计、施工、制作方一起商榷。

经过讨论，确定采用装配式结构。综合考虑当时了解到的产品类型、数量及运输距离等各项因素，确定采用其中两类装配式结构：箱式房和活动房。

病房部分结构为模块化钢结构组合结构（下面简称：标准集装箱结构），采用：长 × 宽 × 高 =6m×3m×2.9m的标准集装箱，现场可以直接拼装，提高了建造效率。其结构构件承载力及楼面使用荷载限制条件可以满足本次设计的相关要求。

医技及 ICU 由于医疗工艺的要求，为大空间、大跨度用房，采用标准集装箱拼装无法满足使用要求，因此采用活动板房的结构方式，即主体结构采用钢排架和门式钢架，外墙采用夹心彩钢板房相结合的结构形式。

设计过程中，由于时值春节期间，能寻找到大量的库存材料为小截面的矩形钢管（型号为□ 140×80×5 和□ 120×80×4），若采用其他截面的钢材，材料组织有一定的困难。故此，设计决定根据现有材料，按组合截面进行计算。主要受力构件组合截面（梁、柱）在工厂焊接加工，运到现场进行拼接组装，省去二次采购和加工制作的时间，提高了工作效率。

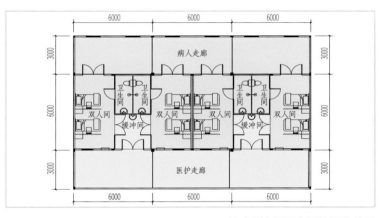

箱式板房平面布置的标准单元

双排内走廊

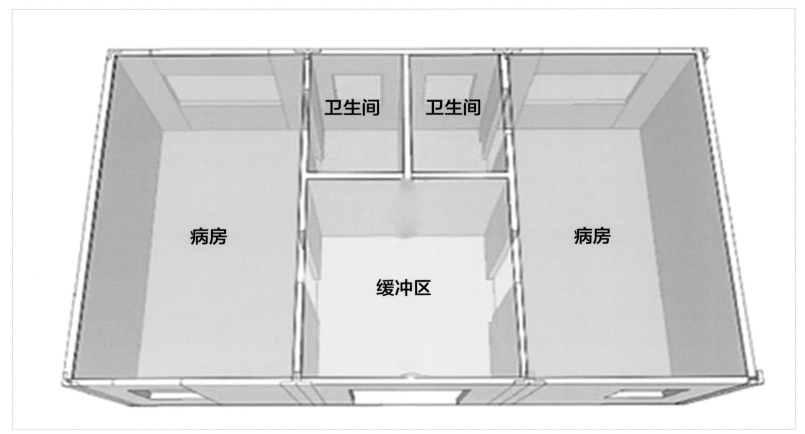

病房平面布置三维模拟图

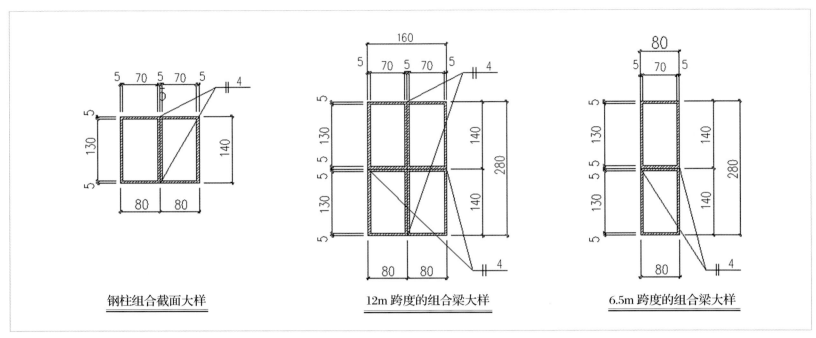

钢柱组合截面大样　　　　12m 跨度的组合梁大样　　　　6.5m 跨度的组合梁大样

ICU 楼梁、柱截面

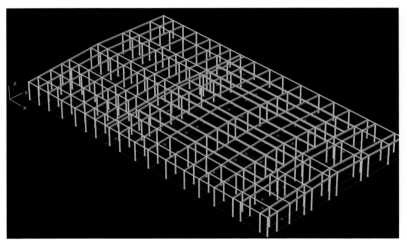

ICU 楼梁、柱模型

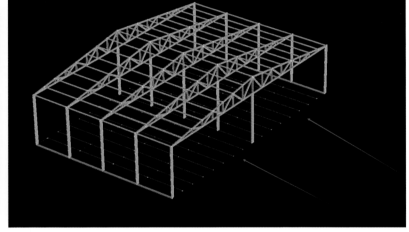

医技楼的计算简图

（5）风荷载、雪荷载及地震作用的设计

　　对于呼吸类传染病应急医院，如何选择风、雪荷载及地震作用是设计的关键点。

　　应急医院使用时间较短，风荷载、雪荷载按照规范可以 10 年一遇取值，也可以按临时建筑，在 50 年一遇取值的基础上乘以 0.9 的调整系数。但考虑到本建筑为医疗建筑，无法保证在使用期间不会出现极端天气，为了确保医院在极端天气情况下能正常使用，最终直接采用 50 年重现期的荷载值进行设计。在火神山、雷神山医院使用期间，武汉出现了多轮雨、雪天气以及 8～10 级大风，其风力相当于 50 年重现期的基本风压，医院在各种恶劣气候情况下均能正常使用。

　　现行的规范中并没有明确应急医疗建筑临时工程的抗震设防类别，也没有明确是否要进行抗震设计，对建筑的

抗震设计方法分析如下：

　　① 火神山、雷神山医院均为钢结构建筑，根据《建筑抗震设计规范》GB 50011-2010 规定，6 度设防，钢结构不需要进行抗震作用计算。

　　② 根据《建筑抗震设计规范》GB 50011-2010 第 8.1.3 条，对于小于 50m 的钢结构在六度地区，不需要采取抗震措施。

　　③ 按照同样的超越概率，对于不同设计基准期的地震动参数与 50 年的基准期之间进行换算得出抗震参数取值。

　　通过上述分析得出，如果临时建筑使用年限为 1 年，则完全不用进行抗震设计，既不需要计算，也不需要采取抗震措施。如使用年限为 5 年，则 6、7 度地区的临时钢结构，不需要进行抗震计算，但需要考虑抗震措施。8、9 度地区临时钢结构的抗震等级可按照四级考虑。

3.给水排水

（1）设计原则

呼吸类传染病应急医院给水设计相对于传统给水设计，供水压力、水量、水质在满足基本使用要求的前提下，还应具有防分区供水、不间断供水、回流污染以及消毒杀菌功能。

由于新冠肺炎传播速度快、蔓延范围广，因此应急医院排水系统在保证生物安全方面的设计至关重要。从排水系统的相关器具选择、管道布置、排水处理工艺及排水通气收集等方面，既要防止病毒通过医疗设施传播，也要防止医疗设施对周边地区造成污染。

（2）供水水质安全保障设计

1）室外给水系统设计

为减少供水的中间污染环节，保障水质安全，在水务部门对供水主管采取"双水厂供水"等高标准保供措施的前提下，设计采取市政直供 + 无负压给水设备联合供水的方式保障供水，医院用水由无负压给水设备加压供给，在设备出现故障时，可切换阀门改为市政直供。为避免管网内水力停留时间过长，余氯不足，造成水质恶化，设计采取在设备吸入管上预留加氯机接口及检测接口等措施，当日常检测管网余氯量不达标时，可直接接驳加氯机自动定比投加含氯消毒剂，保障供水安全。

2）分区供水设计

为进一步减少供水回流污染风险及受影响范围，医院清洁区与污染区采用管道分区供水，各区采用独立管网，管网入口处设置倒流防止器。

3）室内给水系统设计

室内给水系统未采取竖向分区，生活给水系统充分考虑防止管道内产生虹吸回流、背压回流等防污染措施，在进入污染区的给水管起始段设倒流防止器，将其设置在清洁区内。

给水用水点采用非接触式或非手动开关，并防止污水外溅，防止病毒、细菌随水流外溢扩散。非接触式或非手动开关的采水点主要使用在下列场所：

① 公共卫生间的洗手盆、小便斗、大便器；

② 护士站、治疗室、中心（消毒）供应室、监护病房、诊室、检验科等房间的洗手盆；

③ 其他需要防止院内感染场所内的卫生器具。

（3）排水系统设计

1）排水系统安全设计原则

室外生活排水与雨水排水系统采用分流制，污染区的污废水与清洁区的污废水分流排放，如病房、医技楼和ICU 等，污染区与办公区、清洁走廊等清洁区的卫生器具

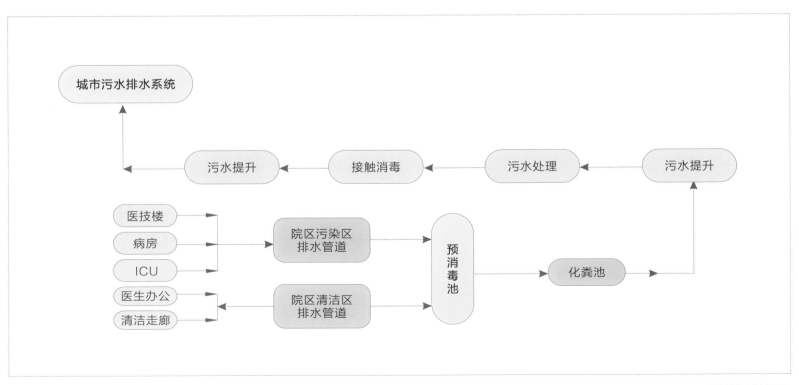

生活排水流程图

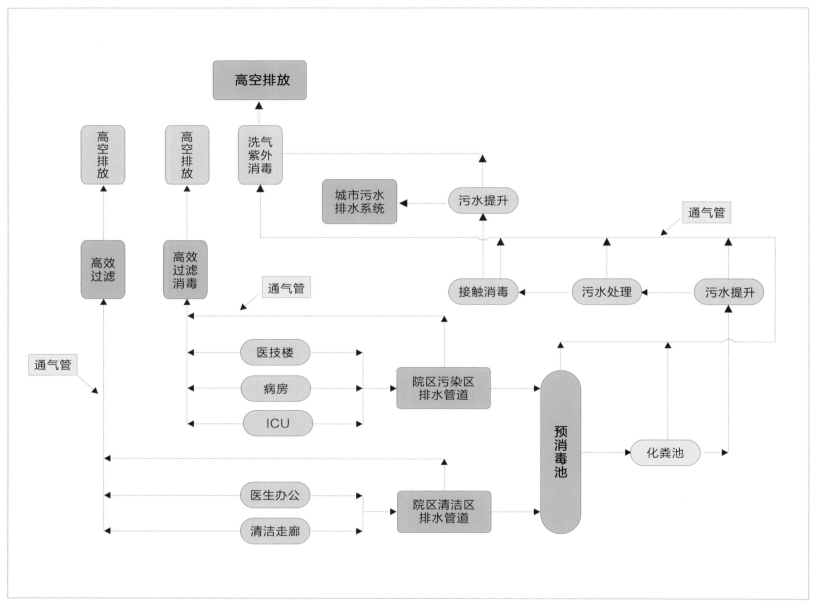

生活排水系统通气管道流程图

和装置的污废水与排水通气系统均独立设置，且污废水各自独立排放至预消毒池。因此，先需根据医疗设施建筑功能分区、医疗流程布局清晰地划分清洁区与污染区，确保废水不排入清洁区排水系统。

2）排水系统安全设计方法

① 合理选择卫生洁具，保持器具水封可靠。

选择符合标准要求的卫生洁具，合理设置地漏，保持器具和地漏存水弯水封有效，卫生器具的材质和技术要求，均应符合国家现行标准《卫生陶瓷》GB 6952-2015 和《非陶瓷类卫生洁具》JC/T 2116-2012 的规定，并应符合下列要求：

A. 大、小便器均选择构造内有存水弯的卫生器具，大便器选用冲洗效果好、污物不易粘附且回流少的器具。

B. 洗手盆不设置盆塞。根据新型冠状病毒的预防感染措施，要保持手部卫生，需要用流水洗手，所以洗手盆无需采用盆塞。

C. 卫生器具应能挂式安装。卫生器具挂式安装，便于地面清洗消毒，没有卫生死角，易于方便彻底消毒。除了需要地面排水的部位，如准备间、污洗间、卫生间、浴室、空调机房等设置地漏外，其他如护士室、治疗室、诊室、检验科、医生办公室等房间均未设置地漏。地漏采用带过滤网的无水封地漏，并需加存水弯，存水弯水封不小于 50mm，不大于 75mm；设计采用洗手盆的排水给地漏水封补水，手术室、急诊抢救室等房间的地漏则采用可开启的密封地漏。病房、化验室、试验室等在同一房间内的卫生器具不共用存水弯。

② 分类收集，分区排水。

火神山、雷神山医院将医技楼、病房及 ICU 定义为污染区，在污染区内的盥洗、洗浴废水及卫生间污水归为污染区排水。清洁走廊及办公区定义为清洁区，在清洁区内的盥洗、洗浴废水及卫生间污水归为清洁区排水。污染区内重症病人的排泄物、分泌物，采用专用密闭容器就地收集，按卫生部门提供的消毒方法及时消毒后，再倒入病房卫生间，或集中收集、专门处置。

污染区的污废水与清洁区污废水分流排放，各自独立排到预消毒池。

车辆冲洗和消毒废水排入污水系统，排水口下采取水封措施。空调冷凝水分区集中收集，间接排水；设置在污染区的空调冷凝水排入污染区生活排水系统管道；设置在清洁区的空调冷凝水排入清洁区生活排水系统管道。

③ 排水系统管道分区独立通气，分区集中收集处理。

污染区（如病房、医技楼及 ICU 等）与清洁区的排水通气系统均独立设置。避免污染区带有病毒的废气传播到清洁区，造成感染。

排水系统的通气管口上排至屋面，禁止接入空调通风系统的排风管道。排水通气管中废气应集中收集，处理后排放。室外排水检查井采用密封井盖，并设置不小于 DN100 通气管，将室外排水管道中的废气上排至屋面通风良好处进行处理。

④ 室外场地雨水快排与集中处理。

为防止污水渗漏和雨水下渗，与地下水系统发生交换，引起地下水污染，设计在医院用地内设置满铺 HDPE 防渗膜，与附近水系完全隔离，避免雨水和污水下渗。室外场地雨水的径流（雨水排水方向）系统采用快速排向雨水口的方式，通过管道集中收集排放，减少地表雨水径流对周围水体的污染风险。

室外雨水采用管道系统排水，不得采用地面径流或明沟方式排放。因采用地面径流或明沟排放，一旦雨水被病毒污染，病毒易通过室外雨水排水扩散，增加病毒扩散的风险，因此必须设计单独的雨水排水管道系统。由于院区用地范围内的场地满铺 HDPE 防渗膜，雨水不能下渗，地面的雨水径流系数采用 $\phi=1.0$。市政污水管无法全部接纳院区设计重现期 $P=3$ 年的降雨水量，因此设置了雨水贮存调节设施。

医院配置建设的生化处理设施调试运行需要一定时间，为快速投入使用，设计按二级生化处理工艺配置，在前期按预消毒—化粪池—消毒的处理工艺流程运行，其处理工艺流程如下：

A. 在化粪池前设置污水预消毒工艺，预消毒池的水力停留时间不小于 2h；污水处理站的消毒池水力停留时间不小于 2h。

B. 污水处理从预消毒工艺至站尾消毒工艺，全流程的水力停留时间不小于 2d。

C. 根据在线余氯监测情况确定消毒剂的投加量，其 pH 值不得大于 6.5。

考虑到新型冠状病毒在水中存活的时间可能较长，预消毒的目的是保证污水处理后续工艺运行安全，预消毒的接触时间不小于 2h，污水在化粪池中的停留时间不少于 36h。从预消毒到污水处理站出口，消毒的总水力停留时间不小于 2d，以确保污水处理站尾出水的生物安全性。作为应急医院，运行期间无需清掏，污泥清掏周期设置为 1 年。

二级生化处理选用的生物处理工艺受到许多因素的制约。由于医院建造时新型冠状病毒肺炎的传播途径缺少充分的实验验证，污水处理站内各构筑物产生的尾气可能含有病毒，为此要求密闭，尾气统一收集消毒处理后排放。曝气量大的工艺，需要较大的尾气处理量，存在较大的病毒扩散风险。

受制于场地条件、供货地点及供货时间，经过多工艺比选，火神山、雷神山医院污水处理的生化工艺选用武汉供货、可快速安装和投入使用的 MBBR 工艺。

污水站效果图

4. 暖通空调

（1）设计原则

呼吸类传染病应急医院收治的确诊患者包括普通型、重型、危重型三类病人，针对不同病患，如何设计合理的通风空调系统是暖通设计的难点；卫生通过是医院的重要设计部分，其布局是一个扩大化的"迷宫式缓冲"，如何精确调节送排风之间的差值来实现压差控制是暖通设计的另一难点；另外，不同排风口高度将直接影响医院周围环境的安全性，设计过程中需要重点关注。

（2）病房通风空调系统设计

1）通风空调形式

负压隔离病房采用机械送、排风系统，并与风机盘管或多联机系统相结合，利用空调新风作为送风系统，送风量不小于 6 次 /h 的换气次数。空调系统和风机盘管机组的回风口设置初阻力小于 50Pa、微生物一次通过率不大于 10%、颗粒物一次计重通过率不大于 5% 的过滤设备，如超低阻的送回风口（同时，应兼顾非疫情的需要，设计成有回风功能和在确保安全的前提下具有热回收功能的空调系统，保证根据疫情的需要能快速进行平疫转换）。

负压隔离病房要控制的是空气中致命性的病原体，目前空调机对回风的空气处理不能保证 100% 阻隔或杀死病菌。因此，《传染病医院建筑设计规范》GB 50849-2014 和《综合医院建筑设计规范》GB 51039-2014 对负压隔离病房的通风空调系统都提出了明确的设置要求，即采用全新风直流式空调系统，最小换气次数应为 12 次 /h，以保证病房空调系统达到舒适的温湿度。根据护理单元的设置，多个负压隔离病房组合成一个空调通风系统，为系统调控和管理方便，每个护理单元分为 2 个系统，并互为备用。

2）通风量的确定

考虑到集装箱房的建筑特点，围护结构密闭性差，为充分保证病房的换气次数和压力梯度，确定送、排风量分别是：分区负压隔离病房送风 8 次 /h，排风 12 次 /h；标准负压隔离病房送风 12 次 /h，排风 16 次 /h。医院投入运行后，实际测试的病人走廊对病房空气压差为 6Pa，高于规范要求的 5Pa；医护走廊对病房的空气压差在 12~15Pa 之间，高于规范要求的 10Pa。

3）送排风气流组织

国内现行相关规范和标准对病房送排风口的设置均提出了"高送低排，定向气流"的原则，其主要基于以下理由：

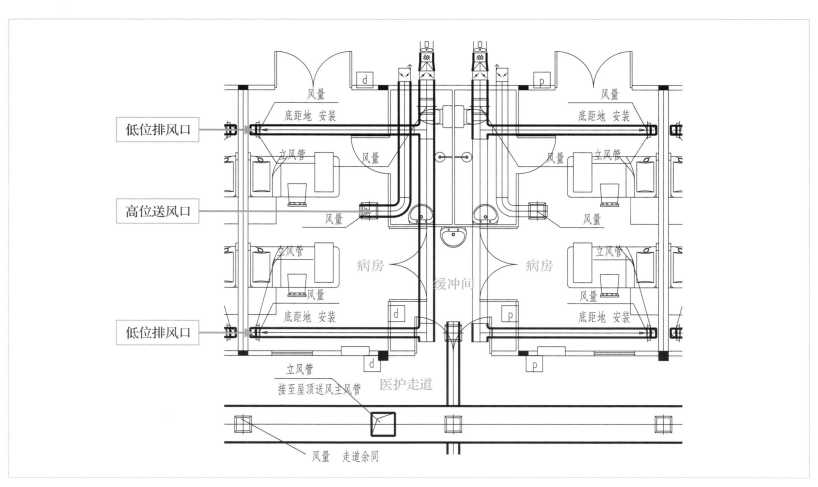

医护走廊、病房、缓冲区通风平面（局部）

① 采用定向气流，送风口应设置在房间上部，排风口应设置在病床床头附近，应排除气流死区、停滞和送排风短路，防止细菌、病毒的积聚；

② 病房内医护人员大多站立工作，而病人长时间卧床呼吸，低位污染浓度高，通过气流组织杜绝医护人员处于传染源和排风口之间，减小医务人员被感染的机会；

③ 排风口设置在地板附近，使洁净空气通过呼吸区和工作区向下流动到污染的地板区域，有利于污染空气就近尽快排出。

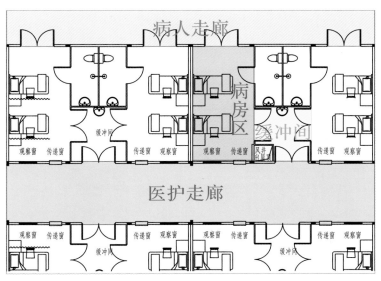

医护走廊、病房、缓冲区平面关系示意图

火神山、雷神山医院结合建设实际，按规范要求，采取床尾靠近病房门口处设顶送风口、床头下部设排风口的气流组织方式。

4）过滤器设置

负压隔离病房的送风均在送风机的入口处设有粗、中、高效三级过滤器，既防止带入影响病人的其他致病病菌，又防止灰尘进入，给内部的病毒带来寄生体或携带体。主要原因，一是火神山、雷神山医院收治的是同一类病人，不存在交叉感染的问题；二是大量高效过滤器设置在负压隔离病房内，会带来设备采购、安装、维护、更换消毒方面的诸多问题。过滤器集中设置于室外排风机入口处，可避免后期在病房内对过滤器进行消杀与更换，大大降低维护人员感染的风险。排风高效过滤器根据压差检测情况定期进行更换，拆除的排风高效过滤器在原位消毒后装入安全容器内进行消毒灭菌，并作为医疗废弃物进行处理。

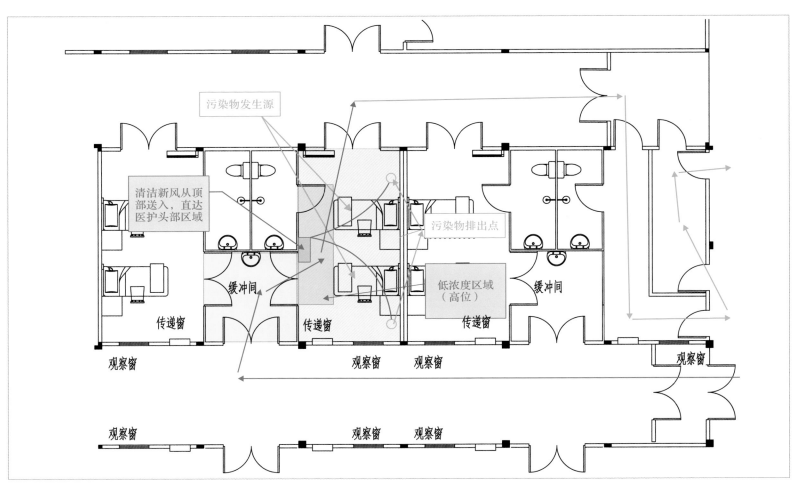

病房送、排风口设置示意图

5）病房通风系统设计总览

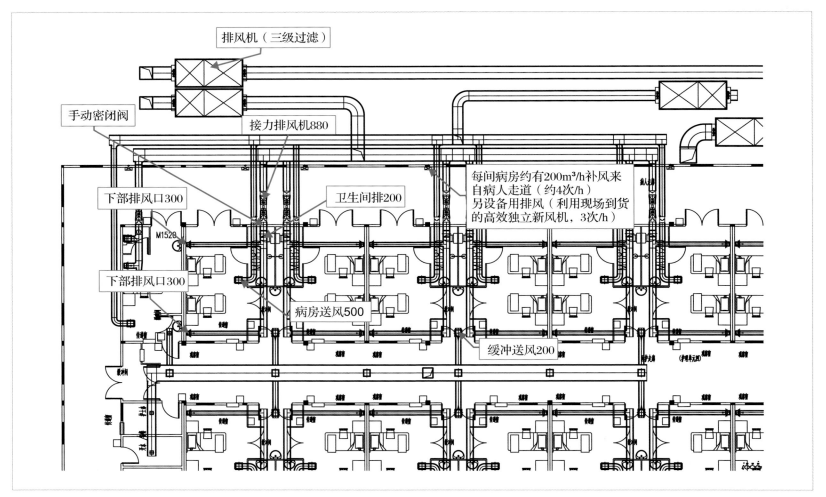

排风机（三级过滤）

手动密闭阀

接力排风机880

下部排风口300

卫生间排200

M1520

下部排风口300

病房送风500

缓冲送风200

每间病房约有200m³/h补风来
自病人走道（约4次/h）
另设备用排风（利用现场到货
的高效独立新风机，3次/h）

分区负压隔离病房设计总览

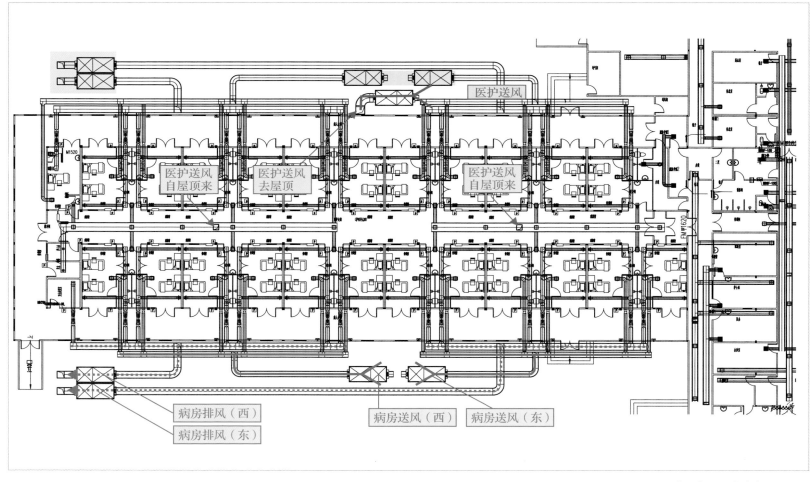

医护送风

医护送风
自屋顶来

医护送风
去屋顶

医护送风
自屋顶来

M1520

病房排风（西）

病房排风（东）

病房送风（西）

病房送风（东）

分区负压隔离病房通风平面

（3）医技楼通风空调系统设计

医技楼总建筑面积1758m²，为钢结构板式房，考虑到手术室、负压检验室、CT室等功能房间的净高要求高，工艺复杂，室内管线多且交叉频繁，最终确定梁下净高按4.5m设计。考虑到桁架空间的密封处理难，待所有机电管线施工完毕后，在3m标高做一道密闭吊顶，保证各房间的密闭性，方便通风系统进行房间压力控制。

1）通风空调形式

机械通风系统是保证气流有序流动的可靠手段。医技楼主要功能房间的压力等级大致如下表。

医技楼主要功能房间压力等级

序号	位置	压力（Pa）
1	污物打包、负压检验室、负压手术室	-20
2	CT室	-15
3	消毒打包、候诊区	-10
4	医护走道、操作间	-5~0
5	洁净走道、办公室、阅片室	0~5
6	血库、休息间	10

清洁区、半污染区和污染区的机械送、排风系统按洁净等级独立设置，同时考虑到医技楼的功能房间较多，因此，按不同功能分区对通风系统进行进一步的细分，通过将通风系统划分成若干独立的小系统，有效杜绝不同洁净等级分区之间的相互干扰，有效杜绝不同功能分区之间的相互干扰。较小的通风系统分区，可以用风机替代风阀进行风量平衡，缩短调试时间，加快工程进度。医技楼的通风系统按候诊区、CT检查区、阅片工作区、负压检验室、办公休息区、血库及洁净走廊，划分成7个独立的通风系统。

2）通风量的确定

机械送、排风系统的风量依据《传染病医院建筑设计规范》GB 50849-2014中呼吸道传染病区的新风量要求及压力要求综合确定。各房间的送风量按6次/h设计，渗透风量依据《建筑防烟排烟系统技术标准》GB 51251-2017的公式（3.4.7）计算确定，也可以参考《洁净厂房设计规范》GB 50073-2013条文说明表7的相关数据或换气次数法估算确定。估算时，对于洁净区，送风量取6次/h，排风量取4次/h；对于半污染区，送风量取6次/h，排风量取6次/h；对于污染区，送风量取6次/h，排风量取8次/h。

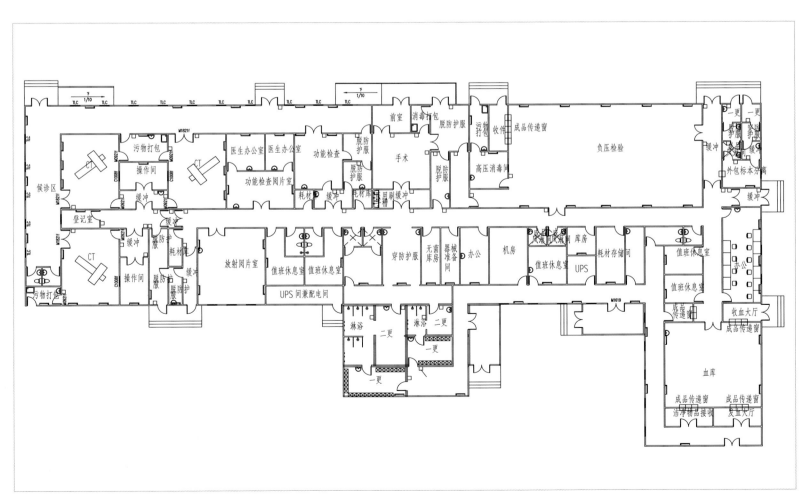

医技楼平面图

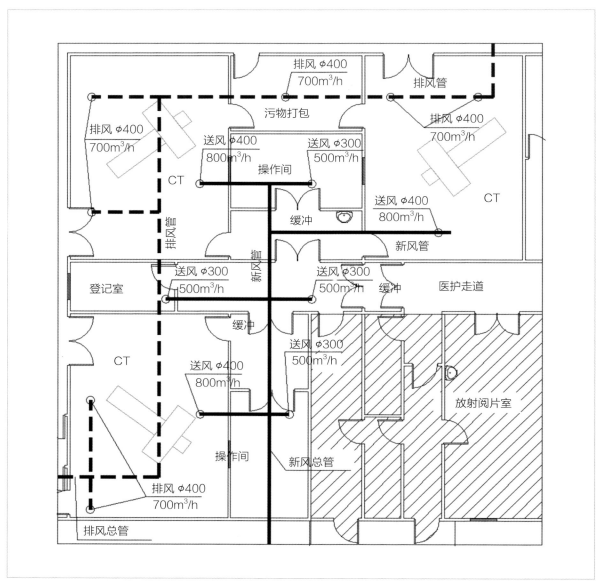

CT 检查区风管平面图

3）送排风气流组织

对于火神山、雷神山医院此类临时建筑，墙体和屋面的密闭性能差于永久性建筑，依据经验估算，不足以保证压力梯度满足规范要求。为了解决这个问题，在设计房内的送、排风口时，将每个通风系统所包含的各房间进行整体考虑。在医护人员可能活动的位置加强送风，减少排风，在病人可能活动的房间或位置以及卫生间等污染物较多的位置加强排风、减少送风，在系统内部，人为加大不同房间之间的压力差，充分利用渗透风量降低医患之间感染的风险。CT 检查区对污物打包、CT 室加强了排风，对操作间、登记室、缓冲间加强了送风，充分利用渗透风，形成稳定的气流流向。医技楼的洁净走道靠近外墙，渗透风量较大，设计时直接取消了该区域的排风，保证洁净区的压力等级满足要求。

4）过滤器设置

医技楼过滤器的设置标准按《传染病医院建筑设计规范》GB 50849-2014 的相关要求执行，具体设置原则如下：所有新风机及排风机均配置粗、中、高效三级过滤器。由于医技楼病菌含量没有病房多，且各个功能分区分别设置了排风系统，相互之间没有干扰，同时将过滤器集中安装，可以减少采购、安装、维护、更换消毒方面的诸多问题，医技楼在室内送排风口设置过滤器。

疫情大考中的
中国建造
火神山医院、
雷神山医院
建设纪实

2 设计 DESIGN

2.2 专业设计

（4）ICU中心通风空调系统设计

ICU的全称为重症监护病房，是医院集中监护和救治重症患者的专业病房，目前还没有针对ICU病房的设计标准。在火神山医院，其ICU中心总建筑面积约为2180m²，为钢结构板式房，梁下净高4.5m，设有2个ICU病房单元，每个单元设有15张床位及配套的治疗室、污洗间、办公、休息、卫生通过。在建筑的西北角设有接诊大厅，用于收治入院病人。

1）通风空调形式

ICU大厅及其配套辅助用房等区域需严格执行净化空调设计标准，净化级别为Ⅲ级，同时采用全新风工况运行。每个ICU病房单元及其辅助用房设计3套，合计6套净化空调机组。

接诊大厅、半污染区及洁净区不执行净化空调设计标准，其空调形式为分体空调，同时其新风系统经过热湿处理，保证室内的舒适性。新风系统采用组合式新风机组，接诊大厅及两个病房单元分别设置1套新风机组，共计3套新风机组。

2）通风量的确定

新风量设计标准参考了《医院洁净手术部建筑技术规范》GB 50333-2013中关于洁净辅助用房的要求、《洁净手术部和医用气体设计与安装》07K505中关于洁净辅助

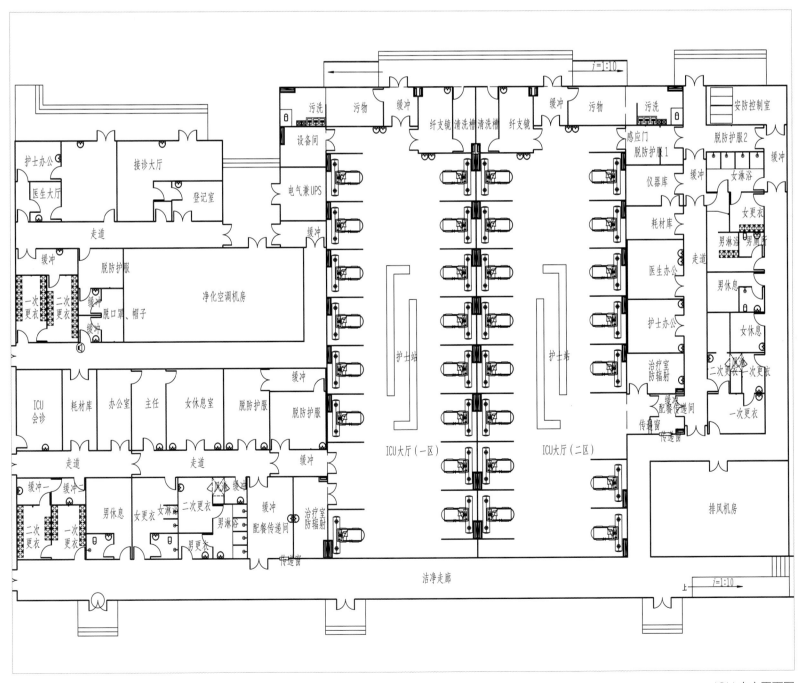

ICU中心平面图

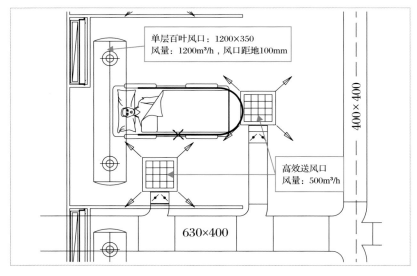

ICU 病房送排风口大样图

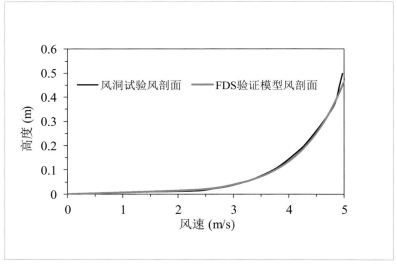

风洞试验和 FDS 验证模型的风剖面对比曲线

ICU 中心净化空调系统的主要参数

序号	项目	内容	备注
1	室内温度、湿度	22~26℃，40%~65%	
2	洁净等级	Ⅲ级	
3	换气次数	10~13 次/h	
4	总送风量（新风量）	29400m³/h	
5	总排风量	40000m³/h	排风机四用二备，具备 60000m³/h 的排风能力
6	压力等级	治疗室 -25Pa，ICU 大厅 -20Pa，污洗 -20Pa，纤支镜 -10Pa，缓冲 -10Pa，半污染区 -5Pa，洁净区 5Pa	
7	冷热负荷，湿负荷	冷 447kW，热 267kW，湿 291kg/h	
8	冷热源形式	ICU 一区及非净化空调采用模块化风冷热泵机组，ICU 二区采用直膨式空调机组	项目工期紧，冷热源只能采用存货施工，造成一个项目采用了多种冷热源形式
9	加湿形式	电极加湿	
10	水系统形式	两管制定流量系统	

用房的要求和《传染病医院建筑设计规范》GB 50849-2014 中关于呼吸道传染病区的要求，取其较大值作为设计标准，最终确定新风量设计标准为 6 次/h。

3）送排风气流组织

ICU 净化区采用高效送风口顶部送风，四周下部设置下排风口排风。ICU 病房排风口布置在床头侧下部，距地 100mm，送风口分两处布置，主送风口布置在床侧边，次送风口布置在床尾。为加快风口生产与安装进度，风口设计尽可能减少规格和尺寸种类。

4）过滤器设置

ICU 净化区过滤器设置标准按《传染病医院建筑设计规范》GB 50849-2014 的相关要求执行，具体设置原则如下：新风机组配置 G4+F8 两级过滤器，净化空调送风末端配置 H13 级高效过滤器，排风机组配置 G4+F7+H13 三级过滤器。

（5）负压手术室通风空调系统设计

火神山、雷神山医院均配套建设有负压手术室，用于新冠肺炎患者的手术治疗，手术室净化级别为Ⅲ级。负压手术室是传染病医院的重要配套设施，其压力相对室外为负压，可以有效阻止室内被污染的空气外流，阻断病毒的传播。手术室平面布置如图所示，负压手术室自成一区，对外设有独立的病人和污物出入口，配备专用的消毒打包间，手术室与医护走道之间设缓冲间，病人出入口部设前室。

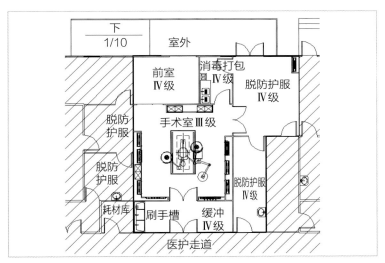

手术室平面图

1）通风空调形式及通风量的确定

负压手术室及其配套用房严格执行净化空调设计标准，单独设计一套净化空调系统，避免与其他区域的交叉感染。考虑到新冠肺炎的传染性较强，净化空调系统采用全新风工况运行，执行负压隔离病房的设计标准。考虑火神山、雷神山医院项目为临时性应急医院，为保证工程进度，负压手术室不考虑正负压转换，以简化系统。

2）送排风气流组织

负压手术室采用专用净化送风口在顶部集中送风，双侧下部排风的气流形成；辅助用房采用高效送风口送风，上送下排的气流形式。负压手术室同时设置吊顶排风口，排风口位于患者头部正上方，用于排除麻醉气体和室内异味，排风量按400m³/h设计。负压手术室设置两套集中的排风系统，一用一备，提高系统的可靠性。因不需考虑正负压转换，患者头部的排风系统未单独设置排风机，可进一步简化系统，提高建设速度。

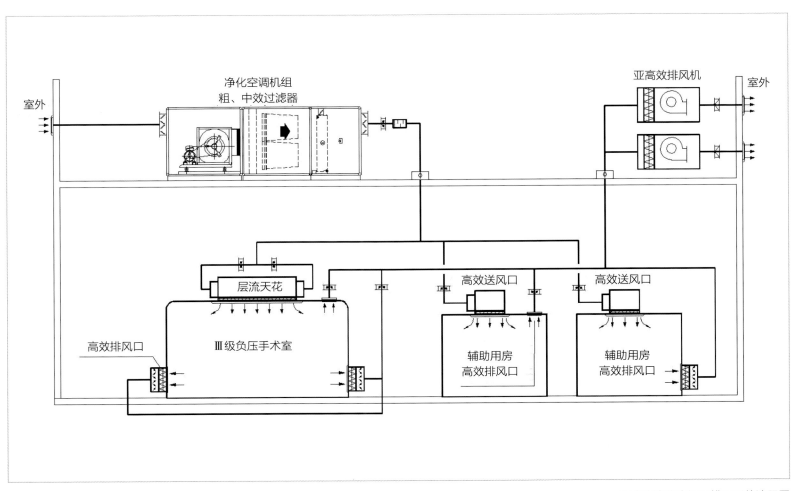

手术室净化空调及排风系统流程图

3）过滤器设置

净化空调系统的过滤器设置是保证房间洁净度的关键因素，负压隔离病房及负压手术室有关过滤器的设置要求详见下表，可以看出，不同规范的要求略有差异。火神山、雷神山医院项目为安全计，过滤器的具体设置原则如下：

净化空调机组配置 G4+F8 两级过滤器，手术室送风末端配置 H14 级高效过滤器，辅助用房末端送风口配置 H13 级高效过滤器，室内排风口配置 H13 级高效过滤器，室外排风口处设置止回阀。

过滤器设置标准

规范与措施要求及应用场合	送风口处	空调机组	室内排风口处	室外排风口处
《传染病医院建筑设计规范》GB 50849-2014，负压隔离病房	—	粗、中、亚高效	高效	—
《医院洁净手术部建筑技术规范》GB 50333-2013，Ⅲ级负压手术室	亚高效	粗、中效	高效	止回阀
《洁净手术部和医用气体设计与安装》07K505，Ⅲ级负压手术室	高效	粗、中效	亚高效	高中效 + 止回阀

（6）卫生通过通风空调设计

医护人员从洁净区进入污染区，需先经过卫生通过。卫生通过作为潜在污染区与清洁区之间的缓冲屏障，其基本功能是保证人员安全通过，其通风设计的效果直接关系到防护的成败。

卫生通过既要保证人员安全通过，又要防止污染气体侵入清洁区。为实现这一功能，传统做法是通过自动控制系统精确调校送风量与排风量，但此种方式调试时间长，

为加快项目进度，火神山、雷神山医院借鉴人防工程防毒通道和消防加压送风的做法，在进入卫生通过"一次更衣"处设置不小于 30 次/h 的送风，各相邻隔间设置 D300 的通风短管，气流流向从清洁区至污染区；在退出卫生通过处的"脱隔离服间"设置不小于 40 次/h 的排风，各相邻隔间设置 D300 通风短管，气流流向从清洁区至污染区。并采用大小风机混用、带阀短管及小风机接力的优化技术措施，确保卫生通过的有效隔断和安全保障。

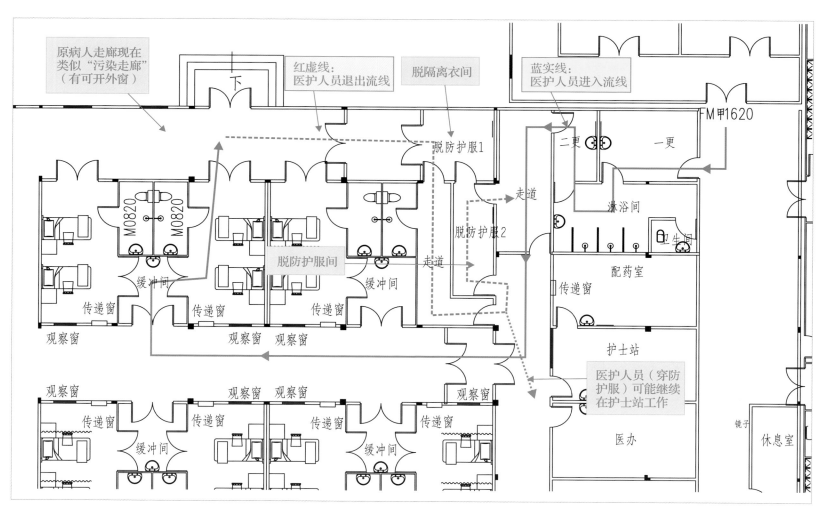

医护人员进入及退出病房流线

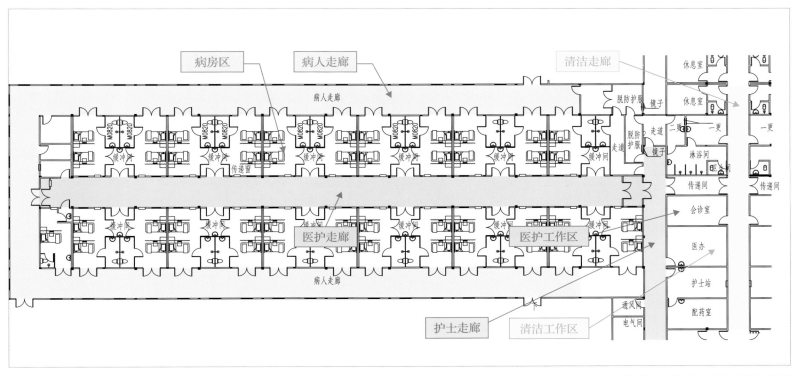

病房区　病人走廊　清洁走廊

病人走廊

缓冲间

医护走廊　医护工作区

护士走廊　清洁工作区

护理单元"3区4廊"平面示意图

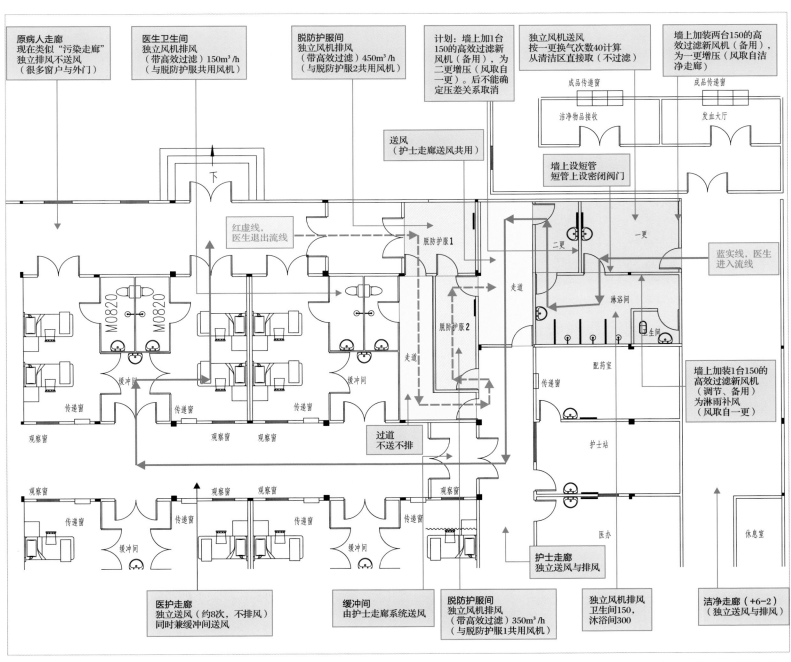

原病人走廊
现在类似"污染走廊"
独立排风不送风
（很多窗户与外门）

医生卫生间
独立风机排风
（带高效过滤）150m³/h
（与脱防护服共用风机）

脱防护服间
独立风机排风
（带高效过滤）450m³/h
（与脱防护服2共用风机）

计划：墙上加1台
150的高效过滤新
风机（备用），为
二更增压（风取自
一更）。后不能确
定压差关系取消

独立风机送风
按一更换气次数40计算
从清洁区直接取（不过滤）

墙上加装两台150的高
效过滤新风机（备用），
为一更增压（风取自洁
净走廊）

送风
（护士走廊送风共用）

墙上设短管
短管上设密闭阀门

红虚线，
医生退出流线

蓝实线，医生
进入流线

墙上加装1台150的
高效过滤新风机
（调节、备用）
为淋雨补风
（风取自一更）

过道
不送不排

护士走廊
独立送风与排风

医护走廊
独立送风（约8次，不排风）
同时兼缓冲间送风

缓冲间
由护士走廊系统送风

脱防护服间
独立风机排风
（带高效过滤）350m³/h
（与脱防护服1共用风机）

独立风机排风
卫生间150，
沐浴间300

洁净走廊（+6-2）
（独立送风与排风）

"卫生通过"通风设计要点

（7）通风空调系统室外部分设计

1）送、排风机的设置

因病房半污染区、污染区排出的污染物较多，将排风机设在排风管路末端以确保整个排风管路为负压，防止排风中的污染物从风管缝隙泄漏到风管外部而污染室外环境或其他房间。火神山、雷神山医院集装箱板房屋顶结构难以承受大量设备与风管的重量，送、排风机若设置在屋顶则要求屋面结构必须进行加固和防振处理，势必会加大工作量和影响整个工程进度，且存在施工风险。为保证运行安全和维护方便，送、排风机设置在室外空旷处。

2）新风口与排风口的设置

火神山、雷神山医院设计之初，对送、排风口的平面位置进行了统筹排布，进、排风口水平间距均保持在20m

以上。设计过程中得到了清华大学陆新征教授团队的大力支持。

陆新征教授团队以开源流体力学计算软件FDS为基础，采用大涡模拟算法（Large Eddy Simulation，LES）模拟污染物扩散过程，得出不同排风高度条件下，有害气体浓度分布情况，并给出了设计优化建议。通过对室外污染物扩散数值模拟的研究，得到排风口高度6.5m时，最不利风向条件下（西风，1.9 m/s），新风口附近污染物浓度为 49×10^{-6}；而当排风口高度提高至9m时，最不利风向条件下（西风，1.9 m/s），新风口附近污染物浓度则降为 25×10^{-6}。为安全起见还考虑了过滤器衰减甚至失效的可能，最终在可实施的前提下，将排风口高度确定为9m。有效保障了火神山、雷神山医院室内和周围环境的安全性，降低了二次污染风险。

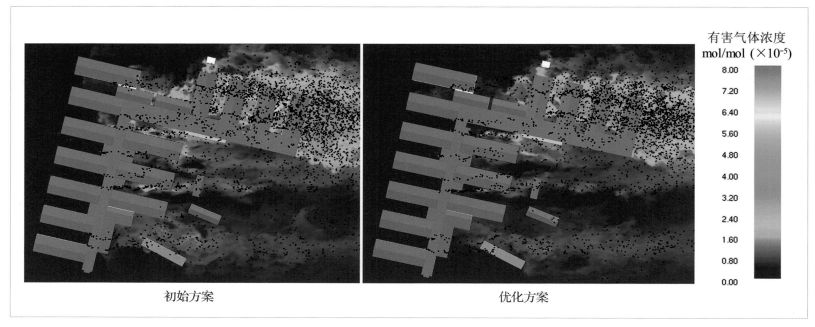

不同排风口高度下有害气体浓度分布图（西风，1.9 m/s）

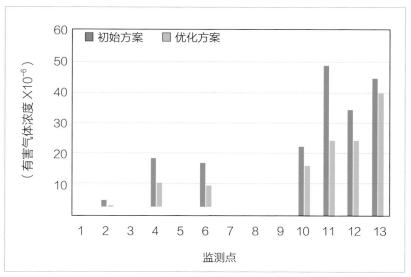

不同排风口高度下监测点的有害气体浓度（西风，1.9 m/s）

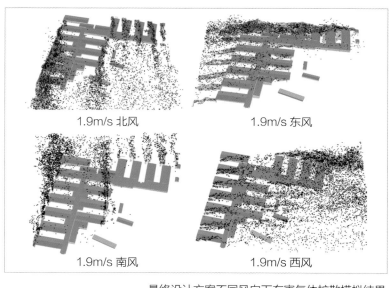

最终设计方案不同风向下有害气体扩散模拟结果

疫情大考中的

中国建造

火神山医院、雷神山医院

建设纪实

2 设计 DESIGN

2.2 专业设计

5. 电气

（1）设计原则

区别于常规医院建设时的电气和智能化设计，在火神山、雷神山医院采用集装箱、钢结构且需满足快速建造的实际需求下，对电气和智能化设计提出了更高的要求，主要体现在以下几个方面：

① 为保证整个供配电系统运行的可靠性、快速建造模式下的可实施性，需设计一种符合工期紧、任务重等建造条件的"主供－备供""市电－发电"两级切换的方案。

② 在照明系统方面，在集装箱结构中，常规的照明线路必然需要预留在箱体内，一次成形，避免二次敷设。此外，针对本次"新冠"疫情，根据《医疗建筑电气设计规范》JGJ 312-2013 第 8.3.5 条、《传染病医院建筑设计规范》GB 50849-2014 第 8.2.3 条：在清洁走廊、污洗间、卫生间、候诊室、诊室、治疗室、病房、手术室及其他需要灭菌消毒的地方设置杀菌灯。在没有明确设计标准、没有类似工程可以借鉴的条件下，需创新一种新冠肺炎疫情传染病医院的紫外线杀菌布置设计技术，以满足快速建造的要求。

③ 在防雷接地安全防护方面，在没有类似工程、标准可供参考的条件下，需要研究一种适用于集装箱结构的传染病医院的防雷接地设计。

④ 在智能化设计方面，用于负压隔离病房与缓冲间之间的压差监测装置的布置尤为关键，当压差异常时应立即启动声光报警，否则将可能造成缓冲区的污染，甚至导致疫情扩散。

⑤ 在模块化设计方面，为确保应急医院的快速、高效建造，电气与智能化系统需采用模块化设计，因此需要研究摸索一种适用于集装箱结构的电气与智能化系统模块化设计方案。

（2）供配电系统设计

1）供配电系统可靠性分析

以火神山医院为例，1 号住院楼及 2 号住院楼共设有 17 个护理单元，其用电负荷计算是项目供配电系统设计、变压器容量选取的关键。

每间负压隔离病房的用电负荷包括分体空调（带电辅热）、电热水器、电开水器、电热油汀、浴霸、送排风机等。根据暖通空调、给水排水等专业所提负荷资料，结合本专业用电需求，每间病房的负荷指标按 8kW 选取。每 2 间病房组成一个病房单元，在其缓冲间内设置一处配电箱，为该病房单元所有用电负荷供电，其配电箱系统见下图。

	L1 iC65N-C16/1P	N1-0.5kW WDZ-BYJ-3x2.5-PR25-WC/CC	病房1、2照明
	L2 iC65N-D20/1P	N2-3kW WDZ-BYJ-3x4-PR25-WC/F	病房1空调插座
	L3 iC65N-D20/1P	N3-3kW WDZ-BYJ-3x4-PR25-WC/F	病房2空调插座
	L1 iDPNN-20 30mA	N4- 2kW WDZ-BYJ-3x4-PR25-WC/CC	病房1热水器插座
	L2 iDPNN-20 30mA	N5-2kW WDZ-BYJ-3x4-PR25-WC/CC	病房2热水器插座
	L3 iDPNN-20 30mA	N6-1.5kW WDZ-BYJ-3x4-PR25-WC/CC	病房1电热油汀插座
	L1 iDPNN-20 30mA	N7-1.5kW WDZ-BYJ-3x4-PR25-WC/CC	病房2电热油汀插座
	L1 iDPNN-20 30mA	N8-1kW WDZ-BYJ-3x4-PR25-WC/CC	病房1医疗带插座
	L3 iDPNN-20 30mA	N9-1kW WDZ-BYJ-3x4-PR25-WC/CC	病房2医疗带插座
	L1 iC65N-D20 /1P	N10-0.5kW WDZ-BYJ-3x2.5-PR25-WC/CC	病房1送－排风机控制箱
	L2 iC65N-D20 /1P	N11-0.5kW WDZ-BYJ-3x2.5-PR25-WC/CC	病房2送－排风机控制箱
	L3 iDPNN-20 30mA	N12	备用

WDZ-YJY-5x16 -CT/WS
~380V电源由配电间内 1AT1双电源箱引来

iC65N-C50/3P
$P_e = 16\text{kW}$
$K_X = 1$
$I_{js} = 29\text{A}$
$\cos\varphi = 0.85$

一个病房单元配电箱系统图

序号	用电设备组		台数 n	设备容量 P_e(kW)	K_X	$\cos\varphi$	$\tan\varphi$	计算负荷			
	名称	回路编号						P_j(kW)	Q_j(kvar)	S_j(kVA)	I_j(A)
1	1号单元病房楼用电	1-WP1（R）		200.0	0.75	0.85	0.62	150.0	93.0	176.5	267.4
2	1号单元公共用电	1-WP2（R）		180.0	0.75	0.80	0.75	135.0	101.3	168.8	255.7
3	1号单元病房楼电加热	1-WP3		163.0	0.80	0.90	0.48	130.4	63.2	144.9	219.5
4	1号单元病房楼电加热	1-WP4		68.0	0.80	0.90	0.48	54.4	26.3	60.4	91.6
	合计			611.0				469.8	283.7	550.6	834.2
	消防及较小季节性设备容量			611.0				469.8	283.7	550.6	834.2
	剩余设备容量			0.0				0.0	0.0	0.0	0.0
	取同时系数为：$K_{\Sigma p}$=0.80　　$K_{\Sigma q}$=0.93										
	补偿前设备容量					0.82	0.70	375.8	263.9	459.2	
	功率因数补偿为：0.95　　$\Delta q_c=\tan\varphi-\tan\varphi'$=0.37										
	补偿容量				$Q_c=\alpha P_{30}\times\Delta q_c$=140.3kvar，取180kvar							
	补偿后					0.98		375.8	83.9	385.1	
	选一台630kVA变压器，负荷为61.1%										
	变压器损耗							3.9	19.3		
	合计（高压侧）					0.97		379.7	103.1	393.4	

为确保项目快速建造，采用模块化设计，17个护理单元在病房设置上基本一致，每个护理单元设25间病房。基于以上建筑特点，主要进行一个护理单元的用电负荷计算，进而确定整体用电容量。据上，每间病房用电负荷指标为三相供电8kW，则一个护理单元25间病房总用电容量为200kW。公共区域用电负荷容量为180kW（含照明、插座、风机、走道空调等），风机的电加热用电容量为231kW，则一个护理单元总容量为611kW。

表中各配电干线需要系数K_X取0.75或0.80，有功同时系数K_p取0.80，无功同时系数K_q取0.93。根据计算结果，每个护理单元选用一台630kVA室外箱式变压器，其负载率为61.1%。

作为呼吸类传染病医院，医院供配电系统设计的安全性、可靠性至关重要，它直接关系到病人、各类医护人员的生命健康安全。为此，供配电设计采取以下技术措施：

① 由城市电网引来10kV双重电源，两路电源来自城市不同变电站，相互独立，同时工作，互为备用。当任意一路电源失电时，另一路电源可承担全部容量。

② 将相邻两个护理单元的2台箱式变电站在低压侧联络成组，分列运行，互为备用。当其中一台变压器故障断电时，仅需切除风机的电加热负荷，另外一台变压器可以承担两个护理单元的其他所有用电负荷(包括病房区空调)。当两台变压器均故障断电时，应急柴油发电机组作为自备应急电源，可以承担除风机的电加热负荷外，两个护理单元的全部用电负荷。

③ 成组的2台变压器10kV的高压电源进线，分别来自城市电网10kV双重电源，二者互不影响、互为备用。而且成组的两台变压器0.4kV的低压出线回路，除风机的电加热负荷外，其他所有负荷(包括空调)均采用"主供-备供"双电源回路供电，并同时配有发电机组电源回路作应急备用，即采用"主供-备供""市电-发电"两级双电源切换供电。

④ 对于要求恢复供电时间不得大于0.5s的医疗场所，如手术室、ICU、检验科及弱电机房等，均设置应急供电时间不少于30min的在线式UPS不间断电源，作为发电机组稳定输出前的过渡设备。

⑤ 分区域、分类别设计供电干线、支干线。干线至支干线、支干线至支线，均采用放射式供电。

2）配电联络方式与电源转换问题分析

两台变压器成组、配置应急发电机组，是很重要且常用的低压配电系统形式，其接线方式通常有以下三种。

方式一：两台变压器低压母线联络，发电机应急母线分为"消防负荷""非消防重要负荷"的两段应急母线Ⅲ、Ⅳ，它们分别配有各自的发电机出线保护总开关、"市电－发电"互投切换开关，备供线路一直处于热备用状态。

方式二：两台变压器低压母线联络，发电机与其中一台变压器的低压总开关联锁切换，发电机应急母线为一段，不区分"消防负荷、非消防重要负荷"，备供线路一直处于热备用状态。

方式三：两台变压器低压母线不联络，发电机配电屏馈出多路应急电源线路，且平时一直处于冷备用状态。

对以上三种接线方式进行研究比较，可知：

① 对方式一，因"非消防重要负荷"应急母线Ⅳ、"消防负荷"应急母线Ⅲ分开，应急电源系统专用、没有接入其他负荷，满足《供配电系统设计规范》GB 50052–2009 第3.0.3条"一级负荷中特别重要的负荷供电除应由双重电源供电外，尚应增设应急电源，并严禁将其他负荷接入应急供电系统"的要求。所以，相比较而言，此种接线方式最可靠、最合理，是重要工程项目低压配电系统接线方式的首选。

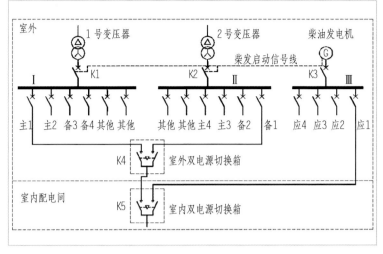

② 对方式二，接线方式简洁、有效，特别适合选用与变压器同容量的柴油发电机组。缺点是发电机应急母线没有区分"消防负荷""非消防重要负荷"，它们因共用保护总开关而相互影响，故其供电可靠性不如方式一。

③ 对方式三，因两台变压器低压母线不联络，发电机应急电源线路平时一直处于冷备用状态，所以供电可靠性不如方式一、方式二。

火神山、雷神山医院属应急工程，时间短、任务重，设计必须因地制宜、就地取材。因采购限制，变配电设备只能采用成品室外箱式发电机组，而成品箱式变之间、箱式变与发电机组之间，没有时间、空间和条件对柜内母线进行联络改造，也无法在柜内增设电源切换开关。因此，根据现场实际情况，经综合考虑，低压配电系统的接线方式采用方式三，在室外箱式变、箱式发电机组的外部，增设室外、室内两处双电源切换箱，对重要负荷形成"主供－备供""市电－发电"两级切换供电方案。

本设计选用的发电机组容量与变压器容量基本相同，从而提高重要负荷的供电可靠性。发电机组的自启动信号，取自成组2台箱式变的低压总出线开关K1、K2的电源端电压的"与"逻辑信号，即当发电机控制屏接收到成组的2台箱变均全部失电的信号时，机组立即应急自动启动，15s内稳定输出、持续为负荷供电。

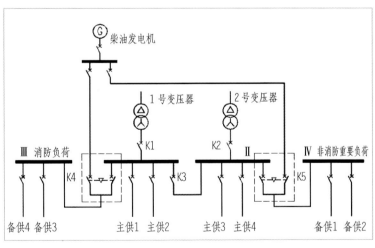

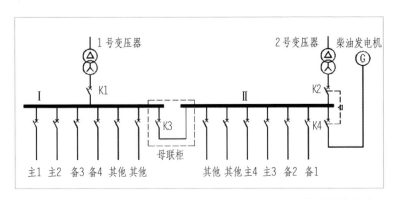

（3）照明系统设计

1）常规照明系统设计

① 光源及灯具选择

本工程照明选用发光效率高、显色性好、使用寿命长、色温相宜、符合环保要求的光源，主要采用 LED 灯、T5 直管三基色节能型荧光灯或紧凑型荧光灯，并装设电子镇流器（功率因数不小于 0.90）。有特殊装修要求的场所视装修要求而定。选用 LED 照明产品的光输出波形的波动深度需满足现行国家标准《LED 室内照明应用技术要求》GB/T 31831-2015 的规定，并选用高效、节能及产生眩光较小的灯具。

室内同一场所一般照明光源的色温、显色性需保持一致。病房内按一床一灯设置床头局部照明，灯具及开关控制与多功能医用线槽结合。手术室设手术专用无影灯。病房内和病房走道设有夜间照明。病房内夜间照明设置在房门附近或卫生间内。在病床床头部位的夜间照明照度小于 0.1 lx。清洁走廊、污物间、卫生间、候诊室、诊室、治疗室、病房、手术室、血库、洗消间、消毒供应室、太平间、垃圾处理站等场所，设紫外线消毒器或紫外线消毒灯。

② 照度要求及照明控制

大楼各场所照明标准值按《建筑照明设计标准》GB 50034-2013 选取，设计中充分考虑照度均匀度、亮度分布、眩光限制、天然光的利用及各功能照明的控制要求。各场合照明功率密度值 LPD 需达到《建筑照明设计标准》GB 50034-2013 中目标值要求。

病房走廊照明、病房夜间守护照明在护士站统一控制；其他场所采用翘板开关就地控制；疏散指示照明为常亮。手术室无影灯和一般照明，分别设置照明开关；紫外线消毒灯的开关与一般照明开关区别设置，且安装高度为底边距地 1.8m；洗衣房、开水间、卫浴间、消毒室、病理解剖室等潮湿场所，采用防潮型开关。

③ 应急照明

在疏散走道、门厅设置疏散照明，其地面最低水平照度不低于 3lx；在手术室、重症监护室等病人行动不便的病房或需协助疏散区域设置疏散照明，其地面最低水平照度不低于 5lx。在走廊、大厅、安全出口等处设置疏散指示灯及安全出口标志灯。

应急照明灯具采用自带蓄电池灯具，应急供电时间不低于 30min。应急照明灯（含疏散指示灯、出口标志灯）面板或灯罩不能采用易碎材料或玻璃材质，且需有国家主管部门的检测报告方可投入使用。

2）紫外线杀菌灯设置设计

根据《医疗建筑电气设计规范》JGJ 312-2013 第 8.3.5 条、《传染病医院建筑设计规范》GB 50849-2014 第 8.2.3 条：在清洁走廊、污洗间、卫生间、候诊室、诊室、治疗室、病房、手术室及其他需要灭菌消毒的地方应设置杀菌灯。杀菌灯与其他照明灯具应用不同开关控制，其开关应开启指示标志并便于识别和操作。

消毒灯采用专用开关控制，不与普通灯开关并列，距地宜为 1.8m。消毒灯安装在空气容易对流循环的位置，以使消毒充分。候诊室、走廊等公共场所，或平时有人滞留的场所的消毒灯，采用间接式灯具或照射角度可调节的灯具。紫外光线不能直接射入医护人员和病人眼中，灯具采用时间控制，点灯延时开关的时间整定为 10min 左右，避免产生眩光、光灼伤或致盲、致癌等危险。

空气消毒机可以替代紫外线消毒灯，设有空气消毒机的病房，其卫生间需预留插座供移动紫外线消毒灯用电，以进一步确保消毒效果。

对室内空气的消毒可采取的方法有：A. 间接照射法。首选高强度紫外线消毒机或消毒灯，不仅消毒效果可靠，而且可在室内有人活动时使用，一般消毒 30min 即可达到消毒合格。B. 直接照射法。在室内无人条件下，可采取紫外线灯悬吊式或移动式直接照射。采用室内悬吊式紫外线消毒灯时，灯管距地宜为 1.8～2.2m。室内安装紫外线消毒灯（30W，1.0m 处的强度大于 $70\mu W/cm^2$）的数量为每平方米不少于 1.5W，照射时间不少于 30min。

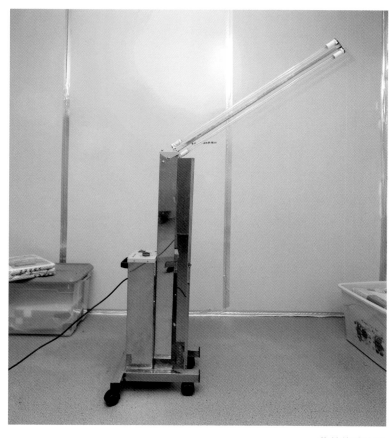

紫外线消毒灯

（4）防雷、接地及安全防护设计

1）防雷接地设计

火神山、雷神山医院防雷类别按第二类防雷建筑物设计。利用集装箱金属顶或彩钢板屋面（外层钢板厚度大于0.5mm）作为接闪器，利用集装箱等竖向金属构件作为防雷引下线，引下线平均间距不大于18m。

医院的筏板基础下铺设了一层绝缘的防渗膜，为防止污水泄漏污染环境，接地装置不能破坏防渗膜。而集装箱建筑都是直接通过方钢管垫块搁置在筏板基础上，与基础钢筋没有物理连接，为保证接地的可靠性及施工快速，在筏板基础外沿各单体建筑物外轮廓敷设一圈热镀锌扁钢，并在热镀锌扁钢沿线每隔9m在整板基础上预留一块接地连接板，接地连接板下端与基础钢筋相连，上端通过热镀锌扁钢与集装箱金属框架相连，如实测电阻大于1Ω，可通过热镀锌扁钢水平伸出防渗膜以外增设人工接地极。

2）接地与安全防护设计

火神山、雷神山医院低压配电系统的接地形式为TN-S系统。防雷接地、电气设备的保护接地，电梯机房、弱电机房等接地共用统一接地极。在各医疗单元配电间及弱电机房内设置总等电位联结端子箱（MEB），在带洗浴的卫生间、淋浴间、治疗室、检验室、医疗设备间、病房等处，设置局部等电位联结（LEB）。手术室、重症监护室等2类医疗场所采用IT系统，并设置局部等电位联结（LEB）。

医疗场所接地及安全防护要求：

① 医疗场所内由局部IT系统供电的设备金属外壳与TN-S系统共用接地装置。

② 在1类及2类医疗场所的患者区域内，做局部等电位联结，并将下列设备及导体进行等电位联结：PE线；外露可导电部分；安装了抗电磁干扰场的屏蔽物；防静电地板下的金属物；隔离变压器的金属屏蔽层；除设备要求与地绝缘外，固定安装的、可导电的非电气装置的患者支撑物。

③ 在2类医疗场所内，电源插座的保护导体端子、固定设备的保护导体端子及任何外界可导电部分与等电位联结母线之间的导体电阻（包括接头的电阻在内）不应超过0.2Ω。

④ 当1类和2类医疗场所使用安全特低电压时，标称供电电压不超过交流25V和无纹波直流60V，并采取对带电部分加以绝缘的保护措施。

⑤ 1类和2类医疗场所设置防止间接触电的自动断电保护，并符合下列要求：IT、TN、TT系统，接触电压U不超过25V；TN系统最大分断时间230V为0.2s，400V为0.05s；IT系统中性点不配出，最大分断时间230V为0.2s。

⑥ 2类医疗场所每个功能房间，至少安装一个医用IT系统。医用IT系统配置绝缘监视器。并具有如下要求：交流内阻≥100kΩ；测量电压≤直流25V；测试电流，故障条件下峰值≤1mA；当电阻减少到50kΩ时能够显示，并备有试验设施；每一个医疗IT系统，具有显示工作状态的信号灯，声光警报装置安装在便于永久监视的场所；隔离变压器需设置过载和高温监控。

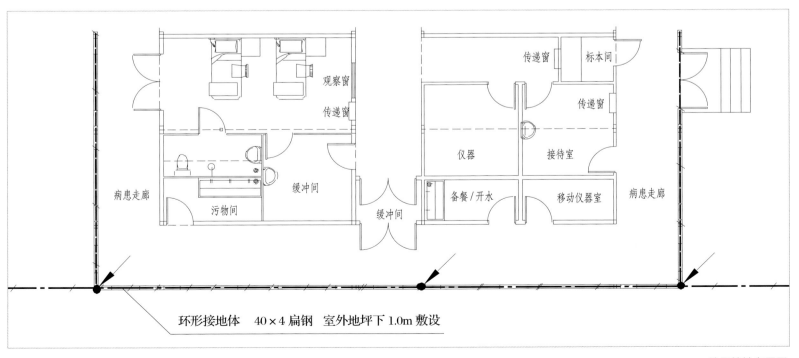

防雷接地布置图

（5）负压病区通风系统控制设计

根据《传染病医院建筑设计规范》GB 50849-2014 第 9.3.3 条：负压隔离病房与缓冲间（缓冲走廊）的空气压差应保持 5～10Pa。压差监测装置应安装于缓冲间的门口，当压差异常时应立即声光报警。

病房区通风机启停顺序的联锁控制满足以下要求：①开机顺序：医护走道风机 - 病房排风机 - 病房送风机；②关机顺序：病房送风机 - 病房排风机 - 医护走道风机。

因工期影响，火神山、雷神山医院未设置设备监控系统（BAS），走道的送、排风机之间需单独加联锁控制，开风机时只能先开排风机，再开送风机；关风机时，只能先关送风机，再关排风机。病房送风机和排风机之间也单独加联锁控制，病房在有病人入住时，其内风机一直保持常开状态。

具体控制逻辑为：

当送、排风机均处于停止状态时，按下启动按钮 SBK2，接触器线圈 KM1、KM2 均不得电，风机均不动作；当按下启动按钮 SBK1，线圈 KM1 得电并使对应接触器自锁，送风机启动运行，此时 KM2 无电流，排风机静止；送风机启动后，按下启动按钮 SBK2，线圈 KM2 可得电，对应接触器自锁，排风机启动运行，实现了送、排风机按要求顺序启动。

当送、排风机均处于稳定运行状态时，按下停止按钮 SBG1，接触器线圈 KM1、KM2 依然处于接通状态，送、排风机依然处于稳定运行状态；当按下停止按钮 SBG2，接触器线圈 KM2 失电，对应接触器触点断开，排风机回路断电，再按下停止按钮 SBG1，接触器线圈 KM1 失电，对应接触器触点断开，送风机回路断电，实现送、排风机按要求顺序停止。

其他类似项目，工期允许时宜建立统一的设备监控系统（BAS）。工期不允许时，可不做集中的设备监控系统（BAS），但各个病区、医技楼以及 ICU 楼的设备应独立自成系统，病区设施条件成熟便可交付，节省工期。同时，应立足于设备自带的控制器（控制箱）来实现对设备的顺序启停、联锁、互锁控制。

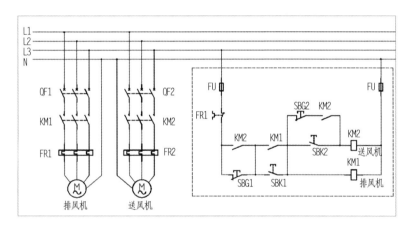

负压区送、排风机启停控制图

负压区送、排风机启停控制二次元器件材料表

序号	符号	名称	型号、规格	单位	数量	备注
1	QF1	排风机断路器	由设计确定	个	1	
2	KM1	排风机接触器	由设计确定	个	1	
3	FR1	排风机热继电器	由设计确定	个	1	
4	QF2	送风机断路器	由设计确定	个	1	
5	KM2	送风机接触器	由设计确定	个	1	
6	FR2	送风机热继电器	由设计确定	个	1	
7	SBK1	排风机启动按钮	CJK22-22P	个	1	红色
8	SBK2	送风机启动按钮	CJK22-22P	个	1	红色
9	SBG1	排风机停止按钮	CJK22-22P	个	1	绿色
10	SBG2	送风机停止按钮	CJK22-22P	个	1	绿色

6. 智能化

《传染病医院建筑设计规范》GB 50849-2014 中第 9.1.1 条指出医院智能化系统的设计内容至少应包括"紧急广播及公共广播系统、建筑设备监控系统、安全防范系统、综合布线系统、计算机网络系统、有线电视系统、信息显示系统、医护对讲系统、病房视频监视及探视系统等"。火神山、雷神山医院按规范设置以下必需的智能化系统：信息设施系统（信息网络、综合布线、有线电视、无线覆盖、无线对讲、公共广播、设备监控）、安全防范系统（视频安防监控、出入口控制）、医疗专用系统（医疗信息化、医护对讲、信息显示）等，其中病房探视系统利用医护对讲终端实现，不独立设置。

现对智能化各子系统的设计理念进行逐一分析。

（1）信息网络系统

利用当前先进、成熟的 5G 及有线网络互联技术，构造高速、稳定、可靠、可伸缩的信息网络平台，该网络平台满足相应医疗救治的总体要求，并实现与上级主管部门的平滑连接。数据网络系统对来自医院内外的各种信息予以接收、储存、处理、交换、传输并提供决策支持。由移动及电信两家运营商提供网络接入服务，运营商提供各自网络机房设备。各网络的核心层交换机及服务器设置的信息网络机房内，核心交换机采用 Clos 交换架构、信元交换、VoQ、分布式大缓存交换架构，可双向虚拟化，能提供持续的带宽升级能力和业务支撑能力，最大支持 536/1032Tbps 交换容量。在保证网络和数据的安全可靠条件下，充分满足图像信息传输的带宽的要求，并体现可调整、可扩展的特点。

火神山、雷神山医院实现 5G 和有线宽带的双运营商、双链路、双路由网络覆盖。每个运营商都部署两条 1GE 云专线，一条 100M 卫生专网，一条医保线路与远程诊疗视频专线，另外还提供 4 个 10GE 互联网大带宽，为病人及运维的超高清视频流接入等大流量应用提供条件。火神山、雷神山医院结合 5G 设置"远程会诊平台"，让远在北京的优质医疗专家可通过远程视频连线的方式，与火神山、雷神山医院的一线医务人员一同对病患进行远程会诊。进一步提高病例诊断、救治的效率与效果。

整个医院共规划三张网络，分别是用于医疗业务的医疗专网（内网）、用于可接入 Internet 服务的网络（外网，含 WIFI），用于安全技术防范业务的安防网。

以外网为例，进行接入带宽计算。本医院计划外网 WLAN 网络用于用户浏览网页、访问社交网络，进行照片

典型应用的带宽需求

应用	速率需求（kbps）	备注
网页浏览	160~400	Web 页面大小为 200kB，延迟 4~10s
视频流	500~25000	50ms
即时通信	32~64	2kB/Session，0.5s
Email	400	100kB/Session，2s
社交服务	200	50kB/Session，2s
VoIP	256	50ms，以 Facetime 为例，GBR256kbps

上传、进行视频浏览等。

基于此，终端平均带宽需求为：20% 网页浏览 +20% 社交服务 +60% 视频观看，即：

终端平均带宽需求 =400kbps × 20%+200kbps × 20%+15000kbps × 60%=9.12Mbps

以火神山医院为例，医院在满员状态下外网约 3200 用户终端，按照高峰期 70% 的并发算，为 2240 终端，人均 9.12Mbps 带宽，则：

外网总带宽 =9.12Mbps × 2240=20.4Gbps，考虑一定的冗余，选择 40GE 互联网大带宽接入。内网及安防网的接入带宽同样按上述方法进行计算。

三张网络均采用冗余的网络架构，信息网络为双核心设计，以确保各个系统信息传输的独立、安全、可靠。每张网的系统都为三层结构，即核心层、汇聚层、接入层；系统还包括网络管理系统、网络安全系统、网络储存和备份系统等子系统。

系统网络安全设计符合公安部《公共场所无线上网安全管理系统》GAWA 3011-2015 等相关标准的要求，无线访客认证系统实现自动识别终端类型和认证类型，提供严格的身份认证功能，支持多种认证方式，并可混合使用。系统接入网络的用户以及设备进行规范管理，有效规范用户日常行为。支持标准 Radius 的无线控制器接入认证，支持 H3C、华为等主流品牌无线控制器，并支持多种不同品牌设备集中接入。认证服务器本地私有化部署。

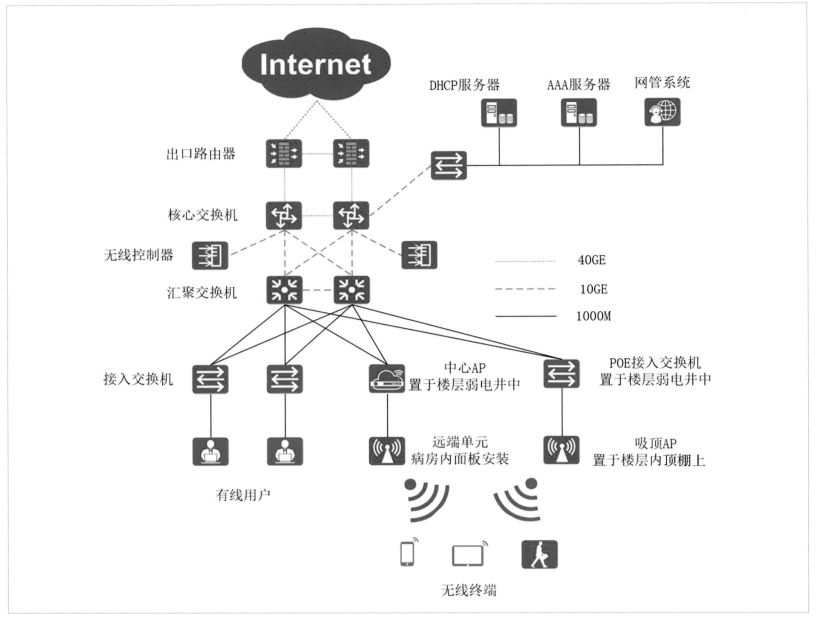

出口路由器

核心交换机

无线控制器

汇聚交换机

接入交换机

中心AP
置于楼层弱电井中

POE接入交换机
置于楼层弱电井中

远端单元
病房内面板安装

吸顶AP
置于楼层内顶棚上

有线用户

无线终端

40GE

10GE

1000M

DHCP服务器　　　　AAA服务器　　　网管系统

外网网络结构拓扑图

（2）综合布线系统

本次医疗专网、外网（含 WIFI）、安防网三个部分的综合布线系统由工作区子系统、配线子系统、干线子系统、设备间子系统等子系统组成。三张网络数据主干采用万兆光缆的解决方案，支线采用六类非屏蔽系统。

综合布线系统的设计和配置满足医院各个办公室、病房等对网络的需求，同时设计有线网络和无线网络（WIFI）两部分。根据医生办公和工作的需要分别设置内网和外网信息插座，满足数据和语音的需求，具体设置如下：

① 护理单元的护士站设置 3 个外网、3 个内网信息插座。每个 ICU 床位设置 4 个内网信息插座。医生办公室每工位各设置 1 个外网、1 个内网、1 个语音信息插座。普通病房每房设置 1 个外网、4 个内网、1 个语音信息插座。

② 各病区内在护士办公室存放床边超声机和心电图处设置 2 个内网信息插座。

③ 放射科的分诊登记台各设置 1 个外网、1 个内网、1 个语音信息插座，同时设置电子叫号屏的 2 个内网信息插座。

④ 检验科等所有医技科室的检验检查设备，每台设备设置 1 个内网信息插座，对于需要人工长时间操作的设备设置 2 个内网信息插座。

⑤ 护士站配一键报警按钮，接入安防系统。

⑥ 火神山医院为部队接管医院，按部队要求在每个病房设置监控摄像机供远程会诊使用，视频流云端储存，系统画面接入军队监控系统。

⑦ 除上述需求外，医院各区域无死角覆盖无线局域网 AP 点，尽量减少有线信息网络插座的设置，减少线路穿越污染区，减少工程量，节省施工时间。

火神山医院整个系统共设置语音信息点 800 个、外网信息点 800 个、内网信息点 2100 个。

（3）安全技术防范系统

主要包括视频监控系统、出入口控制系统、停车场管理系统等子系统。安防监控室设于ICU一层，负责整个区域的安保监控。安防监控室对所有报警装置及视频摄像机进行监控。在安防监控室设置不间断电源UPS作为后备电源，当火灾发生时释放所有门禁。

1）视频安防监控系统

火神山、雷神山医院采用数字视频安防监控系统，系统由交换机、摄像机、传输路线、服务器、管理工作站、LCD监视器及控制键盘等组成。在周界区域、各出入口、进出通道、门厅、公共区域、停车场等重要部位和场所设视频监控摄像机，进行实时视频探测、视频监视、图像显示、记录与回放，并实现视频入侵报警。

整个监控系统采用数字化系统，使用TCP/IP千兆网络进行传输，监控录像采用IP-SAN方式进行网络存储，存储格式为D1。所有摄像点能同时录像，系统内置高速硬盘，容量不低于动态录像储存90天的空间，并可随时提供调阅及快速检索，图像包含摄像机机位、日期、时间等。

2）出入口控制系统

在主要出入口及功能分区处设置出入口控制装置，只允许授权人员在规定时间内进出并记录所有出入人员、出入时间等信息。系统由输入设备、控制设备、信号联动设备、控制中心等组成，系统采用数字总线传输方式。

为防止感染，门禁控制系统根据医疗流程对负压隔离病房的医生和患者通道、污染与洁净区的过渡进行控制。系统通过对非接触式IC卡，对人员出入进行有效识别及监控，进入时，采用IC卡或手环门禁系统进行系统的验证。

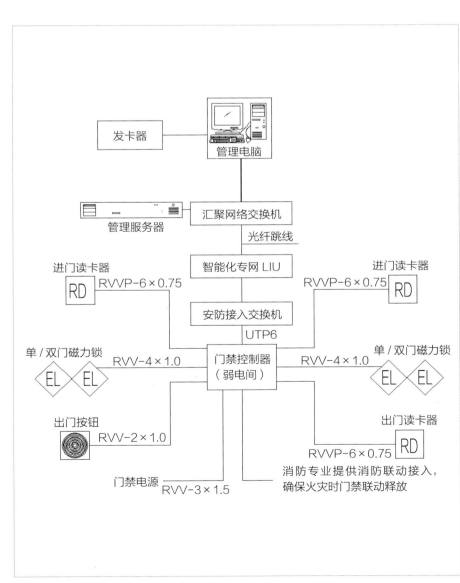

出入口控制系统结构示意图

监控系统

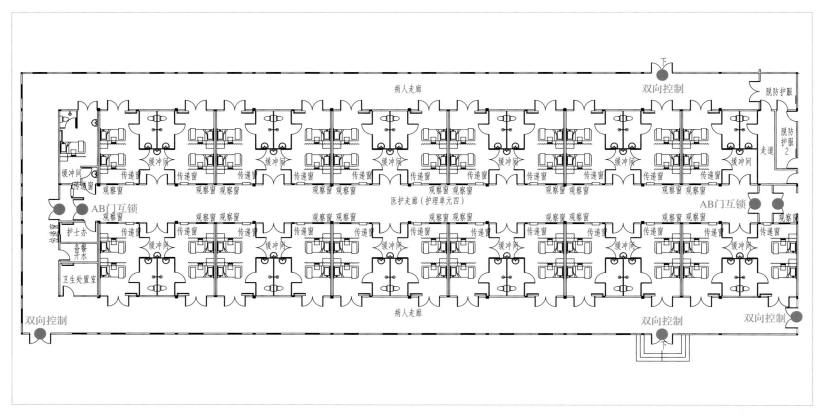

护理单元一病房区出入口控制点位示意图

（4）有线电视系统

有线电视系统是医院最基本的娱乐设施。近年来，随着计算机技术的发展以及三网技术的融合与应用，电视终端的功能已经发生了很大变化。数据显示三大通信运营商的固定宽带用户为 4.5 亿户，同期全国有线电视缴费用户已降至 1.47 亿户，而在线流媒体订阅用户数达到了 6.13 亿。可见，随着观众逐渐从传统电视向在线流媒体服务的迁移，IPTV 模式也已淡出主流电视节目传播方式，"APK+ 智能终端"的模式凭借其便捷性、内容可选性、性价比等多重优势逐渐成为用户收看的主要途径。

根据行业发展趋势，同时考虑到项目工期紧张的现实条件，在设计中没有采用运营商 IPTV 模式，而是采用 4K 智能电视 +APK 的灵活部署方式，以节省施工时间。在会议室、病房等房间设置智能电视，通过 WIFI 接入互联网收看电视节目。

在不考虑数据中的其他信号条件下，对原生 4K 内容传输率计算如下：

4K 内容需要的理论传输速率 = 3840 × 2160 × 8 × 3 × 60 ≈ 12Gbps

（注：分辨率为 3840 × 2160，数据位数 8bit/color，每个像素红、蓝、绿 3 个子像素，帧数为 60fps）

通常音轨流量大概占视频的 1/10，因此整个 4K 内容的合计传输率约为 13Gbps。假设视频内容按 H.265 标准进行数据压缩，因 H.265 标准的压缩比为 350 ~ 1000，因此在经 H.265 标准压缩后，4K 内容需要的传输速率为 12 ~ 40Mbps。

由此可见，互联网智能终端特别是智能电视为数据流量的最大杀手，而国内供应商的 4K 视频码率远低于海外码率，同分辨率下的码率降低到 1/4 ~ 1/2。因本次设计中非医用智能终端均接入外网，考虑到医院中的外网用户主要为新冠肺炎病人，且其大部分使用功能为观看超高清智能电视节目和手机视频，因此按视频流平均速率 15Mbps 带入公式，进行外网接入带宽计算。

统计的各主流互联网流媒体供应商 TV 方式下 4K 视频流速率

供应商	速率（Mbps）	备注
爱奇艺	6.0	H.264 压缩标准，24fps
腾讯	4.0	H.265 压缩标准，24fps
优酷	6.5	H.265 压缩标准，24fps
LG	15.6	H.265 压缩标准，60fps

（5）公共广播系统

在室外及护理单元医护走廊等区域设置必要的区域公共广播系统，紧急广播与公共广播系统共用一套线路及扬声器，按防火分区结合医疗功能分区进行设计，消防系统报警时强行切至紧急广播。公共广播机房位于安防控制室。

系统主机为标准的模块化配置，并提供标准接口及相关软件通信协议，以便后期系统集成。

（6）建筑设备监控系统

为保证应急医院能够按时交付使用，智能化专业不设置整体的建筑设备监控系统，仅按病区对负压隔离病房的空调通风设备、真空吸引机等重要设备，采用自动控制方式，并监视污染区及半污染区的压差。与负压隔离病房相邻、相通的缓冲走廊压差保持 5~10Pa。

通风空调设施的监控应符合以下要求：

① 污染区和半污染区通风空调设备能自动和手动控制，应急手动有优先控制权，且具备硬件连锁功能。

② 通风空调系统启动和停机过程，需采取安全措施，防止负压区域的负压值超出围护结构和有关设备的安全范围。

③ 污染区和半污染区应设送、排风系统正常运转的标志，当送、排风机运转不正常时能紧急报警。

（7）会议系统

院区内不设置会议系统，仅在医护人员生活区的会议室设置电子会议系统。

会议系统包括会议发言系统、会议扩音系统、流动会议摄像系统、大屏幕投影系统及会议中控系统。

会议扩音系统由调音台、数字式声音处理器、功放设备、扬声器、音源设备等组成，用于满足会议和其他环境场合扩声的需要；显示系统采用投影机完成高清晰度的会议图像、资料。

远程医疗视频会议系统具备远程诊断、专家会诊、信息服务、在线检查、远程交互等功能，实现医疗资源互联互通。利用5G等网络技术为医院实现一张网联动资源，发挥中央及各地医疗技术和设备优势，对传染病院区提供远距离医学支持。

（8）医疗专业业务系统

1）医护对讲系统

系统按局域网 LAN 和广域网 WAN 的双向可视对讲系统进行设计，可实现患者、护士、医生之间的求助呼叫及双向高清可视对讲；医生、护士可通过病床智能终端刷卡查阅医嘱、病历信息；护士可扫描核对患者输液/发药信息；患者可刷卡查看手术安排、治疗费用以及服务评价、远程探视等。

因火神山、雷神山医院采用封闭式军事化管理，不允许家属探访，因此负压隔离病房的探视系统直接利用高清可视对讲系统，兼顾了护士站的远程视频监控功能。

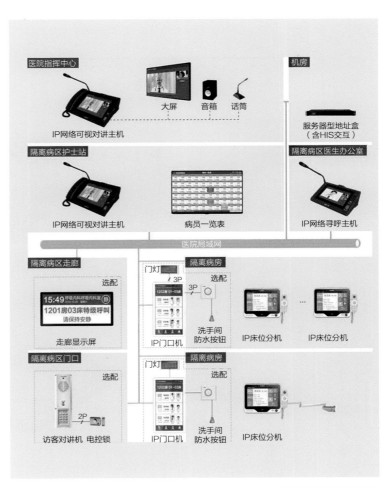

医护对讲系统结构图

2）医院信息化系统

结合火神山、雷神山医院的信息化需求特点，信息化系统包括医学影像信息系统（PACS）、医院信息系统（HIS）、放射学信息系统（RIS）、实验室信息系统（LIS）及临床信息系统（CIS）等，此部分由卫健委协调相应的系统供应商完成设计、施工调试及验收工作。

功能要点

1. 模块化设计技术

（1）医疗布局模块化设计

1）总体布局设计

医院主要涵盖接诊区、负压隔离病房楼、ICU、医技部、网络机房、中心供应库房、垃圾处理暂存间、救护车洗消间等功能区。其中医技部宜位于医院的出入口，疑似病房宜靠近接诊区。ICU重症监护室宜位于医技部和2号病房楼之间。

建筑采用鱼骨状集约排布，因建设工期短，在方案设计时即确定为装配式施工。病房楼均采用集装箱拼装成医疗单元，设计标准模块平面尺寸为3m×6m。医技部和ICU由于功能特殊要求，采用轻钢结构。

2）护理单元设计

理想的护理单元间距应该在20m以上，但是考虑到需要救治的病患较多且时间紧迫，参考北京小汤山医院护理单元12m的间距经验值，此次的护理单元之间的距离设置为15m。每个护理单元50床；4个护理单元为一个治疗区。

3）病房模块化设计

病房区采用3m×3m的模数，便于配合3m×6m的集装箱构造、搭建。每个集装箱模块高度集成化，结构及部分管线均在工厂加工完成，现场只需拼装即可。3块集装箱板拼成两个病房，走廊采用与病房垂直的集装箱板。

火神山医院总体布局

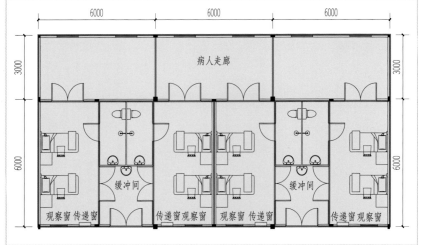

病房单元组成示意

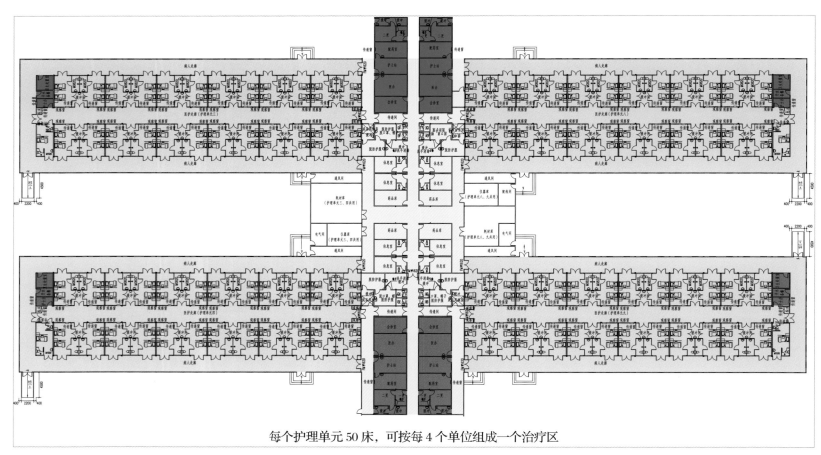

每个护理单元50床，可按每4个单位组成一个治疗区

护理单元布置图

（2）机电模块化设计

在模块化设计方面，为确保应急医院的快速、高效建造，机电系统宜采用模块化设计，本工程研究出一种适用于集装箱模式的机电模块化设计技术。

① 供配电设备模块化：采用成品的箱式变电站和箱式柴油电站供电，箱式变电站和箱式柴油电站按护理单元分散布置，深入各负荷中心，既节材节能，又可同步快速施工。

② 信息网络设备模块化：数据机房及配线间设备采用成品标准42U机柜，UPS不间断电源选用模块化产品。配线间按护理单元分散设置，节材节能且便于同步快速施工。

③ 配电系统模块化：功能一致的区域均采用模块化设计，如各病房护理单元为一个统一模块，统一配置各级配电箱，尽量减少配电箱种类，病房分配电箱采用国标通用模数配电箱，可快速成批采购安装。

④ 信息系统模块化：以护理单元为模块，统一配置各层网络交换设备，尽量减少交换机、配线架等种类，可快速成批采购安装。

⑤ 病房内部电气设施模块化：病房内照明灯具、电源插座、网络插座、火灾探测器、医疗设备带等，统一标准布置，可在工厂或现场大规模批量安装。

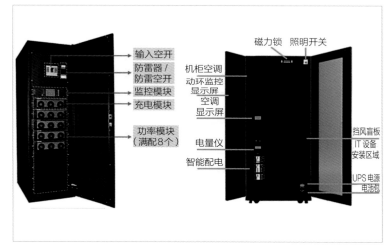

模块化弱电机柜

⑥ 病房内部智能化设施模块化：病房内的电话插座、信息网络插座、AP天线、可视医护对讲终端、紧急报警按钮等智能化终端设备，均采用模块化、标准化设计。每间病房为一个标准单元，每个护理单元为一个分区，接入设备集中安装在本分区的配线间中，再集中通过主干光缆接入相关机房。

⑦ 电气与智能化系统线路敷设标准化、统一化：敷设在公共走道的主干线路，统一沿桥架或线槽敷设；敷设在病房等区域的末端线路，统一穿阻燃塑料线槽，明敷在墙面或顶板上。

疫情大考中的
中国建造
火神山医院、
雷神山医院
建设纪实

2 设计 DESIGN

2.3 功能要点

进线	开关	回路	负荷	电缆	用途
	L1 iC65N-C16/1P	N1-0.5kW	WDZ-BYJ- 3x2.5-PR25-WC/CC		病房1、2照明
	L2 iC65N-D20/1P	N2-3kW	WDZ-BYJ-3x4-PR25-WC/F		病房1空调插座
	L3 iC65N-D20/1P	N3-3kW	WDZ-BYJ-3x4-PR25-WC/F		病房2空调插座
	L1 iDPNN-20 30mA	N4- 2kW	WDZ-BYJ-3x4-PR25-WC/CC		病房1热水器插座
	L2 iDPNN-20 30mA	N5-2kW	WDZ-BYJ-3x4-PR25-WC/CC		病房2热水器插座
	L3 iDPNN-20 30mA	N6-1.5kW	WDZ-BYJ-3x4-PR25-WC/CC		病房1电热油汀插座
	L1 iDPNN-20 30mA	N7-1.5kW	WDZ-BYJ-3x4-PR25-WC/CC		病房2电热油汀插座
	L1 iDPNN-20 30mA	N8-1kW	WDZ-BYJ-3x4-PR25-WC/CC		病房1医疗带插座
	L3 iDPNN-20 30mA	N9-1kW	WDZ-BYJ-3x4-PR25-WC/CC		病房2医疗带插座
	L1 iC65N-D20 /1P	N10-0.5kW	WDZ-BYJ-3x2.5-PR25-WC/CC		病房1送、排风机控制箱
	L2 iC65N-D20/1P	N11-0.5kW	WDZ-BYJ-3x2.5-PR25-WC/CC		病房2送、排风机控制箱
	L3 iDPNN-20 30mA	N12			备用

WDZ-YJY-5x16 -CT/WS
~380V电源由配电间内
1AT1双屯源箱引来

iC65N-C50/3P
$P_e = 16kW$
$K_X = 1$
$I_{js} = 29A$
$\cos\varphi = 0.85$

标准单元配电系统图

2. 院感控制设计技术

（1）分区设计

在应对突发公共卫生事件中，医护人员的感染是最大的损失。在满足其医疗救治功能基础上，保障医护人员的防护安全是应急救治中心建筑设计中最重要的环节。此次新冠病毒传播快、范围广，且并无特效药，因此，在洁污分区、卫生通过的划分和布置上必须采取比现行国家标准《传染病医院建筑设计规范》GB 50849-2014更严格的标准。

1）病房区"三区两通道"设计

火神山应急医院为最大限度地确保医护人员的安全，采用"三区两通道"的设计原则，即整体分成清洁区、半污染区、污染区三个区域。清洁区有对应的连续通道，半污染区位于清洁区和污染区之间。

清洁区内主要布置医护休息室、医护备餐、卫生间、洁净品库、专家会诊室、传递间等功能区，在清洁区内医护人员无需做防护措施，可自由活动；半污染区即医护工作区，医护人员需由清洁区经更衣缓冲（即穿戴防护设备）后进入，主要防护从病区带入的局部污染物，半污染区内主要布置医护办公室、配药室、护士站等功能区。污染区即患者区域，医护人员需采取三级防护措施，主要设置病房、患者专用走廊、辅助用房等功能区。

考虑新冠病毒传染性强的特点，在普通传染病医院污染区、半污染区、清洁区的基础上进一步细分，将半污染区分成半污染区和潜在污染区。其中，位于病房单元中间的医护人员走道定义为半污染区，而位于病房单元和清洁区之间的医护人员工作区定义为潜在污染区，在这两个区域之间医护人员进入的通道处设置缓冲间，更大程度保护医护人员在工作区的安全。

不同区域之间采用双通道布置。病患者与医务人员分别使用不同通道，两通道入口设在对侧，病人通道应设置在每个护理单元的外侧。

2）卫生通过设计

通过对半污染区进一步的细分，半污染区中实际存在两个工作空间，一是病房单元中的医护人员走道，另外是病房单元与清洁区之间医护工作区。现行国家标准《传染病医院建筑设计规范》GB 50849-2014等相关标准关于设置卫生通过室的规定并没有详细的解释，已有的实例多数为二次更衣原路进出，部分在二次更衣基础上设有洗浴，但仍然是原路进出，总体来看基本上都是类似于手术部的卫生通过方式。此类卫生通过存在如下风险：其一，原路返回会将污染带入卫生通过室；其二，返回路径空间过小，难以满足脱去防护服的回转要求；其三，若不经洗浴，有可能将病毒带入清洁区；其四，二次更衣间与潜在污染区之间无缓冲间，难以保证负压通风方式下清洁区与潜在污染区之间的压差。针对上述问题，医护人员离开工作区进入卫生通过室的路径是设计的重点，火神山应急医院的医护工作区与病房单元的连接处除增设了缓冲间外，还设置了医护人员离开病房单元的卫生通过室，其目的是加强病房单元与潜在污染区之间的隔离防护，并将离开病房单元医护人员的污染隔离衣留在污染区内。

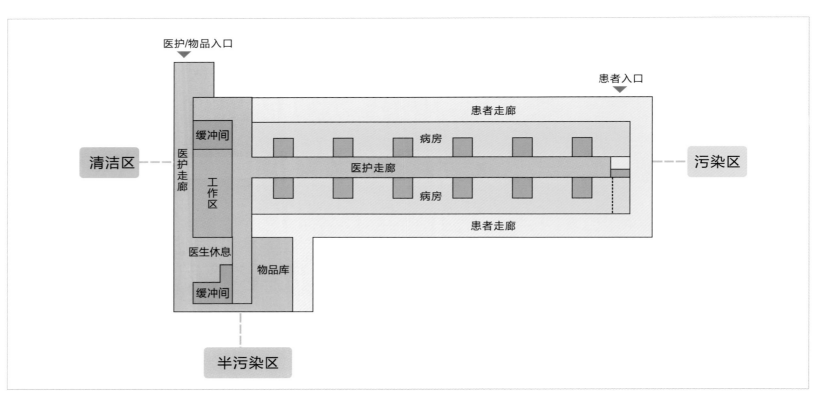

三区两通道设计

3）负压 ICU 病区的分区设计

面对新冠肺炎这种烈性呼吸系统传染病，负压手术室、负压 ICU 是传染性病原微生物最危险区域，保障病患正常救治的前提下，需最大程度确保医护人员安全。

负压 ICU 病区划分为清洁区、半污染区和污染区；不同区域之间，设缓冲间或医护的卫生通过空间，且保持压差，避免空气直接对流，污染其他区域。

负压 ICU 采用可靠的密闭围护结构、全新风系统，实现区域之间压差常态化。负压 ICU 污染区空调系统独立配置，配套的缓冲间、辅房、卫生间并入病房系统。卫生间污水和医技废水单独排放，避免交叉污染。

4）负压手术室的分区设计

负压手术室是由手术室、洁净辅助用房和非洁净辅助用房组成的自成体系的功能区域。负压手术室采取一定的空气洁净措施，对手术室的空气进行除菌、温湿度调节、新风调节等系列处理，过滤掉空气中的尘粒，同时也除掉微生物粒子，使手术室保持在洁净、温湿度适宜状态，满足负压手术室的功能要求。

负压 ICU 病区分区功能表

序号	分区	具备功能
1	清洁区	医护会诊室、休息室、备餐间、医护开水间、值班室、医护集中更衣淋浴、医护卫生间等用房
2	半污染区	护士站、治疗室、处置室、医生办公室、库房等与负压病区相连的医护走廊
3	污染区	负压 ICU、病房缓冲间、病房卫生间、患者走廊、污物暂存间、污洗间、患者开水间等用房

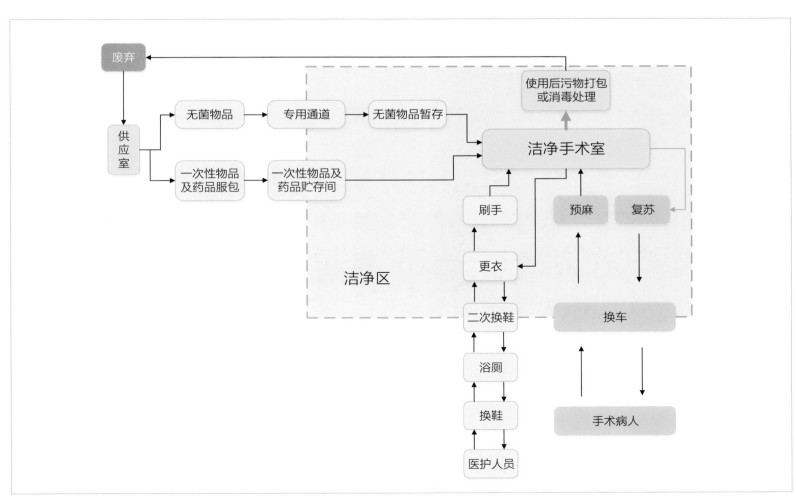

手术室人、物净化流程示意图

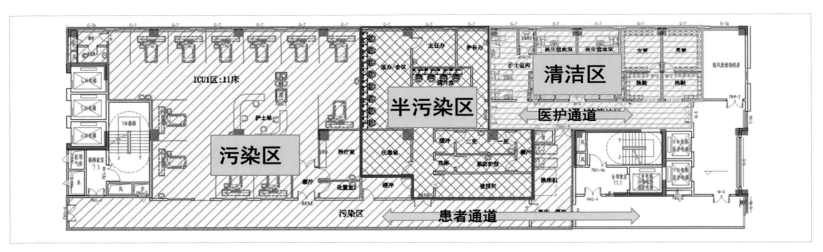

雷神山医院负压 ICU 平面分区示意图

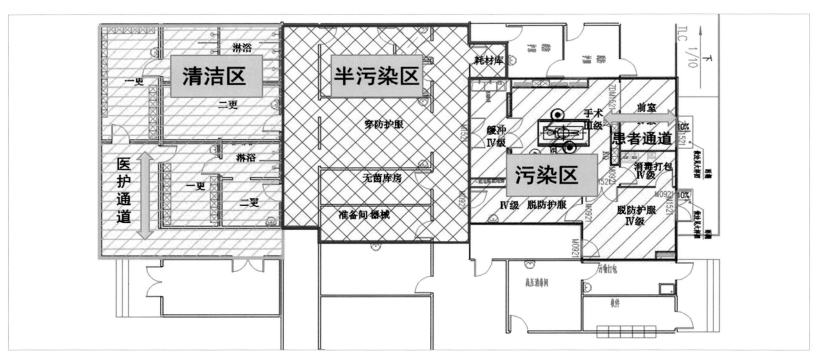

火神山医院负压手术室平面分区示意图

（2）流线设计

传染病医院流线设计原则是：人物分流、病洁污分流，流线要求简洁，互不交叉。人流、物流应遵循从非清洁区→半清洁区→清洁区的阶级式顺序。

1）医患流线设计

对于医护人员来说，穿、脱隔离衣和防护服是避免传染的重要环节。相比普通传染病医院，新冠应急医院增加了医护人员卫生通过室，用于穿、脱隔离衣和防护服。当医护人员离开病房区域（污染区）进入医护人员工作区（潜在污染区）时，首先在穿 / 脱隔离衣的卫生通过室将受污染最严重的隔离衣脱掉，然后才能由缓冲走道进入医护人员工作区（潜在污染区），医护人员穿着防护服、戴着口罩和护目镜在该区域内工作。当医护人员下班离开或由潜在污染工作区进入清洁区时，首先在穿 / 脱防护服的卫生通过室将防护服、外层口罩和护目镜脱下，再经由缓冲间返回至清洁区。

在穿、脱隔离衣的卫生通过室与污染走道之间设置一扇平时不开启的常闭门，便于医护人员将被污染的隔离衣和防护服专业打包后，经污染走道收走，降低将污染带入潜在污染区的可能，也避免将污染带入清洁区的可能，更好地防止交叉感染，从而保护抗战在一线的医护人员的安全。最终形成的卫生通过方式如下：

① 由清洁区进入污染区

清洁区→两次更衣卫生通过→穿防护服→潜在污染区（医护工作区）→穿隔离衣→缓冲间→半污染区（病房单元中的医护走道）→污染区（病房及病人走道）。

② 由污染区进入清洁区

污染区→脱隔离衣卫生通过室→缓冲走道→潜在污染区→脱防护服卫生通过室→缓冲间→脱工作服→洗浴→一次更衣→清洁区。

2）物品流线设计

火神山应急医院的洁物流线及污物流线独立设置，互不交叉，物品库开向不同区域的门不可同时打开。

洁物流线：洁净物品由专用入口经清洁区医护走廊进入物品库，物品库设门两道，门1开向清洁区，门2开向半污染区，二者不可同时打开。污物流线：病区污物打包后，由患者专用走廊及污物出口运出病区。

3）送餐流线设计

火神山应急医院的配餐食物经医护、物品入口进入清洁区医护走廊，经传递间缓冲后，进入半污染区，由医护人员通过传递窗送至病房区域，传递窗两侧的窗不可同时打开。

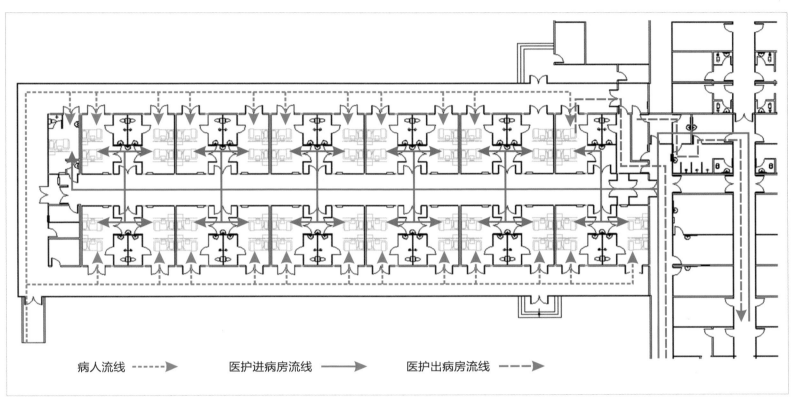

病人流线 ----→   医护进病房流线 ——→   医护出病房流线 ----→

病房楼医患流线图

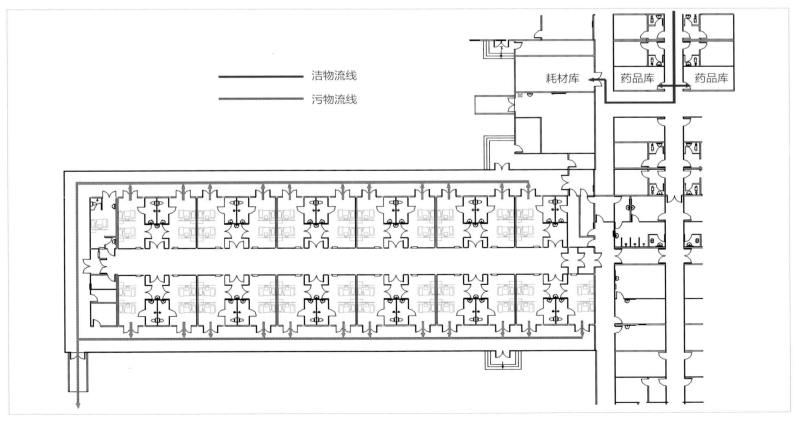

—— 洁物流线
—— 污物流线

耗材库　药品库　药品库

火神山医院病区单元物品流线图

疫情大考中的
中国建造

火神山医院、雷神山医院
建设纪实

☀ 2 设计 DESIGN

2.3 功能要点

（3）压力梯度设计

新型冠状病毒具备呼吸系统传染病显著特征，能够经空气快速传播，因此控制空气传播是疫情防扩散的重要手段之一，包括切断空气传播链、物理分离、隔离传染病人等。物理分离措施主要是合理分区、流线分离，减少空气传播及接触传播的风险。

除此之外，隔离病房内的气流受送排风、温度、室外风、门窗启闭、医护人员通行等因素的影响，若不加控制、无序流动，同样会大幅增加交叉感染的风险。

压力梯度设计就是在隔离区、医护区设计合理的压差，采取有效的措施确保气流有序地定向流动，通过机械送、排风系统使医院内空气压力从清洁区至半污染区至污染区依次降低，清洁区应为正压区，污染区应为负压区。采用压力梯度控制措施可有效避免污染区内带病毒的危险气流进入清洁区，减少及杜绝病毒的空气传播途径。

1）压力差设计

各区域压力差设计是负压隔离病房设计的关键点，压差值过小不能有效组织污染区的空气向清洁区扩散；压差设置过大，会导致系统能耗升高，设备选型加大及管道管径选择加大，系统投资增加。《传染病医院建筑设计规范》GB 50849-2014 明确规定了负压隔离病房与其相邻的缓冲间、走廊，应保持不小于 5Pa 的负压差。

2）通风量设计

压差的建立与建筑物的气密性、送风量、排风量三者

相关，相同缝隙下压差大的门窗处缝隙渗透风量大，同样，相同压差下门窗缝隙大的渗透风量亦大，开口流量与压差的关系式为：

$$L = 3600 \mu A (\Delta p / \rho) \times 1/2$$

式中：L 为泄漏风量（m³/h）；μ 为流量系数；A 为缝隙面积（m²）；Δp 为缝隙两侧空间压差（Pa）；ρ 为空气密度，取 1.2kg/m³。

考虑到本次疫情的特殊性，经过对比分析，并参考北京小汤山医院暖通设计团队的意见，病房最终按照三类场合确定送、排风量，分别是：分区负压隔离病房 12 次/h 排风，8 次/h 送风；标准负压隔离病房 16 次/h 排风，12 次/h 送风，ICU 24 次/h 排风，12 次/h 送风。按照规范要求，排风量与送风量的差值不小于 150m³/h；考虑到应急医院建筑特点，围护结构密闭性不佳，为了充分保证压力梯度，故差值按照 300m³/h 选取。

医护走道的送排风量的选取主要基于两点考虑：一是维持合理的压力梯度，以实现与污染区的隔离；二是要给室内供应足量的新风。规范要求最小换气次数（新风量）为 6 次/h，从新风量供应的角度来说是足够的。而要维持室内合理压力梯度，则需要结合围护结构气密性来综合考虑。按照门缝渗透风量计算公式，对 5 ~ 10Pa 压差下的渗透风量进行了计算，结果则算到换气次数为 2 ~ 3 次/h。因应急医院主体结构采用集装箱房搭建，房间气密性难以保证，设计按 8 次/h 来选取送风量。

火神山医院病房区各区压力值表

房间	病房	缓冲间	医护走道	办公区
压力值	-15Pa	0Pa	5Pa	10Pa

3. 防扩散设计技术

（1）医疗、生活污染废弃物处理系统设计

1）设计背景

根据《全国危险废物和医疗废物处置设施建设规划》统计，我国每床位医疗垃圾产量约为 0.8～1.2kg/ 天，而新冠肺炎疫情下的应急医院运行过程中每床位产生的医疗垃圾远远超过普通传染病医院，医疗废弃物主要由固定病床和门诊产生，根据世界卫生组织划分，包括：感染性废物、病理性废物、损伤性废物、药物性废物、化学性废物。

目前已探索出了多种不同类型的医疗废物处理方法，根据处理工艺可划分为焚烧法、热解法、化学消毒、高压蒸汽灭菌、等离子消毒、卫生填埋、电磁波消毒等方法，各方法优缺点如下表所示。

针对应急医院产生的污染废弃物无害化处理难题，

2020 年 1 月 28 日生态环境部连发两道通知，《关于做好新型冠状病毒感染的肺炎疫情医疗废物环境管理的通知》和《新型冠状病毒感染的肺炎疫情医疗废物应急处置管理与技术指南（试行）》。该指南对医疗废物应急处置技术路线、技术要点做出了相应要求，明确提出了"应急新型冠状病毒感染的肺炎患者产生的医疗废物，宜采用高温焚烧方式处置"。

因此，在应急医院内建设小型高效医疗废物无害化焚烧处理系统，集中处置固体废弃物是环保防扩散的关键措施之一。高效医疗垃圾焚烧炉能够有效处理医疗废物，减少医疗废物转移过程中的物流管理、转运费用，杜绝了转运过程中由于消杀措施不到位、防护缺失等造成的二次污染，同时兼具投资小、建设周期短等特点，满足传染病抢建医院固体废弃物处理要求。

医疗废物处理方法优劣表

处理方法	优点	缺点
焚烧法	消毒杀菌彻底，大部分有机物被氧化分解，最大限度的焚毁并减少废物的体积和数量	焚烧产生的炉渣、飞灰、酸性气体和二噁英等物质会产生二次污染
高压蒸汽灭菌	蒸汽在高压下温度高、穿透力强，穿透微生物内部使蛋白质凝固变性而杀灭	处理过程会产生有毒废气和废液；处理后的废物体积和重量变化不大，还需进行焚烧或卫生填埋处理
卫生填埋	医疗垃圾专用填埋场需采用石灰或其他灭菌方式将医疗垃圾填埋，是一种节省、方便的处置方法	卫生填埋场必须设置防渗设施，防止各种有毒物质、病原体、放射性物质等随雨水渗入土壤，防止垃圾渗沥液污染地下水和地表水。对废气设有专用的处理设施
热解法	有效地解决医疗垃圾直接焚烧中烟气流速过快，夹带粉尘量多，烟气产生量大等问题，热解的气态产物热值较高	热解过程能耗高；厚实物体的热解不易彻底；医疗垃圾热解的气态产物成分复杂，二次利用必须增加复杂的气体过滤设备
等离子体	等离子体电弧可产生 1000℃以上的高温，废物减容比大，杀菌彻底，处理过程不产生废水	建设投资和运行费用很高；处理过程中会产生很高浓度的 NO_x
化学消毒	医疗垃圾在消毒剂中停留足够的时间能保证细菌都被杀死	大多数消毒液本身对人体有害；处理前医疗垃圾需要分拣和破碎；处理过程会产生有害废气和废液；处理后的废物仍需进行焚烧或卫生填埋处理
电磁波消毒	灭菌效率高、速度快、处理过程不需加入化学消毒药剂、不产生二噁英	工程建设和运行费用较高；医疗垃圾需要预先进行破碎；减容化、减量化效果不好；处理后的剩余物中还可能含有有毒的化学药剂

2）医疗、生活污染废弃物处理系统设计关键技术

火神山、雷神山应急医院产生的医疗、生活污染废弃物属感染性极强的危废，为避免传染病毒散播到医院外，废弃物处理系统设计，摒弃了垃圾外运处理的方式，全部在院区内的医疗垃圾处理站进行处置，仅对无害减量的焚烧剩余物进行外运。

医疗垃圾处理站主要由微波消毒间和垃圾焚烧间2个单体构成。设计工艺流程为：垃圾由院区拖至处理场区的垃圾暂存间，先经由微波消毒间对垃圾进行无害化处理（部分垃圾不经微波处理直接焚烧），然后进入垃圾焚烧间对垃圾进行高温焚烧处理，剩余物灰渣经过多层包装后统一处理。

考虑到常规医院中垃圾焚烧站的医疗垃圾生成量较大，需分别设置暂存间，火神山、雷神山应急医院相对于常规医院规模及科室数量较少，经对医疗垃圾的预计概算分析，产生的医疗垃圾可做到即运即处理，故考虑在微波消毒间和垃圾焚烧间内各隔一块区域作为垃圾暂存区，取消独立的垃圾暂存间，所节省的空间设置一更衣室与二更衣室以及淋浴间，以提供疫情期间医院工作人员亟需的防疫防护清理洗浴。微波消毒间和垃圾焚烧间两座房间内各单独设计了内置的垃圾暂存区，各单体独立运行、配置独立的水电系统，优化了医疗垃圾处理流程，最大程度保障了医护人员的工作便捷和防护安全。

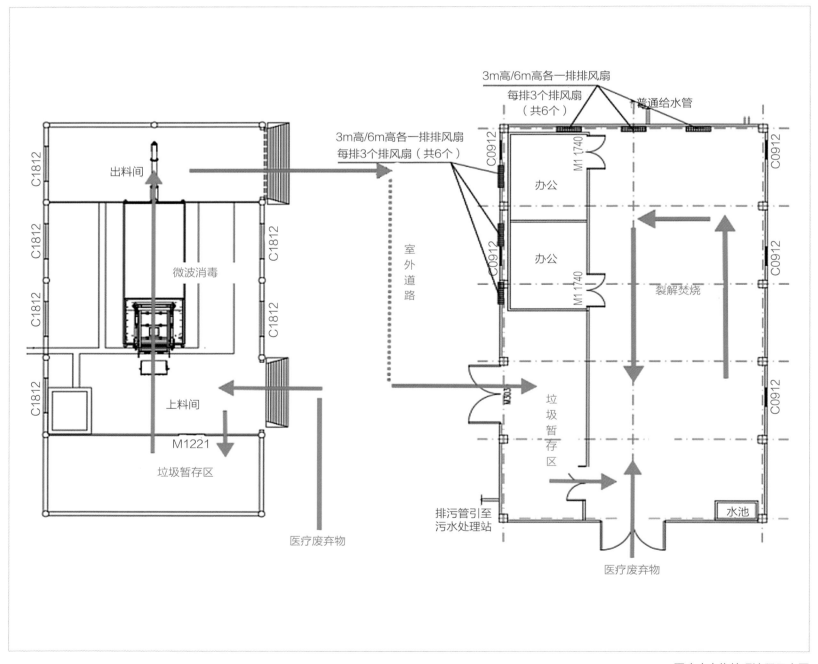

医疗废弃物处理流程示意图

（2）雨、污水系统设计

1）设计背景

火神山、雷神山应急医院分别选址知音湖畔、黄家湖畔，毗邻居民生活区。在院区排水系统中，特别是雨、污水的处理，防止病原体在水体中的扩散传播成为传染病应急医院排水系统设计及建设的重难点。虽然目前国内已有《医院污水处理工程技术规范》《医院污水处理设计规范》《医疗机构水污染物排放标准》《传染病医院建筑设计规范》等相关规范、标准，但在传染病应急医院建设场景下，由于时间紧、任务重、要求高，在雨、污水处理工艺选择的合理性、污水处理系统二次污染控制等方面仍有不足。

2）雨、污水系统设计关键技术

① 雨水系统设计关键技术

医院污水的收集、处理是常规医院设计都会关注的问题，但对于新冠肺炎疫情下传染病应急医院，设计过程中还需特别关注雨水与空调冷凝水的处理。

为防止污水渗漏和雨水下渗，与地下水系统发生交换，带来地下水污染风险，设计在应急医院用地内满铺HDPE防渗膜，避免雨水下渗，与附近水系完全隔离。室外场地雨水的径流（雨水排水方向）系统为快速排向雨水口，通过管道集中收集排放，减少地表雨水径流对周围水体的污染风险，雨水排水系统见下图。

室外雨水应采用管道系统排水，不采用地面径流或明沟方式排放。采用地面径流或明沟排放，一旦被新型冠状病毒污染，易再次通过室外雨水排水扩散病毒，接触到易感人群，增加导致新型冠状病毒感染的肺炎爆发或流行的风险，因此设计单独的雨水排水管道系统。由于院区用地范围内的场地满铺HDPE防渗膜，雨水不能下渗，地面的雨水径流系数采用 $\varphi=1.0$。市政污水管无法全部接纳院区设计重现期 $P=3$ 年的降雨水量，设置了雨水贮存调节设施。

火神山、雷神山应急医院内的雨水经院内雨水收集系统收集后，进入调蓄池配水管前设置沉泥拦渣结合井，井内沉泥槽深度1m，拦渣网采用10mm×10mm孔隙，在做好防护的情况下及时清除淤泥及挂网浮渣，确保过流能力。院区内雨水经沉淀和格栅过滤后，进入调蓄池，经调蓄、消毒后排入市政污水管道中，通过污水处理厂处理后排放。

雨水调蓄池主要收集场区内全部雨水，雨水经调蓄、消毒、错峰排放，为避免消毒后的雨水进入湖泊水体，拟将雨水排入下游的市政污水管网，最后经污水处理厂处理达标后排放。雨水调蓄池最大调蓄水量拟定24～48h完成消毒排空，在连续降雨条件下，同步调蓄、同步消毒排放。

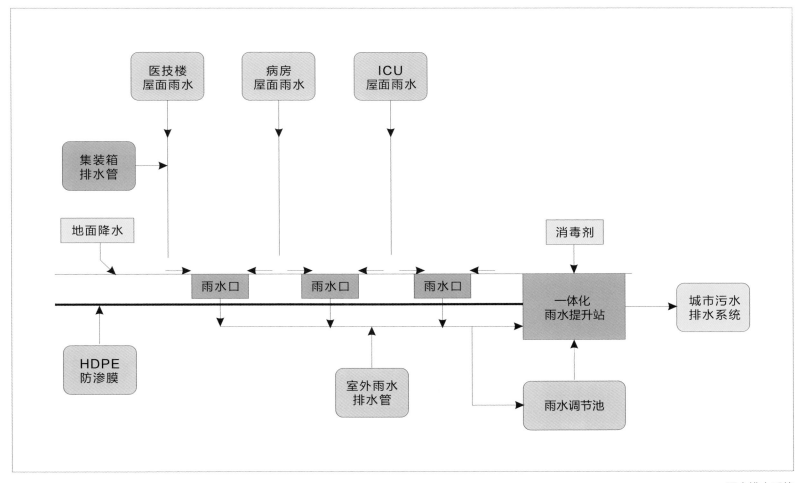

雨水排水系统

② 污、废水系统设计关键技术

应急医院建成后，虽然建有二级生化处理设施，但污水处理不能即刻满足现行国家标准《传染病医院建筑设计规范》GB 50849-2014 二级生化处理的有关规定，生化处理调试运行周期过长，将影响火神山、雷神山应急医院即刻投入使用，从而影响大量收治重症病人。设计按二级生化处理工艺配置，前期短时间内按预消毒—化粪池—消毒的处理工艺流程运行，其处理工艺流程如下：

A. 污水处理设置预消毒工艺，并设置在化粪池前，预消毒池的水力停留时间不小于 2h；污水处理站的消毒池水力停留时间不小于 2h。

B. 污水处理从预消毒工艺至污水处理站尾水消毒工艺全流程的水力停留时间不小于 2d。

C. 化粪池和污水处理后的污泥回流至化粪池后总的清掏周期不小于 360d。

D. 根据在线余氯监测情况确定消毒剂的投加，但 pH 不大于 6.5。

预消毒的目的是保证污水处理后续工艺运行安全，预消毒的接触时间不小于 2h，是考虑到新型冠状病毒在水中存活的时间可能较长，需要污水在化粪池中的停留时间不

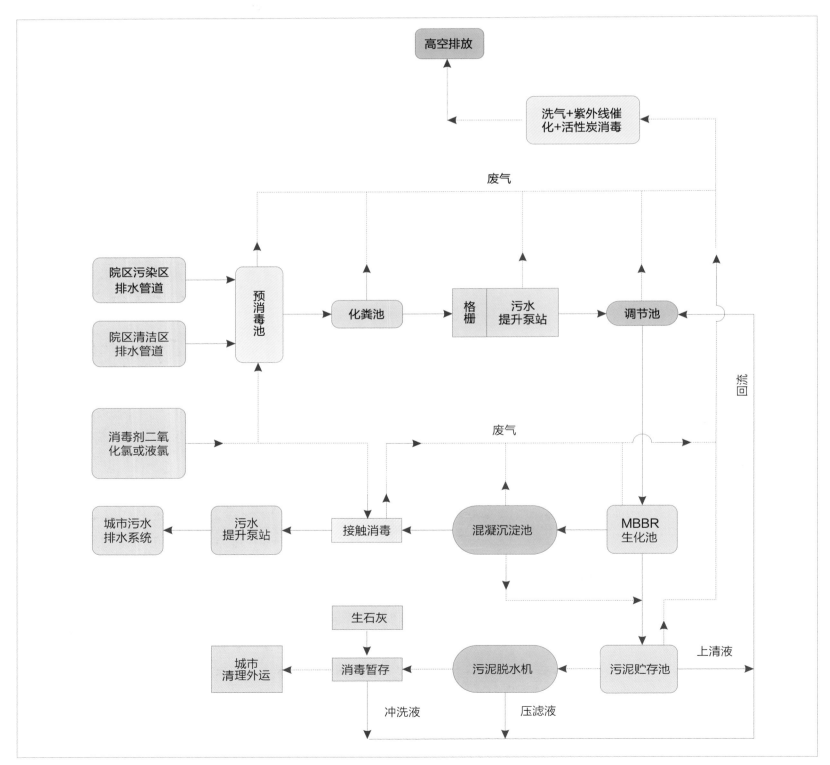

雷神山医院污水处理工艺流程图

少于 36h。从预消毒到污水处理站出口消毒的总水力停留时间不小于 2d，以确保污水处理站尾水出水的生物安全性。污泥清掏周期为 1 年，是考虑作为应急医院，运行期间无需清掏。

二级生化处理选用的生物处理工艺也受到许多因素的制约。由于新型冠状病毒感染的肺炎的传播途径缺少充分的实验验证，污水处理站内各构筑物产生的尾气可能含有病毒，为此要求密闭，尾气统一收集消毒处理后排放。曝气量大的工艺，意味着较大的尾气处理量，也可能包含着较大的病毒扩散风险。

受制于场地条件、供货地点及供货时间，经过多工艺比选，火神山、雷神山应急医院污水处理的生化工艺选用能够武汉供货，可快速安装并投入使用的 MBBR 工艺。

火神山、雷神山应急医院内污水经污水管网收集后进入污水处理站，先经过预消毒池对新冠病毒等病原体进行杀灭，然后通过化粪池、MBBR 生化池、混凝沉淀池等单元去除污水中的有机污染物，接着进入折流消毒池再次消毒，消毒后排入市政污水管网。

对于污水处理过程中产生的污泥及废气，污泥经过脱水消毒后定期清理外运，废气收集后通过活性炭吸附及紫外光催化除臭消毒后高空排放。

（3）防渗设计

1）设计背景

为防止应急医院场地内雨水流到附近湖泊，在临湖周边设计防护堤坝；为防止场地雨水下渗，最先考虑的设计措施是将场地整体硬化处理，但整体硬化施工和养护时间太长，无法在既定时间内完成。于是调整设计思路，采用柔性防渗措施，即在项目用地内满铺防渗膜，对雨水进行全面收集，在雨水收集池处理达标后再排放到市政管网。

2）防渗设计关键技术

火神山、雷神山应急医院首次按照垃圾填埋场防渗层标准，对整个场地基底用复合土工防渗膜进行全覆盖，在地上构筑物与地下水、土壤之间形成一道物理隔离层。复合土工防渗膜结构为"两布一膜"，即"两层土工布和一层 HDPE 防渗膜"。具体做法是在平整过的地面上，先铺设 20cm 厚细砂，依次在细砂上面铺设一层土工布 + 一层 HDPE 防渗膜 + 一层土工布，然后再铺设 20cm 厚细砂作为保护层。其采用的土工布规格为 600g/m² 丙纶长丝土工布，HDPE 防渗膜规格为 2.0mm 双糙面防渗膜。

雨水口等垂直管线在穿过 HDPE 膜时，在接口处涂抹密封油膏进行封闭，保证整个场地的封闭效果。

整个场地防渗系统建设成盆状形式，管道沟槽处 HDPE 膜下沉铺设，道路边缘处 HDPE 膜上翻 200mm 铺设，确保路缘石、沟槽施工节点不发生雨水渗漏。

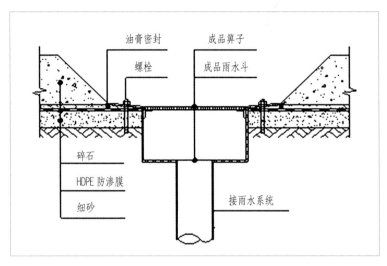

雨水口 HDPE 膜详图

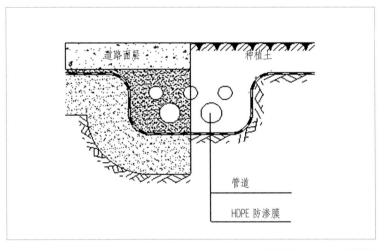

埋管处 HDPE 膜详图

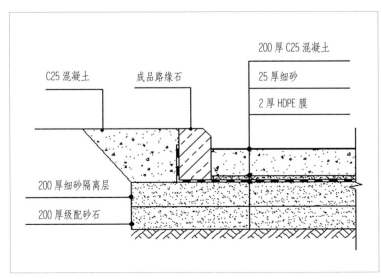

道路收口 HDPE 膜详图

（4）病房负压设计

作为呼吸道传染病应急医院，相对于常规医院，暖通系统设计重点是防止病毒的扩散，及防止造成交叉感染，因此，负压隔离病房压力控制尤为关键。病房需维持 –15Pa（负压），保证病房（污染区域）内病毒不扩散至医护人员区域；同时，控制病房排放气体的污染物浓度，保证污染物在大气中迅速稀释。因此，对病房建筑本身的严密性、风管系统严密性、各区域风量控制精确性、设备运行稳定性都提出了极高的要求，其设计技术包含以下方面：

① 考虑到新冠病毒的超强传染性，所有通风系统均为双风机（一用一备），以提高系统运行的可靠性，维持病房负压状态。

② 病房及卫生间的送、排风管均由侧墙直接进入室内，病房内未设置任何横向风管，空间简洁，避免管道穿越污染区。

③ 所有送排风支管上均设置定风量风阀，每间病房的送排风支管上均设置电动密闭阀，并可单独关断。

④ 排风系统设置高效过滤器。新冠病毒粒径约 0.06 ~ 0.14μm，新冠病毒在空气中不是单独存在的，而是依附在较大的颗粒中与空气一起形成气溶胶，二者形成的颗粒物远大于病毒自身粒径。空气中带菌最多的是 4 ~ 20μm 粒子，最易被呼吸道捕获的是 1 ~ 5μm 粒子。因此在负压隔离病房排风系统设置 H13 级高效过滤器，其对 0.3μm 粒径的颗粒计数效率为 99.99%，绝大部分病毒被高效过滤器截留。

送排风走向图

4. 医疗功能设计

（1）负压洁净设计技术

1）设计背景

随着社会的飞速发展，洁净技术近年来广泛应用于电子、航天、光电通信、精密仪器、新型材料、自控、医疗、制药食品等行业。洁净技术即通过技术手段，营造一个使空气尘埃、微生物能动态控制在某一浓度范围内的环境，从而向内控制对相关人员的影响（一般是正压），向外控制对环境的影响（一般是负压）。

常规医院的手术室、血液病房、监护病房等关键科室的洁净系统，其主要目标是降低感染菌的风险、保障医疗环境安全、保护病患免受院内感染，而不是保护医护人员和周围医疗科室与环境，因此要求室内处于正压，一般来说这类引起患者感染的病菌对健康人群是无害的。而像火神山、雷神山这类传染病应急医院，其负压ICU、负压检验科、负压手术室的一个主要任务是防护医护人员和周围医疗科室与环境免遭致病菌的损害，室内必须处于负压。尽管两者的物理控制手段相似，都是通过新风稀释、过滤除菌、气流技术和压差控制技术等综合措施，但控制的目标完全不同。

2）负压洁净设计关键技术

① 负压洁净系统设计

A. ICU 洁净系统设计

ICU 中心的污染区，即 ICU 大厅及其配套辅助用房严格执行净化空调设计标准，净化级别为Ⅲ级，采用全新风工况运行。每个 ICU 病房单元及其辅助用房设计 3 套净化空调机组，合计 6 套净化空调机组。ICU 中心净化空调系统的主要参数详见下表。

接诊大厅、半污染区及洁净区不执行净化空调设计

ICU 中心净化空调系统的主要参数表

序号	项目	内容	备注
1	室内温度、湿度	22～26℃，40%～65%	
2	洁净等级	Ⅲ级	
3	换气次数	10～13 次/h	
4	总送风量（新风量）	29400m³/h	
5	总排风量	40000m³/h	排风机四用二备，具备 60000m³/h 的排风能力
6	压力等级	治疗室 -25Pa，ICU 大厅 -20Pa，污洗 -20Pa，纤支镜 -10Pa，缓冲 -10Pa，半污染区 -5Pa，洁净区 5Pa	
7	冷热负荷，湿负荷	冷 447kW，热 267kW，湿 291kg/h	
8	冷热源形式	ICU 一区及非净化空调采用模块化风冷热泵机组，ICU 二区采用直膨式空调机组	项目工期紧，冷热源只能采用存货施工，造成一个项目采用了多种冷热源形式
9	加湿形式	电极加湿	
10	水系统形式	两管制定流量系统	

标准，其空调形式为分体空调，同时其新风系统经过热湿处理，保证室内的舒适性。新风系统采用组合式新风机组，接诊大厅及两个病房单元分别设置一套新风机组，共计3套新风机组。新风量设计标准为6次/h。

ICU净化区采用高效送风口顶送风，四周下部设置下排风口排风。排风口布置在床头侧下部，距地100mm，送风口分两处位置布置，主送风口布置在床侧边，次送风口布置在床尾。非净化区采用单层百叶风口顶送风和顶排风。新风机组配置G4+F8两级过滤器，净化空调送风末端配置H13级高效过滤器，排风机组配置G4+F7+H13三级过滤器。

B. 手术室洁净系统设计

负压手术室及其配套用房单独设计了一套净化空调系统，避免与其他区域的交叉感染。考虑到新冠肺炎的传染性较强，净化空调系统采用全新风工况运行，执行负压隔离病房的设计标准。一般临时性应急医院，疫情结束后会拆除，且为了保证工程进度，负压手术室不考虑正负压转换问题，从而简化了系统。

负压手术室采用专用净化送风天花集中送风，双侧下部排风；辅助用房采用高效送风口送风，上送上排或下排的气流形式。负压手术室同时设置吊顶排风口，排风口位于患者头部正上方，用于排除麻醉气体和室内异味，排风量按400m³/h设计。负压手术室设置两套集中的排风系统，一用一备，提高系统的可靠性。同时因为不需要考虑正负压转换问题，并未将患者头部的排风系统单独设置排风机，进一步简化了系统，提高了建设速度。

② 洁净系统关键技术

新冠肺炎患者必须在负压隔离病房收治，必须在空气传染专用的负压手术室进行手术。其洁净空调系统关键技术包括以下几点：

手术室净化空调系统的主要参数表

序号	项目	内容	备注
1	室内温度、湿度	21~25℃，30%~60%	
2	洁净等级	手术室Ⅲ级，辅助用房Ⅳ级	
3	换气次数	手术室18次/h，辅助用房10次/h	
4	总送风量（新风量）	4200m³/h	
5	总排风量	6000m³/h	排风机一用一备
6	压力等级	手术室-20Pa，辅助用房-10Pa	
7	冷热负荷，湿负荷	冷79kW，热59.2kW，湿36kg/h	
8	冷热源形式	模块化风冷热泵机组	没有条件设置集中的冷热源
9	加湿形式	电极加湿	
10	水系统形式	两管制定流量系统	

A. 室内洁净度及温湿度控制：净化空调风系统采用三级过滤（粗、中、亚高/高效过滤器），全新风系统表冷器配置可采用水表冷+氟表冷双表冷形式，优选电热蒸汽加湿器，加上高精度控制系统，确保室内洁净度及温湿度可控。

B. 医护人员工作环境安全的控制：空调系统采用全新风直流送风系统，室内空气全部排出，不循环使用。手术室间、ICU采用上送侧下排气流组，气流方向单一不紊乱。针对性的气流组织，室内送排风口布置如下图，流经病人的空气不经过医护，确保医护安全。

C. 外界环境安全的控制：负压内污染空气不外溢，实现静态隔离。

排风系统过滤对病房环境安全至关重要，在病房排风

口配置高效过滤器，且可实现过滤器检漏，将所有污染物阻隔在室内，确保室外环境甚至通风管道不被污染。

排风出口设置于建筑物最高位置3m以上，确保排出空气能成环境气流充分稀释，将影响降到最低。

D. 负压压差及压力梯度恒定的控制：负压是负压手术室及ICU的基础，在确保送风量满足净化要求的同时，对系统排风量设置一定的余量，且送风机、排风机均采用变频调节，根据实际需求实时调整风量，确保在多因素影响下，仍能保证室内负压。采用先进的围护结构施工工艺，确保围护结构严密性，漏风率低。

在每个病房的送排风干管上配置定风量装置，确保房间的送风量和排风量恒定，从而保证房间的压力恒定。

系统启动时，排风机组应先于送风机组开启，反之，系统关闭时，排风机组应后于送风机组关闭。

E. 系统运行稳定可靠性的控制：负压手术室、ICU使用过程中的关键在于负压的维持，负压失控将导致严重的交叉感染后果。因此，对每一台排风机组设置备用机组，在机组故障后自动开启备用机组，确保负压维持，同时也可在设备维护时互为备用。

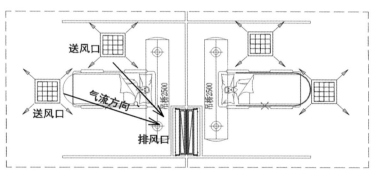

ICU 气流流向示意图

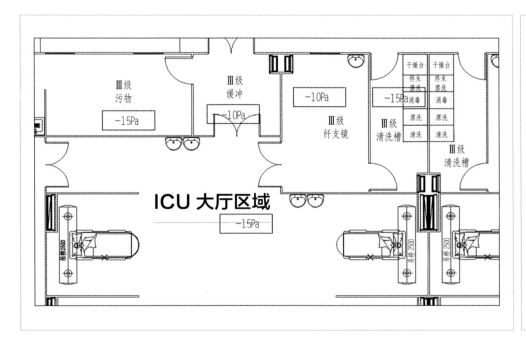

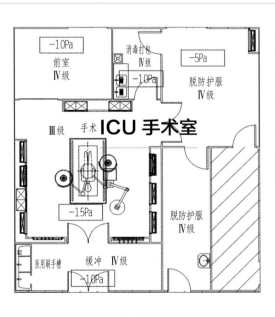

ICU 洁净空调压力梯度图

（2）建筑围护结构洁净设计

污染区、半污染区室内面层选用不产尘、不易积尘、表面光滑易清洁、耐腐蚀、耐碰撞、防潮防霉、防水防渗漏、环保节能的建筑材料。

根据负压 ICU 和负压手术室功能设计要求，首先罗列出适用围护结构的材质（见推荐材质表）。

推荐材质表

序号	区域	部位	推荐材质
1	清洁区	墙	无机预涂板、手工彩钢板、抗菌涂料等
2		顶	无机预涂板、手工彩钢板、铝扣板、铝单板等
3		地	地砖、PVC 卷材、橡胶卷材
4	半污染区	墙	电解钢板、无机预涂板、洁净整装板、手工彩钢板等
5		顶	电解钢板、无机预涂板、洁净整装板、手工彩钢板等
6		地	地砖、PVC 卷材、橡胶卷材
7	污染区	墙	电解钢板、无机预涂板、洁净整装板、手工彩钢板等
8		顶	电解钢板、无机预涂板、洁净整装板、手工彩钢板等
9		地	地砖、PVC 卷材、橡胶卷材
10	淋浴间、污物清洗等有水房	墙	瓷砖
11		顶	铝扣板、铝单板等
12		地	防滑瓷砖

选定材质表

序号	区域	部位	选择材质
1	负压 ICU	墙面	0.476mm 钢板 50mm×1150mm 机制玻镁夹芯板双灰白
2		地面	高架地板 15mm 高密度板，面层 2mm 厚 PVC 地材
3		顶棚	0.476mm 钢板 50mm×1150mm 机制岩棉彩钢板双灰白
4	负压手术室	墙面	0.476mm 钢板 50mm×1150mm 机制玻镁夹芯板双灰白
5		地面	高架地板 15mm 高密度板，面层 2mm 厚 PVC 地材
6		顶棚	0.476mm 钢板 50mm×1150mm 机制岩棉彩钢板双灰白

（3）医用气体设计技术

1）设计背景

医用气体系统作为救治新冠肺炎患者的生命支持系统，是传染病抢建医院设计的重点。每个医院的医疗流程对医用气体需求是不同的，应针对新冠肺炎疫情下传染病抢建医院制定合理的医用气体系统。同时，医用气体系统是一个多专业、多学科的综合系统工程，医用气体管道属于压力管道，医用气源则属于工业气体压缩设备，而其末端设施则属于医疗器械。因此，在设计过程中要将其作为一个整体，考虑整体的安全可靠性和卫生学要求，而不是各方工作的简单结合。

2）医用气体设计关键技术

① 医用气体系统组成

根据救治新冠肺炎病毒患者医疗气体特殊需求，医用气体系统设计包括：

A. 医用氧气系统：包含液氧站房、系统阀门箱、管道、用气点设备。

B. 医用真空系统：包含真空吸引站设备、系统阀门箱、管道、用气点设备。

C. 气体监控管理系统：包含机组监控管理、楼层区域报警器、监控管理系统。

D. 医用氮气系统：包含汇流排、管道、用气点设备。

② 医用气体气源设计关键技术

A. 医用液氧系统设计关键技术

a. 定点医院收治情况及用氧需求

新冠肺炎定点收治医院收治的重症和危重症患者基本100%需要吸氧，重症患者进行标准吸氧无效后，需改为高流量氧疗仪或呼吸机吸氧。

b. 气源计算流量模型

结合病患实际病况，从患者末端用氧需求出发，基于《医用气体工程技术规范》GB 50751–2012第9.2.1条公式，医用氧气系统气源计算流量模型如下：

$$Q = (q_1 \cdot \eta_1 \cdot (1-\theta) \cdot n_1) + (q_2 \cdot \eta_1 \cdot \theta \cdot n_1) + (q_3 \cdot \eta_3 \cdot n_3) + \Sigma Q_{其他}$$

式中：

Q——气源计算流量（L/min）；

q_1——标准氧疗平均流量（L/min），推荐值 5～6L/min；

q_2——高流量输氧平均流量（L/min），推荐值15～25L/min；

q_3——ICU病床每个终端平均流量（L/min），推荐值20～30L/min；

n_1——病区床位数；

n_3——ICU病区用氧终端数；

η_1——病房区氧气末端同时使用系数，推荐取 0.7～0.9；

η_3——ICU氧气末端同时使用系数，推荐取 0.8～1.0；

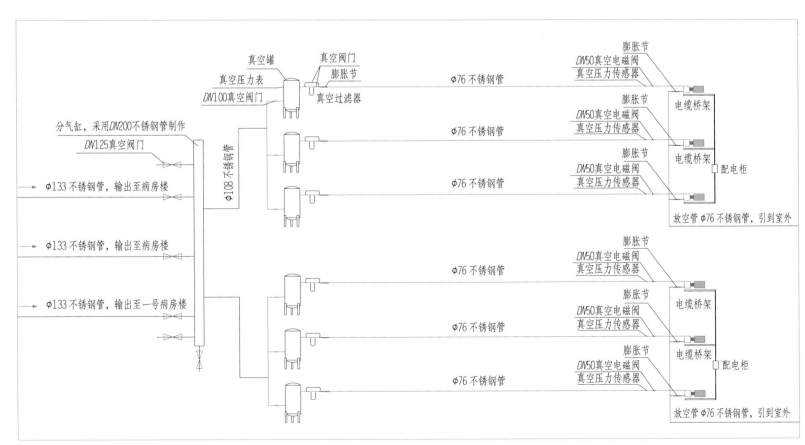

医用液氧系统流程图

θ——重症病人转化为呼吸窘迫患者比例（即采用高流量输氧比例）；对于新冠肺炎病例推荐值为 0.30～0.45，其他急性呼吸道传染病根据具体情况取值，医院收治危重症患者比例高的取大值；

$Q_{其他}$——手术室用气、其他用氧终端用气。可按《医用气体工程技术规范》GB 50751–2012 第 9.2.1 公式计算，同时使用系数 η 建议按实际取值。

B. 医用真空系统设计关键技术

医用真空设备为多台爪式真空泵组成真空机组，当一套真空机组故障时，其余真空机组应仍能满足设计流量要求。医用真空设备内任何部件发生单一故障维修时，系统应能连续工作。医用真空系统由真空泵、真空罐、过滤器、中央控制系统、报警器和管道等部件组成；真空压力调节范围：–0.087～–0.04MPa；设计中设有防倒流装置，阻止真空回流至不运行的真空泵。

a. 每台真空泵设置独立的电源开关及控制回路；

b. 每台真空泵均能自动逐台投入运行，断电恢复后真空泵均能自动启动；

c. 自动切换控制可使每台真空泵均匀分配运行时间；

d. 医用真空系统控制面板能显示每台真空泵的运行状态和运行时间；

e. 医用真空系统设置有应急备用电源。

医用真空汇排放气体应经消毒处理后排入大气，排气口应高出院区最高建筑物屋面 3m，并应远离空调通风系统进风口和人群活动区域。废液应集中收集并经消毒后随医疗废弃物一起处理。

真空泵

C. 医用氮气系统设计关键技术

火神山应急医院手术室设计有一路 φ16 医用氮气，气体汇流排的医用气瓶设置为数量相同的两组，并能自动切换使用。每组气瓶均能满足最大用气量，气体供应源的减压装置、阀门和管道附件等均符合《医用气体工程技术规范》GB 50751–2012 第 5.2 节的规定，气体供应源过滤器设计安装在减压装置之前，过滤精度应为 100μm，汇流排与医用气体钢瓶的连接采取防错接措施。

手术室医用氮气系统主要技术参数：

终端处额定压力：0.8MPa；

终端使用流量：350L/min；

氮气管道气体流速 ≤ 20m/s；

管道系统小时泄漏率 ≤ 0.5%；

氮气管道可靠接地，接地电阻 <10W；

在末端设计压力、使用流量条件下，管道压力损失不超过 50kPa。

D. 医用气体管路系统设计关键技术

a. 火神山应急医院和雷神山应急医院每个区域均自医用气体站房引出管道。生命支持区域（ICU、手术部）的医用气体管道从医用气源处单独接出。

b. 医用真空管道均不应穿越医护人员的生活、工作等清洁区。医用氧气及其他气体的供气管道进入隔离区前，均在总管上设置了防回流装置。在每个病区设置阀门、气体监测设备；病房内采用紫铜管，其余位置均采用不锈钢管道。医用气体管道分支连接均使用成品管件；与医用气体接触的阀门、密封元件、过滤器等管道和附件，其材质不应易燃、有毒或腐蚀性。医用气体主干管道上不得采用电动或气动阀门，大于 DN25 的医用氧气管道阀门不得采用快开阀门。除区域阀门外的所有阀门，应设置在专门管理区域或采用带锁柄的阀门。

c. 医用气体管道敷设的环境温度应始终高于管道内气体的露点温度 5℃以上。当无法满足而导致医用气体管道可能有凝结水析出时，其坡度至少应为 0.002。医用真空管道应坡向集污罐并在管段最低点设排水装置。室外管道因寒冷气候可能造成医用气体析出凝结水的部分应采取有效保温防冻措施。医用气体管道穿墙、楼板以及建筑物基础时均设套管，套管内医用气体管道不应有焊缝，套管与医用气体管道之间均以不燃材料填实。

d. 医疗设备及医用气体管道系统的端子及连接件的等电位接地保护除符合现行国家标准《医用电气设备 第 1 部分：安全通用要求》GB 9706.1–2007 第 58 章规定外，均应符合下列规定：医疗房间内的医用气体管道应作等电位接地；无等电位接地的医用供应装置内的公共保护接地本身应设置一个横截面不小于 16mm² 接地端子，并连接到建筑设施内的等电位接地；室外部分医用气体管道应设有防雷击措施。

e. 医用气体输送管道安装支架均为非燃烧材料制作并经防腐处理，管道与支吊架的接触处应做绝缘处理。架空敷设的医用气体管道，水平直管道支吊架的最大间距均应符合《医用气体工程技术规范》GB 50751–2012 表 5.1.9 的规定；垂直管道限位移支架的间距应为《医用气体工程技术规范》GB 50751–2012 表 5.1.9 中数据的 1.2～1.5 倍，每层楼板处应设置一处。管架材质为不锈钢。埋地或地沟内的医用气体管道不应采用法兰或螺纹连接。当管路必须设置阀门时应设专用阀门井。

f. 管道吹扫：管道安装完毕后应分段进行吹扫，吹扫的顺序应按主管道、副管道、支管道进行；主管道吹扫时应将副管道阀门接头松开，以防止杂物吹入副管道；副管道吹扫应在支管道未接通时进行；支管道吹扫应在系统管道安装完毕后进行；吹扫时应有足够的流量，吹扫压力不得超过设计压力，吹速不低于 20m/s，正压管道采用 0.5MPa 进行吹扫，负压管道采用 0.2MPa 进行吹扫，吹扫介质采用无油压缩空气或氮气，吹扫完毕后进行检验，当目测排气无烟尘时，在排气口用白布或漆白漆的木制靶板检验，1min 内白布上应无污物、油污、尘土、水分等为合格，并作好记录。

g. 试压：当进行管道压力试验时，应划定禁区，无关人员不得进入；管道试压必须由专门的操作人员进行；管道试压介质为无油压缩空气或氮气；正压管道压力试验的压力为 1.15 倍的管道的设计压力，试验时间为 10min，要求接头、焊缝、管道无渗漏，无肉眼可见的变形；压力试验时，应逐步缓慢增加压力，当压力升至试验压力的 50% 时，对所试压管道进行初步检查，如果未发现异状或泄漏，继续按试验压力的 10% 逐级升压，每级稳压 3min，直至试验压力；负压管道压力试验的试验压力为 0.2MPa，试验时间为 10min，要求接头、焊缝、管道无渗漏，无肉眼可见的变形。

h. 气密性试验：正压管道压力试验合格后方可进行气密性试验；正压管道气密性试验的试验压力为管道的设计压力，试验时间为 24h，要求管道的泄漏率每小时小于 0.5%；当负压管道压力试验合格后应进行气密性试验，当负压管道系统与吸引中心站未连接时，管道气密性试验试验压力为 0.2MPa，试验时间为 24h，要求管道的泄漏率每小时不得超过 1.8%；当负压管道系统与吸引中心站已连接后，管道气密性试验试验压力为 –0.07MPa，试验时间为24h，要求管道的增压率每小时不得超过1.8%。管道气密性试验时应注意现场环境温度的变化，用温度计准确测量试验期间的温度变化，并作好记录。

E. 医用气体终端设计关键技术

a. 设备外形结构和功能应满足设计和使用要求，设备安全性能应满足《医用电气设备　医用配供装置的专用要求》ISO11197 的要求。

b. 设备采用铝制一体成型，设备带中强电、弱电及气体管道要走在三个独立通道内，在公共通道内的管线须符合国际安全标准要求气源及电源必须分隔布置的规定，面板采用活动扣板式设计，方便作日常检修。

c. 病房设备带靠床头墙壁安装，便于护士操作。设备带内部电源由建设单位在每张床位安装位置预留220V、16A 电源；电源采用 3 线制（含地线）。

d. 为安装使用方便，设备带按标准段设计，每张床位一条，设备带长度 1.5m。

e. 气体终端：要求满足 ISO9170 标准的安全性要求。具有低维修率、高寿命的特点；所有气体的终端插头不可互换；气体终端应确保不会破损，经久耐用，有效寿命可连续插拔不低于 2 万次，且需统一全院医用气体的单元的终端制式。

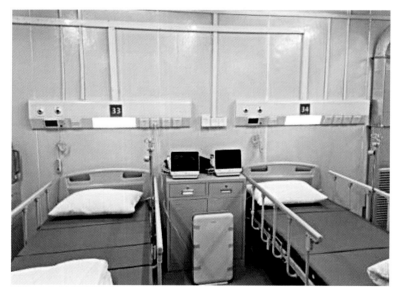

标准病房设备带

F. 医用气体监测报警系统设计关键技术

a. 在每个楼层的护士站设有氧气、真空压力监测报警器；氧气和真空管道在每层还需设有紧急切断阀门箱。

b. 医用气体系统报警应符合下列规定：

除设置在医用气源设备上的就地报警外，每一个监测采样点均应有独立的报警显示；声响报警应无条件启动，1m 处的声压级不应低于 55dBA，并应有暂时静音功能；视觉报警应能在距离 4m、视角小于 30° 和 100lx 的照度下清楚辨别；报警器应具有报警指示灯故障测试功能及断电恢复自启动功能。报警传感器在回路断路时应能报警；每个报警器均应有标识，医用气体报警装置应有明确的监测内容与监测区域标识；气源报警及区域报警应设置应急备用电源。

c. 气源报警应具备下列功能：

医用液体储罐中气体供应量低时应启动报警；医用供气系统切换至应急备用供气源时应启动报警。

d. 气源报警的设置应符合下列规定：

应设置 24h 监控区域，位于不同区域的气源设备应设置各自独立的气源报警；同一气源报警的多个报警器均应各自单独连接到监测采样点，其报警信号需要通过继电器连接时，继电器的控制电源不应与气源报警装置共用；气源报警采用计算机系统时，系统应有信号接口部件的故障显示功能，计算机应能连续不间断工作，且不得用于其他用途。所有传感器信号均应直接连接至计算机系统。

e. 区域报警用于监测某病人区域医用气体管路系统的压力，应符合以下规定：

设置医用气体工作压力超出额定压力 ±20% 时的超压、欠压报警，以及真空系统压力低于 37kPa 时的欠压报警；区域报警器宜设置医用气体压力显示，每间手术室宜设置视觉报警；区域报警器应设置在护士站或有其他人员监视的区域。

f. 就地报警应具备下列功能：

当医用真空汇机组中的主供应真空泵故障停机时，应启动故障报警；当备用真空泵投入运行时，应启动备用运行报警。

g. 为满足全院报警设备统一管理，医用气体系统宜设置集中监测与报警系统。集中监测与报警系统的监测系统软件应设置系统自身诊断及数据冗余功能。集中监测管理系统应有参数超限报警、事故报警及报警记录功能，宜有系统或设备故障诊断功能。监测及数据采集系统的主机应设置不间断电源；报警装置内置的传感器精度高、可靠性高，带自诊断功能，能显示传感器本身故障。

（4）电离辐射防护系统设计

1）设计背景

应急大型呼吸类传染病医院中，CT室是医院放射科中一个非常重要的辅助检查科室。可快速对新冠肺炎患者进行检查诊断，但CT工作中产生的电离辐射对人体有一定伤害，因此CT室要防止射线外漏，满足防辐射要求。

CT电离辐射防护的基本方法主要有三种，分别是时间防护、距离防护和屏蔽防护。但在实际工作中，人员既不能无限远离辐射源又不能一味减少工作时间，因此，在人与放射源之间设置一道防护屏障，即屏蔽防护，使到达人体的辐射强度降低到一个安全水平，是最为常用的外照射防护手段。屏蔽防护常用的材料是普通混凝土、重晶石混凝土、页岩实心砖墙、铅板或含铅玻璃等。

2）电力辐射防护系统设计关键技术

火神山、雷神山应急医院均设置了3间CT室，CT室主要分为CT扫描室、操作间、更衣室等。火神山应急医院CT室墙体采用页岩实心标准砖（厚度为370mm）砌筑结合铅板进行防护，顶板采用5mm厚铅板防护。雷神山应急医院CT室原设计采用300mm厚钢筋混凝土墙+250mm厚钢筋混凝土顶板，综合考虑施工进度及防止射线外漏的要求，将顶板混凝土结构修改为钢结构+5mm厚铅板。地面做法均为结构底板+设备基础+地板胶。

雷神山应急医院CT室原设计为现浇钢筋混凝土，它的耐久性好，可以利用钢筋混凝土板做防护层。但按照设计规范要求，在顶板混凝土强度达到75%后方可拆除模板支架，根据施工期温度条件推算，混凝土强度达到75%大概需要20天左右，按照疫情防控指挥部的要求，雷神山医院须在10天内建成并投入使用，经过反复推演计算与优化，最终确定钢结构+5mm厚铅板的方案。本方案既满足了防射线外漏要求，也大大缩短了工期，可以在施工期间提前插入CT设备吊装与安装，将工期压缩到6天，保证CT室按期完工并交付使用。

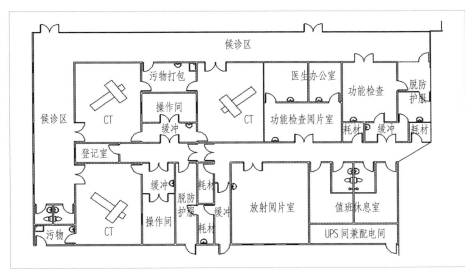

CT室平面布置图

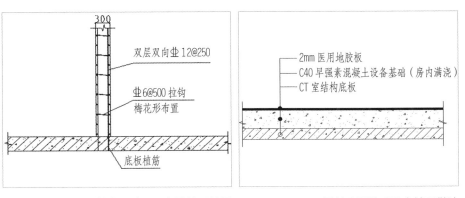

雷神山医院CT室墙体配筋图　　雷神山医院CT室地面做法　　CT检查区风管平面图

3 建造
CONSTRUCTION

中建三局决胜火神 打赢防疫战 守护大武汉

武汉建工 志成城 逆流而

项目重难点

1. 抗疫时间紧

（1）建设工期短

火神山医院总建筑面积约 3.39 万 m²，设计病床数约 1000 床，建设工期 9 天；雷神山医院总建筑面积约 7.99 万 m²，设计病床数约 1600 张，建设工期 10 天；在建筑和施工领域，国内外尚无在如此短时间内建成同等规模应急医院的先例。

（2）筹备时间短

从接到指令到正式开工的筹备时间不足半天，如何在短时间内组建项目部，组织上千台施工机械、上万名管理人员和建筑工人进场，并采购大量的建筑材料、防疫物资是本工程的一大难题。

施工人员集结

火神山医院誓师大会

夜间抢工图

多单位协同施工

物资紧急进场

施工现场高效作业

2. 资源组织难

（1）建造时间特殊

火神山、雷神山医院施工正处于春节和疫情暴发的特殊时期，自 2020 年 1 月 23 日 10 时起，武汉市政府发布通告，全市城市公交、地铁、轮渡、长途客运暂停运营，进入封城模式。工人返乡过年，供应商停止供货，武汉市外物资、作业人员进出武汉困难，长期合作的核心分包资源及物资资源无法及时到位，材料质量难以保障，施工人员作业技能、组织纪律与成建制的队伍相比差距大，特殊时期形成了建造的特殊难题。

（2）参建单位多

为加强对新型冠状病毒肺炎感染患者的救治，武汉市政府决定由中建三局集团有限公司牵头，汉阳市政、武汉市政等参建，组成主要施工单位；中信建筑设计研究总院有限公司、中南建筑设计院股份有限公司牵头，武汉市政工程设计研究院有限责任公司、武汉科贝科技股份有限公司、武汉华胜工程建设科技有限公司等参建，组成主要设计监理单位，紧急抢建两座应急传染病医院。

（3）现场多专业、多单位协同施工难

现场包含中建三局二公司、中建三局三公司、中建三局总承包公司、汉阳市政、武汉市政等主要施工单位及上百家各类专业分包，工作面移交问题多，特别是紧张的施工后期，空调、电视、医疗安装队伍全部进场后，多专业、多单位协同施工问题突出。

3. 标准要求高

（1）设计要求高

1）建造标准不明确

《全国医疗卫生服务体系规划纲要（2015—2020年）》表明，即使2003年"非典"疫情发生后，我国仍无针对突发呼吸道传染性疾病的"平战结合"医院。除北京小汤山医院外，尚无明确建造标准和施工管理经验可以借鉴。

2）医疗功能、设备要求高

火神山、雷神山医院是先进的全功能呼吸系统传染病大型专科医院，设计时需要充分考虑病患治疗维生系统，同时保障医护人员的安全。雷神山医院总建筑面积约7.99万 m²、病床数近1600张，火神山医院总建筑面积约3.39万 m²、病床数近1000张，其设备数量和工程量是常规医院工程的1.5～2倍，相比北京小汤山医院而言，控制标准更严格，设计标准更高，应急保障能力更完善。

医院设有接诊室、负压隔离病房楼、重症监护室、CT室、手术室、检验室、网络机房以及救护车洗消间、垃圾焚烧炉等附属用房，功能齐全、仪器先进，采用了高于现有传染病医院的防护隔离标准的先进技术，为患者和医护人员提供更加安全可靠的诊疗环境。

医疗设备标准要求高

疫情大考中的
中国建造
火神山医院、
雷神山医院
建设纪实

3 建造 CONSTRUCTION

3.1
项目重难点

数据机房

（2）机电及信息化系统量大、要求高

1）机电子系统众多，设备数量巨大

呼吸类传染病医院通风系统是确保"三区两通道"压力梯度，及医护人员安全的核心系统。通过对污染区、半污染区、清洁区换气次数及送、排风量的控制，在三区形成 5～10Pa 压力梯度，使空气从洁净区流向污染区。但功能要求高，总计 700 多台高功能、高精度的设备，在极短的时间内完成调试，难度极大。

为提高供电的可靠性，火神山医院采用两路 10kV 电源，互为备用，同时配置柴油发电机作为第三备用电源。医院共设置箱式变配电站 24 座，室外箱式柴油电站 16 台，备用电源可满足全部负荷（除新风电加热负荷）供电需求。针对手术室、ICU 等重点区域均配备了应急供电时间30min 的 UPS 电源。在极短的时间内完成如此大量供电设备的安装及调试供电极具挑战。

2）医院信息系统设置完备，利用 5G 及云平台技术大幅减少管线敷设工程，缩短调试周期

火神山医院信息系统共 5 大类 17 个子系统。其中医护对讲系统、视频监控系统、综合布线系统、网络与WIFI 系统、HIS 医院信息系统、PACS 医学影像管理系统、RIS 放射科信息管理系统等为了快速搭建，均部署于云端，与网络机房设备、网络与 WIFI 设备、综合布线系统同步建设，同步调试与运行，为医院的快速运营提供了坚实的软硬件基础。

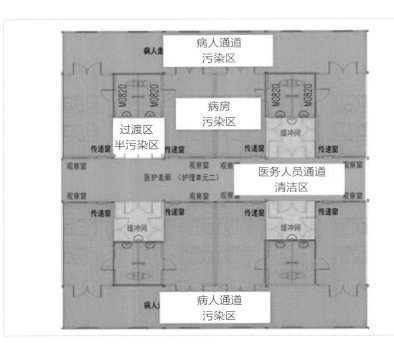
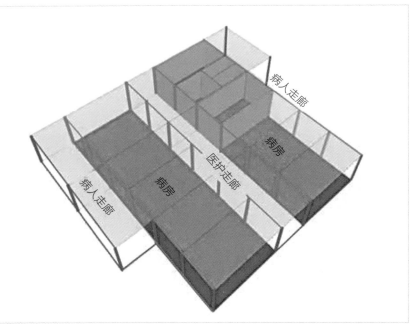

三区两通道设计

（3）质量标准高

火神山、雷神山医院作为高风险传染病应急医院，对空间密闭性、分区压力梯度控制、负压隔离病房排风过滤、污水排放及处理、场地雨水防污染、不间断供电、弱电信息化等方面都有极高的质量要求。

1）密闭性要求高

火神山、雷神山医院建筑平面在分区划分时考虑到医务人员要有自己的清洁工作区和对应的连续通道，进而采用鱼骨状形式。在平面布置上正中间的一条轴是清洁区和医务人员通道；中轴两侧的布置都是病房单元，病房单元中的病房为污染区；在清洁区与病房单元之间是半污染区，即医护人员和病房接触的过渡段；医护人员的很多工作都在半污染区里完成。病人通道在每个护理单元的外侧，与医护人员的通道是各自独立的，以确保医护人员不被感染。

箱式房密封处理图

2）负压隔离病房通风换气形式严格

病房内的气压要低于病房外的气压，外部新鲜空气可流进病房，病房内被患者污染过的空气通过专门的通道及时排放到固定区域。病房里所有的缝隙都用玻璃胶填满，外部再用锡箔纸二次封闭；负压隔离病房可以有效阻止房间内的污染源流通至外界。对通风系统流线的设置、不同病房换气次数的设置是质量管理的重点。

采用浮桥的设计概念，利用轻型钢架摆放在防渗透地面上，再以其为基础装配负压隔离病房；此设计方案极大地提升了建造速度，而且地面与病房之间形成了架空空间，为负压隔离病房的隔离换气乃至下送风提供了施工方便，为上下水管、电缆线综合布线及建筑物的通风隔潮，提供了第二通道，满足功能需求。

3）分类收集、分区排水要求高

火神山、雷神山医院将医技、病房及 ICU 定义为污染区，污染区内的盥洗、洗浴废水及卫生间粪便污水均归为污染区排水。走廊及办公区定义为清洁区，该区内的盥洗、洗浴废水及卫生间粪便污水均归为清洁区排水。污染区的污废水与清洁区污废水分流排放，各自独立排到预消毒池。确保清洁区与污染区排水系统不混接，污染区排水能够正常经过消毒池处理，是排水系统施工质量管理的重点。

4. 安全风险大

（1）生产安全风险大

现场上千台各种机械设备同时作业，点多面广，有起重吊装、电动切割、焊接动火等各种作业，由此带来设备安全、用电安全及消防安全，管理难度巨大。

（2）交通安全风险大

各类物资需要在极短的时间内组织进场，进出场车辆种类多、流量大，进入现场主干道少，由此带来的交通安全风险大。

（3）防疫安全任务重

作业阶段正是全国新型冠状病毒的爆发期，每天新增感染人数达 3000 ~ 5000 人，防疫形势严峻。在极端条件下，组织上万建设者在疫情暴发期间进行大会战，防疫风险极大。工程建设期间，项目虽采取了严格的防疫措施，但疫情的传染性和全国感染人数的飞速增长仍给参建者极大的安全隐患。在确保各项资源保障的同时，做好管理人员、工厂工人、物流人员、劳务工人及专业施工队的防护措施和监控措施，显得尤为重要。

5. 维保责任重

火神山、雷神山医院项目顺利移交后，整体转入维保运营阶段，新冠肺炎患者的成批收治，院区全面投入启用，维保人员常进入病区，以保证医院隔离、消杀等设施的正常运行。

维保阶段有至关重要的两项工作：一是保证病人生命氧气系统和电力供应系统的稳定；二是保证医护人员热水系统和负压系统的稳定；任何一套系统出现故障，都会造成灾难性的后果，维保责任重于泰山。

维保人员检查污水处理

现场切割、焊接动火作业

出入口狭窄，交通运输风险大

1310 人次
进入红区内作业

红区（重污染区）作业对维保人员有较强的挑战性，维保人员舍生忘我、冲在一线，进入红区内作业累计达1310人次，确保红区内各系统功能正常使用

3.2

组织保障

1."三层级"架构体系

为保证医院建设组织得力、运转高效、沟通顺畅，确保高速度、高标准、高质量完成医院建造，打赢疫情防控攻坚战，建立健全组织架构是管理工作的关键。

根据项目特点，组建覆盖政府部门、各参建施工企业和各参建劳务（专业）分包单位的三个层级管理组织架构，具体如下：

①第一层级：指挥部组织架构，由武汉市新冠肺炎疫情防控指挥部统筹，分别由武汉市城乡建设局和武汉地产集团牵头，成立"武汉市火神／雷神山医院建设指挥部"。

②第二层级：总承包管理组织架构，由中建三局牵头，各参建单位共同组建"中建三局武汉市火神／雷神山医院项目指挥部"。

③第三层级：工区项目部组织架构，由各参建企业组织相应劳务分包、专业分包组成"工区项目部"。

中建三局有限公司文件

中建三办〔2020〕52号

关于成立局抗武汉新型冠状病毒肺炎应急工程建设指挥部的通知

为贯彻落实党中央、国务院关于防控新型冠状病毒感染的肺炎的重要指示，按照湖北省、武汉市人民政府统一部署，中建三局临危承建武汉市新型冠状病毒感染的肺炎应急工程。为保障工程保质保量按期建成投用，经研究，决定成立局抗武汉新型冠状病毒肺炎应急工程建设指挥部和火神山、雷神山项目现场指挥部。具体如下：

一、应急工程建设指挥部

指挥长：陈华元、陈卫国

常务副指挥长：张　琨、魏德胜

—1—

总协调：魏德胜（兼）

副指挥长：王胜民、罗　宏、唐　浩、刘建民、杨红亮、李　勇

局指挥部主要负责统筹协调应急工程项目建设，决策建设工作中的有关重大事项，筹划相关对外宣传及舆情等工作。

局指挥部下设八个工作小组，组员由各组长指定。

1.协调组：组长李立，负责会议组织、信息快报、对外资源协调等工作；

2.新闻组：组长张多见，负责宣传、舆情、CI实施等工作；

3.后勤组：组长杨楖，负责生活物资、防护物资协调等工作；

4.技术组：组长周鹏华，负责现场施工计划管理、技术方案编制等工作；

5.安全组：组长熊涛，负责现场安全管理、疫情防护等工作；

6.火神山工程组：组长赵军，负责现场施工组织等工作；

7.雷神山工程组：组长杨晓辉，负责现场施工组织等工作；

8.火神山医院物业组：组长陈志刚，负责火神山医院物业管理等工作。

二、应急工程建设现场指挥部

1.成立火神山项目现场指挥部，由局领导唐浩任指挥长，负责火神山项目现场指挥，工程组赵军协助。

2.成立雷神山项目现场指挥部，由局领导李勇任指挥长，负责雷神山项目现场指挥，工程组杨晓辉协助。

—2—

为高效推进相关工作，各工作小组分别向两个现场指挥部派驻相关人员。第一建设公司、第二建设公司、第三建设公司、总承包公司、城市投资运营公司、房地产公司、基建投公司、绿投公司、安装公司为指挥部成员单位，全力配合指挥部各项工作。

火神山、雷神山项目现场指挥部各自全面负责工程建设现场的统筹协调，落实局指挥部各项工作部署，对接各参建、监管单位，调动各方资源，推进项目顺利开展。项目现场指挥部下设施工部，负责落实进度、质量、安全、防疫保证措施，做好施工现场人员生活生产及生命安全保障，确保高效率、高标准、高质量完成施工任务。

在汉春节值班人员要高度关注应急工程建设动态，发挥通勤联络作用，确保项目建设信息通畅、组织有序。

中建三局有限公司

2020年1月25日

—3—

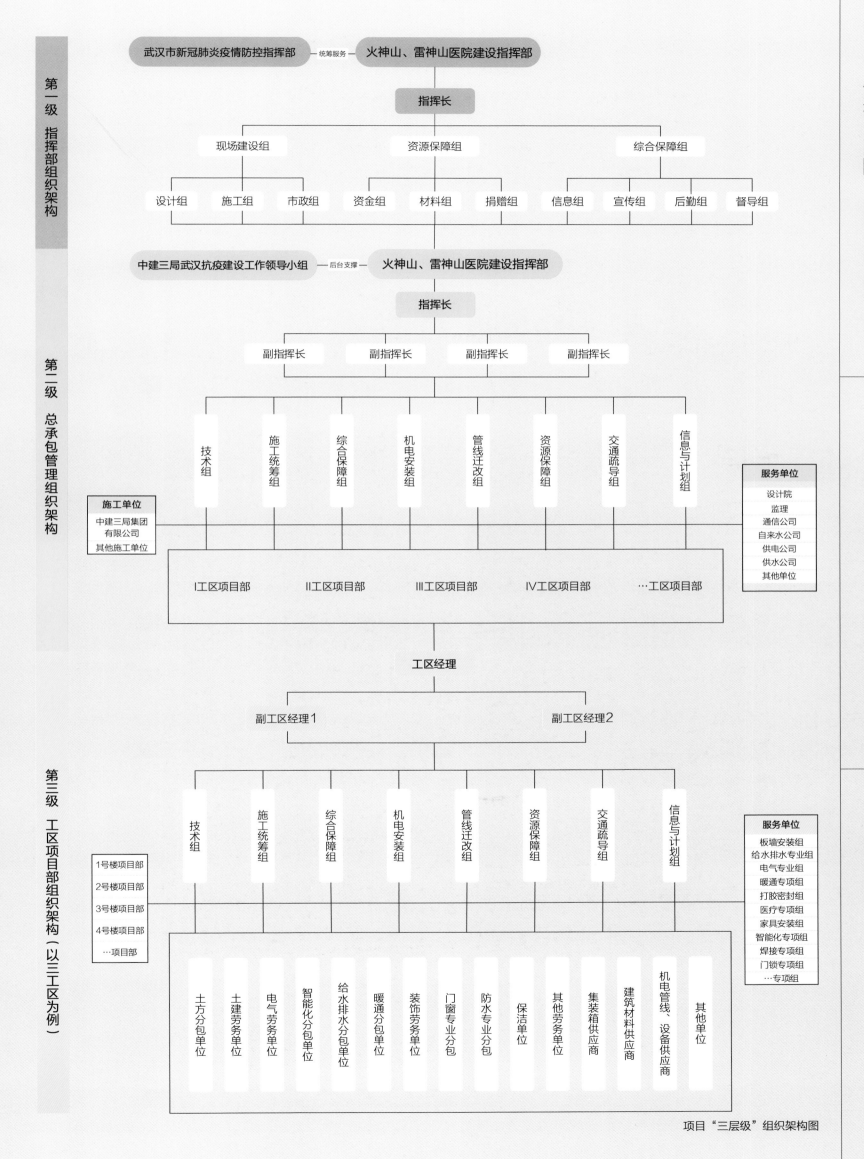

第一级 指挥部组织架构

武汉市新冠肺炎疫情防控指挥部 —统筹服务— 火神山、雷神山医院建设指挥部

指挥长

现场建设组　资源保障组　综合保障组

设计组　施工组　市政组　资金组　材料组　捐赠组　信息组　宣传组　后勤组　督导组

第二级 总承包管理组织架构

中建三局武汉抗疫建设工作领导小组 —后台支撑— 火神山、雷神山医院建设指挥部

指挥长

副指挥长　副指挥长　副指挥长　副指挥长

技术组　施工统筹组　综合保障组　机电安装组　管线迁改组　资源保障组　交通疏导组　信息与计划组

服务单位
设计院
监理
通信公司
自来水公司
供电公司
供水公司
其他单位

施工单位
中建三局集团有限公司
其他施工单位

I工区项目部　II工区项目部　III工区项目部　IV工区项目部　…工区项目部

第三级 工区项目部组织架构（以三工区为例）

工区经理

副工区经理1　副工区经理2

技术组　施工统筹组　综合保障组　机电安装组　管线迁改组　资源保障组　交通疏导组　信息与计划组

服务单位
板墙安装组
给水排水专业组
电气专业组
暖通专业组
打胶密封组
医疗专项组
家具安装组
智能化专项组
焊接专项组
门锁专项组
…专项组

1号楼项目部
2号楼项目部
3号楼项目部
4号楼项目部
…项目部

土方分包单位　土建劳务单位　电气劳务单位　智能化分包单位　给水排水分包单位　暖通分包单位　装饰劳务单位　门窗专业分包　防水专业分包　保洁单位　其他劳务单位　集装箱供应商　建筑材料供应商　机电管线、设备供应商　其他单位

项目"三层级"组织架构图

火神山医院建设指挥部

2. 指挥部组织架构

为确保医院顺利建设，组织成立"武汉市火神山、雷神山医院建设指挥部"，统筹协调医院工程整体建设，为工程参建单位提供支持和帮助。建设指挥部设置为扁平化的组织结构，设指挥长1名，下设现场建设组、资源保障组、综合保障组共3个工作组，"上承"市疫情防控指挥部要求，协调政府职能部门，"下达"施工生产目标任务，解决具体问题。其中现场建设组下设设计组、施工组、市政组共3个工作小组，资源保障组下设资金组、材料组、捐赠组共3个工作小组，综合保障组下设信息组、宣传组、后勤组、督导组共4个工作小组。

3. 总承包管理组织架构

中建三局牵头各参建单位，共同组建"中建三局武汉市火神山、雷神山医院项目指挥部"，统筹协调各参建单位，实行总承包管理，推进项目施工生产。

项目指挥部下设1个领导小组和8个工作组，领导小组由1名指挥长、4名副指挥长组成，统筹火神山、雷神山医院项目各工区的施工建设，协调各工作组工作。

工作组下设技术组、施工统筹组、综合保障组、机电安装组、管线迁改组、资源保障组、交通疏导组、信息与计划组共8个工作小组，各工作组按分工及工作需要，对接建设指挥部相应工作组，组织各项施工资源，协调各工区施工生产。

为进一步发挥中建三局全局资源组织与调配优势，加强企业总部对项目指挥部的后台支撑，中建三局成立了以集团董事长、总经理为组长，集团副总经理为副组长的应急工程建设工作领导小组，统筹协调工程项目建设，决策建设工作中的有关重大事项。

4. 工区项目部组织架构

根据工程施工分区，项目指挥部下设工区项目部。各工区项目部根据任务划分，统筹协调工区内参建施工单位施工任务，负责落实进度、质量、安全、防疫保证措施，做好施工现场人员生活、生产及安全保障，确保高效率、高标准、高质量完成施工任务。

各栋号（室外）项目部设项目经理1名，对区域内各项事务全权负责，用以统筹各项资源，协调各专业组人员配合完成工作任务。项目部下设副经理2人，按照AB角管理方式进行人员安排和工作推进。

工区项目部设8个工作小组，与指挥部相对应，含技术组、施工统筹组、综合保障组、机电安装组、管线迁改组、资源保障组、交通疏导组、信息与计划组共8个工作小组，各工作组按分工及工作需要，对接施工单位相应工作组，组织各项施工资源，协调各工区施工生产。

技术组：对接设计人员，全面了解设计意图，跟踪辅助设施、专业单位的深化设计。

施工统筹组：统筹协调，按区明确施工任务，细化工作界面及接口管理，确保高效施工。

综合保障组：保障后勤管理的统一调度。保障人员进场、车辆及食宿安排、工作交接、工作面交底等一系列流程畅通。

机电安装组：负责项目机电安装的施工。

管线迁改组：负责场地内原有管线的迁改。

资源保障组：负责项目的机具设备、主材及零星材料采购和劳务资源供应。

交通疏导组：确保项目交通物流顺畅。

信息与计划组：负责各信息的收集与施工计划的管理。

技术组设计施工校核

疫情大考中的

中国建造

火神山医院、雷神山医院

建设纪实

3 建造 CONSTRUCTION

3.2 组织保障

3.3

深化设计

1. 协同设计

（1）措施与管理思路

在接到火神山、雷神山医院的施工任务后，总包方随即派出两个设计技术小组分别赶赴中信建筑设计研究总院及中南建筑设计院，进行实质性设计内容协商与对接。

设计出图的及时性及设计质量是制约工程建设的难点，设计质量主要表现在设计图纸的可建造性与资源可采购性，总包方需要进行深入的分析，采取主动高效的应对措施，不能坐等出图。

（2）工作机制

① 驻场办公。2020 年 1 月 23 日接到建设任务后，中建三局集团先后派出 15 名包含建筑、结构、给水排水、电气、暖通、弱电等专业的设计管理人员，常驻设计院办公，实行两班倒工作机制，与设计团队同步工作，高效对接。

② 日报制。在设计院驻场办公期间，每晚 12：00 组织召开设计管理碰头会。各专业梳理当天设计进展情况和遇到的问题，以及第二天的设计出图计划，形成《设计管理日报》，各方通过日报，知晓设计出图情况，筹划相关施工组织安排。

③ 手绘图辅助设计。在设计与施工过程中经常会出现紧急状况，对于一些细部做法、节点处理等需要及时出图。为应对这种状况，采用手绘图的方式来辅助设计，指导现场施工，及时解决问题。

应对措施

管理要点	影响因素分析	应对措施
出图及时性	1. 本工程时间紧、任务重，出图时间短，需要按照施工工艺先后顺序分批出图，边设计、边施工 2. 设计方对现场信息不能完全掌握，需要施工方及时跟进 3. 设计绘图地点在设计院办公室，通过电话沟通现场问题容易出现信息偏差	1. 派设计管理人员进驻设计院，督促出图 2. 驻设计院人员及时将现场信息（如：场地高差）反馈给设计师，更新稳定设计输入条件 3. 一些节点图，由派驻人员绘制，由设计师签字确认，提高出图效率
设计可建造性	1. 本工程工期异常紧张，需简化施工工序，缩短施工工期 2. 因工期紧张，可进行职工工序优化调整，为前道工序施工留作业空间 3. 工艺节点须保证工程质量	1. 集思广益，广纳建议，及时与设计师沟通，取得认可，将意见融入图纸 2. 因本工程不是常规的框架或框剪结构，且需满足负压功能，相应的封堵及防水措施需要考虑更细致
资源可采购性	1. 要保证建筑使用功能及施工质量，相关建筑材料的应用必须获得建筑师的认可 2. 本工程工期紧、任务重，必须使用市场上的现货建筑材料，或者使用加工周期短（一般 2 天左右）的建筑材料	1. 跟进设计师的第一版图纸，梳理相关材料计划表，及时联系供应商，了解库存情况 2. 就供应商能提供的材料规格及时与设计师沟通，只要满足功能需求即可，并立即修改图纸

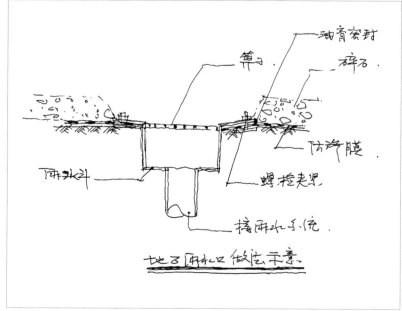

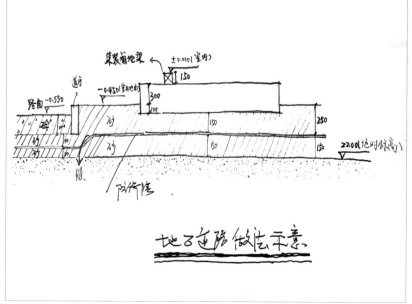

手绘图辅助设计

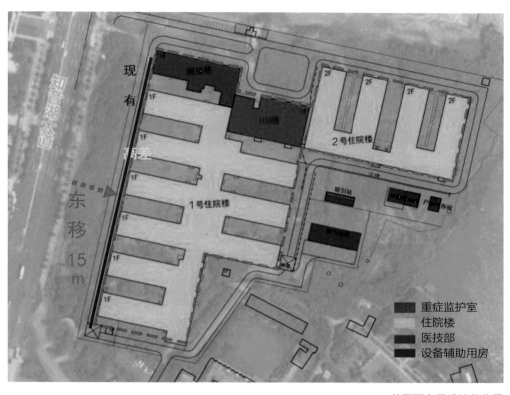

总平面布局设计优化图

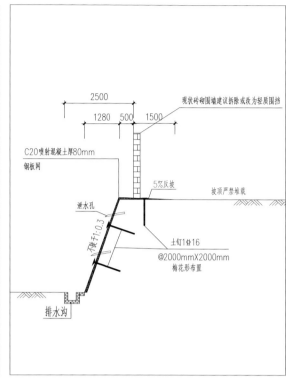

场地高差处理设计图

（3）设计 + 采购 + 建造的提资优化

1）契合地形条件的设计优化

① 总平面布局设计优化

A. 靠近知音湖大道一侧场地条件复杂，高差起伏大。为避开此区域，减少土方开挖工作量，保障施工进度，将整个建筑往东平移 15m。

B. 平移之后，总平面图中院区左侧的环形道路仍与现有围墙冲突，但 2 号病房楼右侧已临湖，因此将左侧环形道路的局部宽度从 7m 减为 6m，位置向主楼靠近。

C. 围墙底部与病房楼区域场地高差接近 3m，进行放坡支护。

结论：经过建筑平移、道路调整、放坡支护等一系列措施，充分保证总平面布局，并降低施工难度。

② 场地高差设计

A. 在场平施工过程中，东西两侧的场平标高相差 2.1m，为避免土方工作量太大，采用高差设计。整个医院设置两个正负零标高，1 号病房楼区域 24.35m，2 号病房楼区域为 22.35m。高差处采用挡土墙，环形道路采用平缓放坡。

B. ICU 与 2 号病房楼连接处采用错层设计。设置连廊，将 ICU 一层与病房楼二层连通。

结论：采用场地高差设计，既满足使用功能要求，又极大地减少了场平的工程量，大幅缩短工期。

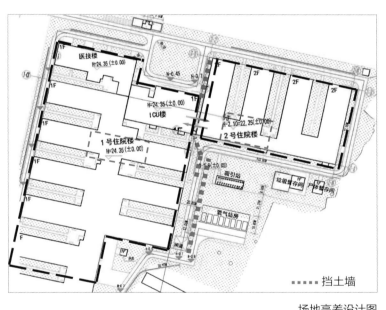

场地高差设计图

③ 附属配套设施布局优化

A. 垃圾暂存间原先布置于 2 号楼病房楼右侧，施工过程中发现该处临湖，土层以淤泥为主。因此将暂存间以及后来增加的焚烧炉、吸引站、氧气站等附属配套设施移至 2 号病房楼南侧，该处虽为填湖区域，但经过多年沉积，土质已相对稳定。

B. 院区西南角的回车场距离场地现有的高压电线杆及电线太近，因此重新布局此处的行车路线。

结论：结合地质状况以及环境条件进行建筑布局，保证了施工可行性。

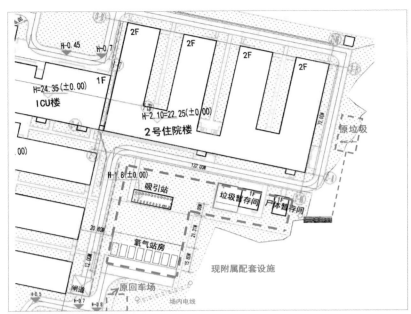

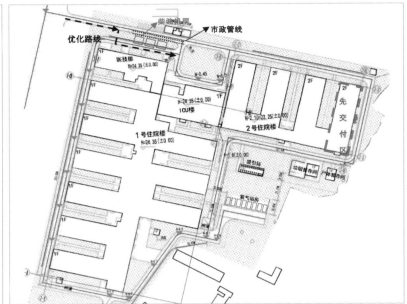

附属配套设施布局优化图　　　　　　　　　　　　　　　　　　院区入口道路优化图

④院区入口道路优化

A. 院区北侧入口道路边有柴发机房，道路下面存在大量市政管线预埋，与道路施工冲突，存在工序等待；且是2号病房楼最右侧护理单元需提前交付，致使入口道路必须提前完工，才能保证进出院区畅通。

B. 为满足提前交付使用，将院区的入口改到靠近知音湖大道一侧，避开柴发机房与市政管线的施工区域，使用时将此段封闭施工。

结论：结合分批交付的情况，调整设计与施工部署，满足边施工、边使用的要求。

2）结合资源组织进行材料设备选型

① 基础形式的比选分析

A. 条形基础

混凝土用量少，更加经济，而且在房子与地面之间形成架空空间，可用于上下管线的进出通道。但存在以下问题：a. 条基施工需进行大量支模；b. 条基是按理想状况进行布置，而集装箱拼装会存在偏差和累积误差，且无法准确预测，导致后续集装箱可能无法搁置在已施工完成的基础上。

B. 筏板基础

整体性较好，有利于减小不均匀沉降，施工方便，同时在筏板上搁置方钢，作为集装箱的条基，同样可以使房子与地面之间形成架空空间，作为管线进出通道。另外方钢可以灵活摆放，根据集装箱的拼装情况，灵活调整方钢位置，保证集装箱能搁置在方钢上。

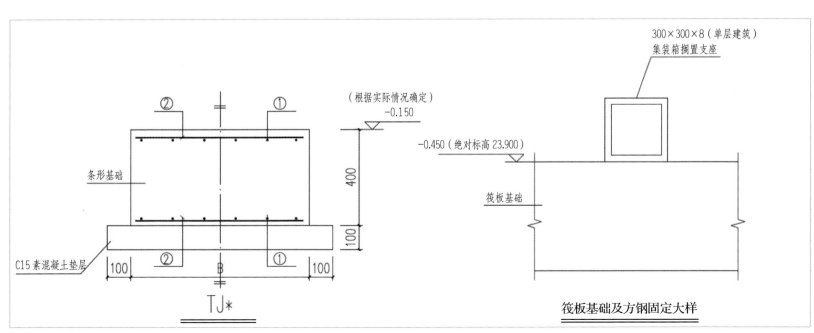

筏板基础大样图

结论：采用整体筏板基础，筏板上搁置方钢，作为集装箱的条基，施工灵活方便，并能适应集装箱拼装过程中的误差。

这种围墙施工方便，也能满足医院隔离的要求。

结论：临时应急医院围墙采用 PVC 围墙，施工便利且资源充足。

② 院区围墙设计

大多数施工项目的现场临时围挡都采用 PVC 围墙，资源充足，施工单位可以灵活调配，还能循环利用。采用

③ 卫生间防水设计

A. 二楼卫生间采用集成卫浴，防止漏水到一楼房间，影响使用。

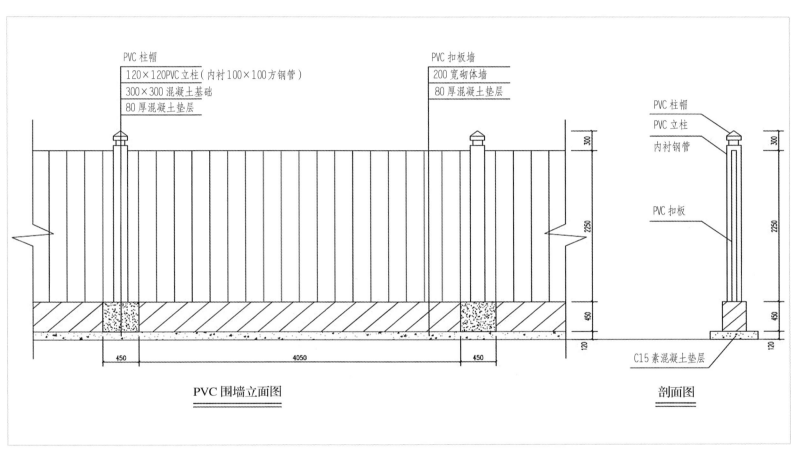

院区围墙大样图

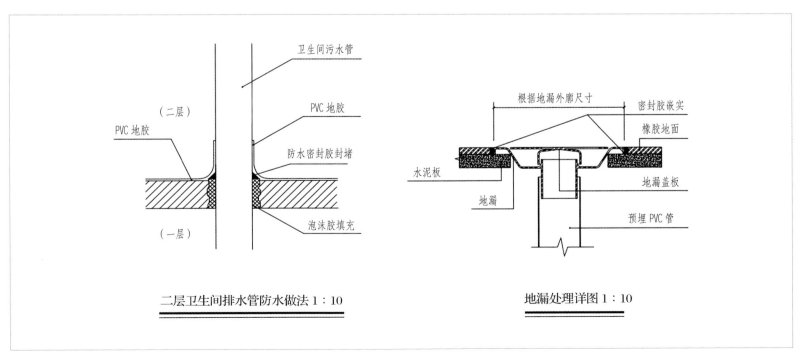

卫生间防水设计大样图

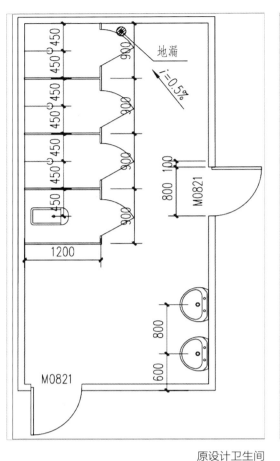
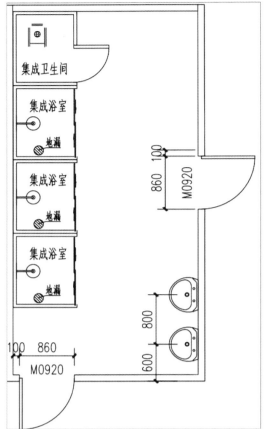

原设计卫生间　　　　　　　　　深化设计后卫生间　　　　　　　集成卫浴

B.排水管防水采用PVC地胶上翻一定高度进行密封,缝隙处泡沫胶填充,密封胶封堵,施工工序少,简单方便。

结论:建议卫生间全部采用集成卫浴,另外设置地漏。

④集装箱屋面拼缝处理

A.单个集装箱屋面自带找坡与排水措施,通过顶部四周边梁上的沟槽将水引入四个角点,然后再通过暗柱在四根立柱中的排水管将水排出。

B.集装箱屋面拼缝处的防水措施采用镀锌铁皮封盖,然后铺设自粘卷材,工序较少,施工方便。集装箱顶部设计有整体坡屋面,这种拼缝处理措施可以作为密封处理,对少量漏雨的情况,作第二道防线。

结论:建议整体坡屋面作为第一防水措施,拼缝处理作为第二道防水措施。

⑤屋面管线设计优化

A.管线设备布置在屋面:医院管线及设备较多,若放置在屋面,安装过程中容易破坏集装箱屋面,也影响后期屋面防水施工,而且集装箱屋面承重能力不足,还需另外进行加固处理。

B.管线设备不放在屋面:沿房屋周边设置轻钢支架,作为管线设备支撑,避免与屋面防水施工冲突,也减小对集装箱成型屋面的破坏,降低渗漏风险。

结论:建议管线设备尽量不要放在集装箱屋面,另行做支架作为支撑。

⑥配电方案设计优化

A.原设计病房重要负荷用电为一路市政一路柴发。若市政停电,30s后柴发的电才能正式启用。

B.在室外两路市政变压器间加设双电源切换柜(ATS),在不改变室外进户电缆敷设量的情况下,重要负荷变为两路市政和一路柴发供电,且两路市政互为备用,切换时间缩短到0.2s。

结论:临时医院应保证其用电的可靠性。

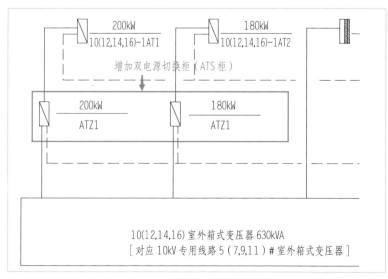

室外箱式变压器设计

2. 反向设计

（1）流程概述

根据本工程特点，按照传统的流程即先由设计院出具施工图再进行深化设计的方式，设计工期无法满足建设需求。

所以本工程采用逆向设计法，即拿到建筑方案后，先进行深化设计，深化设计完成后，再进行结构受力复核，并将深化设计图与结构计算模型交由设计院审核。

（2）反向设计案例

1）箱形房屋面结构设计

① 建筑防水屋面的初期设计方案是采用压型钢板金属屋面，其结构做法采用方钢管屋架或 H 型轻钢形式，但这些方案的材料采购、加工制作、运输、施工周期较长，难以满足整个项目的施工交付要求。

② 按照因地制宜、"有什么用什么"的原则，盘点公司资源库储备物资，钢管架材料库存量约 4500t，故选取钢管架材料（钢管 $\phi48.3 \times 3.0$）为防水屋面的结构设计材料，大大节省了材料采购周期、施工安装时间。

③ 通过搭设方案的多方案比对分析，并结合计算结果对比分析，选择结构受力合理、安装高效的搭设方案。

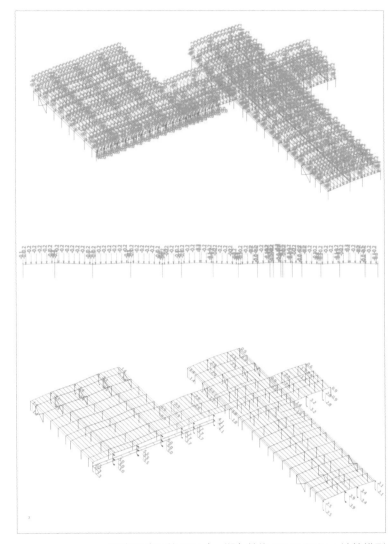

隔离医疗区的 ICU（一期）结构 MIDAS/Gen 计算模型

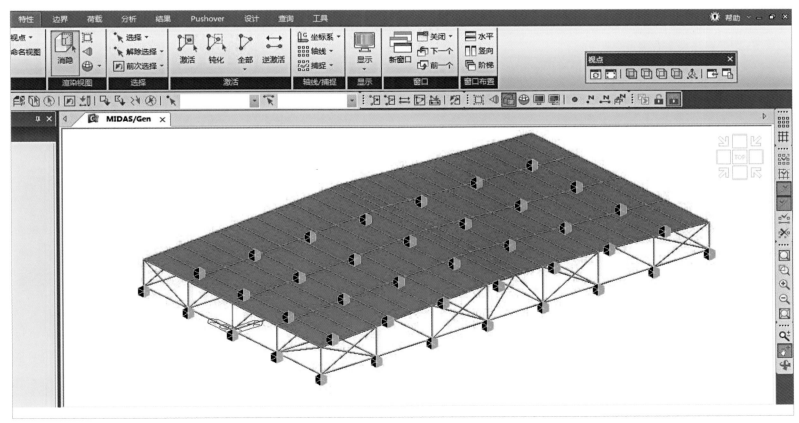

优化设计方案计算模型图

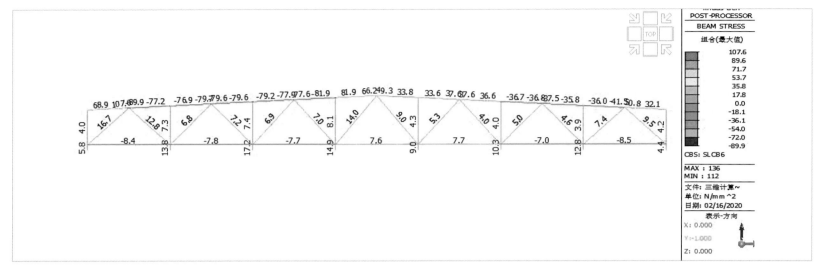

优化设计方案计算结果图

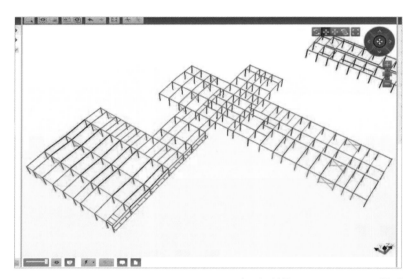

ICU 病区钢结构 Tekla BIMsight 模型

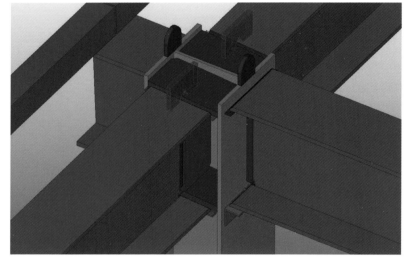

辅助定位、直连直焊节点

2）钢结构设计

① 模型建立

根据建筑专业设计方案，首先确定柱网并交建筑师确认，然后根据钢材市场既有材料，初步选定构件截面，确定标高，选择合理的节点形式，将钢柱、钢梁及支撑等结构体系在 Tekla 中创建杆件模型，为结构计算做准备。

深化设计过程中，将钢柱、钢梁及支撑等结构体系在 Tekla 软件中创建实体杆件模型，一方面为深化设计出图打下基础；另一方面将所建 Tekla 模型导出 BIMsight 格式文件向设计院提资，设计院可直接导入通用有限元软件 MIDAS Gen 进行设计软件间的数据对接和计算，用于前端设计工作的参考，为整体结构计算做好准备。

② 节点设计与优化

工期紧急，节点设计及优化的初衷主要为考虑方便制作、运输及安装等因素。由于建筑本身的特殊性，在结构节点设计及优化的过程中，主要的初衷是考虑现材先用、便于制作、快速装运、简化安装等方面因素。

深化设计在节点处理中的主要建议：多采用现有且量大材料，避免采用非常规且量少材料；多使用成品型材，少使用焊接板材；多利用措施定位，少附带牛腿及连接件；多选用现场直接焊接方式，少选用栓接或栓焊组合的方式。

③ 结构复核

由于采用反向设计法，深化设计建模先行完成后，再出深化图，同时，将 Tekla Structure 三维模型转化为通用有限元分析软件 MIDAS/Gen、3D3S 和 YJK 对比复核并计算，在满足相关规范及标准的要求下，同步出结构施工图与深化设计详图。

隔离医疗区的 ICU（一期）采用通用有限元软件 MIDAS/Gen 计算分析，隔离医疗区的 ICU（二期）采用通用有限元软件 3D3S 计算分析，氯化间采用通用有限元软件 YJK 计算分析，采用不同的通用有限元软件进行模拟计算，所有计算模型最终均由设计院结构专业审核。

3. 措施优化

（1）基坑安全快速开挖措施

问题：

火神山医院化粪池、消毒池原基础设计为筏板基础，根据实际工程经验，钢筋混凝土筏板施工流程需要的钢筋绑扎、混凝土泵车调配、混凝土浇筑及养护、混凝土硬化等工序所需时间超过12h，且化粪池、消毒池深化后西侧边坡与现场施工主干道冲突，如进行化粪池、消毒池开挖将导致现场临时施工主干道断路。

同时，由于化粪池、消毒池基坑与雨水调蓄池基坑之间距离有限，如采取分坑开挖，在两坑之间将形成一共用的狭窄的夹心土坡，两侧基坑同时施工过程中该土坡的稳定性在施工过程中难以保持，易造成坑内施工的安全隐患。

解决措施：

现场实际开挖过程中，发现该处基底均为性质较好的中风化基岩，考虑到设备的使用荷载较小，故提请结构设计单位根据现场地质情况进行基础方案调整，将筏板基础改为粗细砂调平的形式，节约了宝贵的时间，同时满足设计与使用要求。

在提请设计院复核后，在满足雨水调蓄需求的前提

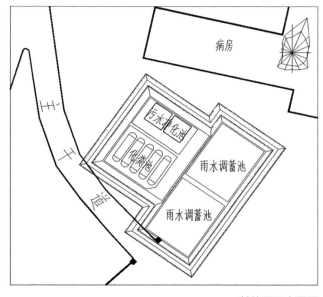

基坑平面布置图

下，西侧一个雨水调蓄池采用异地建设，将化粪池、消毒池位置东移，确保了基坑施工过程中现场施工主干道的畅通。

针对化粪池、消毒池基坑与雨水调蓄池基坑之间距离有限的问题，最后考虑合坑施工，避免了夹心土坡的安全问题，也方便了土方开挖施工。

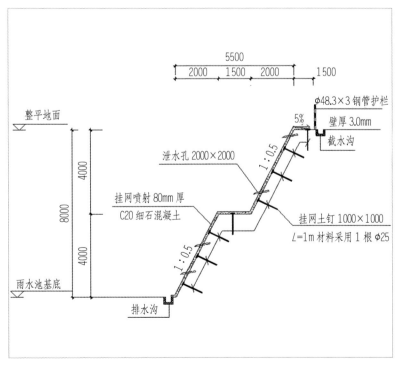
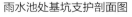

雨水池处基坑支护剖面图

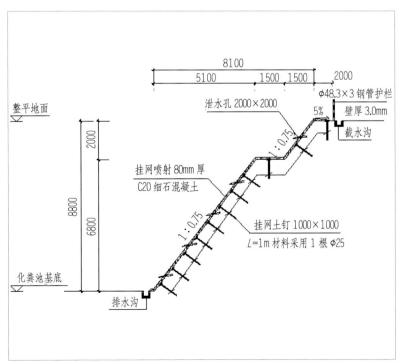

化粪池处基坑支护剖面图

（2）集装箱排布深化

问题：

1）采购集装箱尺寸与原建筑设计方案标准模数有偏差

采购集装箱尺寸与原建筑设计方案标准模数偏差表

分项	长（mm）	宽（mm）
原建筑设计标准模块平面尺寸	6000	3000
采购集装箱标准模块平面尺寸	6055	2990
标准模块平面误差	+55	-10

按建筑设计方案"两横＋一竖"布置原则，即病房为两个标准模块横放布置，走道为一个标准模块竖向布置，存在拼装误差 6055-2×2990=75mm，远大于标准模块间隙 10～12mm，如果缝宽处理不当会存在屋面漏渗水隐患，同时影响室内后期装修。

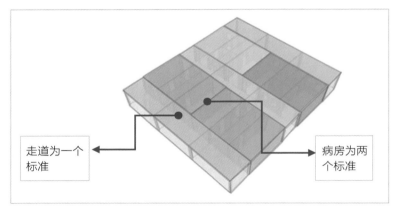

走道为一个标准

病房为两个标准

建筑设计方案布置示意图

2）采购集装箱尺寸偏差导致现场建筑平面累计误差偏大

采购集装箱尺寸偏差及现场建筑平面累计误差表

分类	长（mm）	宽（mm）
原建筑设计平面尺寸	129000	72000
按采购集装箱放样平面尺寸	130397	72729
平面累计误差	1397	729

按原建筑设计方案平面功能布置集装箱原则，长度方向累计误差 1397mm，宽度方向累计误差 729mm。误差导致的问题有：A.原设计筏板边界不能满足集装箱排布要求；B.影响现场施工方案选择，出现靠西侧挡土墙位置空间不够等问题。

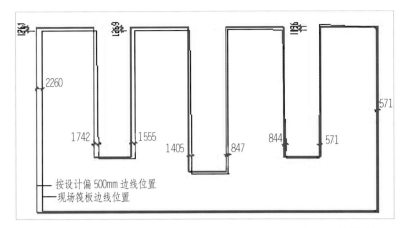

2260

1742　1555　1405　847　844　571

571

—— 按设计偏 500mm 边线位置
—— 现场筏板边线位置

现场筏板偏差分析图

3）集装箱深化设计与其他专业协同难

集装箱与其他专业工程分开深化设计，施工现场出现以下问题：①风管与门位置冲突；②防火门上封堵与风管吊挂结构冲突；③现场楼板开孔位置与结构冲突，现场返工严重。

4）集装箱现场施工误差导致集装箱标准包边件尺寸不统一

传统集装箱的包边件尺寸是标准化设计，但集装箱群的吊装拼装，会产生一定的安装误差，特别是集装箱与集装箱之间的包边件尺寸难以统一，处理不当会有渗水隐患，影响建筑使用功能。

解决措施：

① 以过道箱体尺寸为总控，房间箱体宽缝（75mm 或 138mm）的位置留在标准模块间的分户墙（双墙）位置，箱体间穿过位置的缝应为 10～12mm 的密拼方式。走道的箱体的缝应为 10～12mm 的密拼方式，其拼装误差消除在 3 个走道箱体（为一个标准组）范围内。

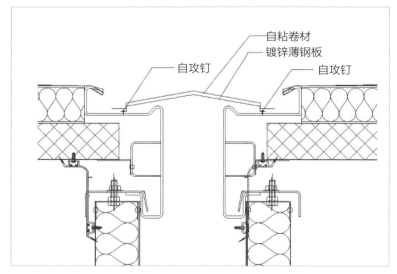

自粘卷材
镀锌薄钢板
自攻钉
自攻钉

屋面缝封堵节点

② 按采购集装箱实际尺寸，以 1:1 比例进行深化设计，重新排布，根据深化设计的平面布置图重新设计筏板边界线位置，出筏板偏差位置误差图，指导现场筏板后续增补施工。

③ 集中制定各专业深化设计策划方案；对标准模块

采用 BIM 应用技术三维模拟施工，解决深化设计碰撞问题并降低结构安全风险。

④ 屋面缝的封堵节点深化设计参考伸缩缝位置包边件形式，解决屋面缝隙问题；楼板、阴阳角、立柱等处包边件根据现场实际尺寸进行深化设计。

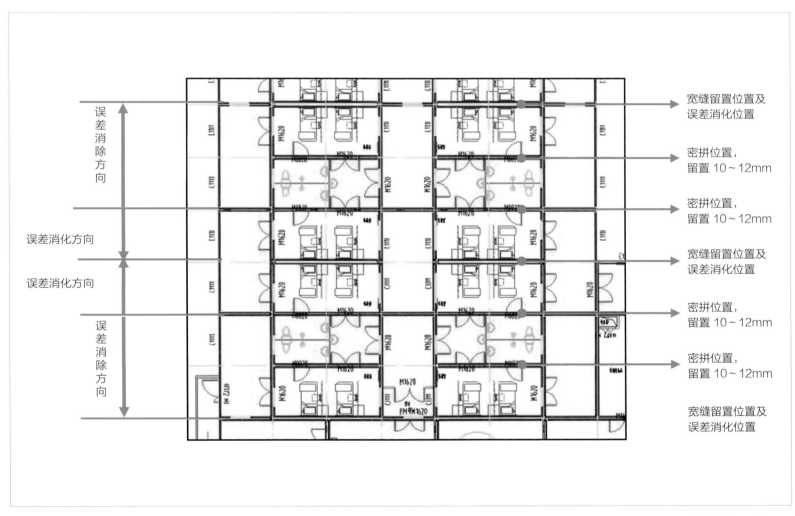

误差消除方向

误差消化方向

误差消化方向

误差消除方向

宽缝留置位置及误差消化位置

密拼位置，留置 10～12mm

密拼位置，留置 10～12mm

宽缝留置位置及误差消化位置

密拼位置，留置 10～12mm

密拼位置，留置 10～12mm

宽缝留置位置及误差消化位置

拼装误差消除示意图

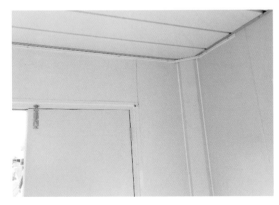

墙体内包边节点

立柱的包边节点

吊顶的包边节点

（3）管道设计优化

问题：

① 风管主管初始设计为镀锌钢板风管，在春节和疫情期间，武汉仅部分公司具备启动风管生产线的条件，生产线数量不足、能力有限以及材料运输困难等诸多制约条件，导致铁皮风管产能和安装效率无法满足雷神山应急医院工期需求。

② 风管支管初始设计为 PE 管，热熔连接耗时较长。

解决措施：

① 主风管用 PE 管替换镀锌钢板风管

PE 管具有材料供应充足、调动速度快、安装方便等众多优点，在满足设计需求的同时，更能满足现场快速施工需要。

② 风管支管改为 UPVC 管

将工程量较大的 φ160 PE 支管改为 UPVC 管粘结，极大地提高了安装效率，且 UPVC 管重量较 PE 管轻，材料转运速度快，管道支架的数量和间距也可以适当放宽。

屋面主管改为 PE 管

屋面 UPVC 管道排布

（4）氧气管道优化

问题：

在雷神山医院医用气体管网系统设计之初，医疗气体原设计采用环形管网路线，包括氧气、正压、负压三种气体管线，意在使整个病区形成一个闭环管网布局，南北区气体互为备用。

面对功能复杂、设备精细程度高的医用建筑，短时间内钢结构施工，材料、设备吊装，劳动力资源均无法满足现场需求；且环形管网施工过程中会与其他专业产生较多的交叉作业面，不利于工期的快速推进。

解决措施：

经现场实际考察，采用了直线形管网实施方案：

① 病区几乎所有主管路均敷设于病房屋面，且再由屋面下设至病区走廊，再向各病房敷设。

② 此种布管方式最大限度地避免了施工区域的交叉作业，且最大程度地避免了大型机械设备对施工区域内现有基础设施的破坏。

③ 避免了数百个大型管路支架的制作、支架基础的施工，解决了当时材料紧缺、机械设备紧张的局面。相对减少了工程量，并为整个项目的后续工作赢得了时间。

④ 直线形管网分布在左右两边，压力流速均衡，相比较而言有更好的稳定性。

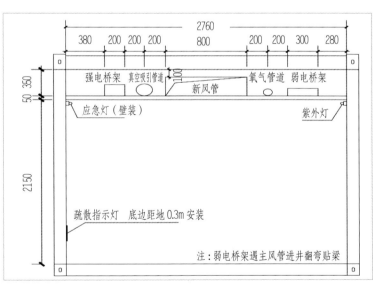

病房走道剖面图

实施效果图

（5）无线烟感应用优化

问题：

因雷神山项目覆盖 NB-LOT 网络，该类型设备可独立使用，不需要再安装专门的网关，同时考虑到现场业主要求、存货情况和后期使用便捷度等因素，选择 NB-LOT 无线烟感技术。

因项目工期紧张，近两千个烟感需要在一天内安装完成；常规的无线烟感安装过程，主要分为现场安装和监控平台数据建模，安装一个烟感需要 6~8min，安装完成后还需要 2~3 天完成数据建模，时效性显然不能满足现场要求。

解决措施：

施工流程优化后的流程为：

① 在设备发货前，将每个烟感的 IMEI 码输入系统；

② 将图纸上每个烟感安装位置的编号固定，工人按照编号图直接安装；

③ 设备到货后，安排人员将每个烟感的 IMEI 码与平面图纸烟感编号记录下来，在设备安装前就可以提前给平台公司建模；

④ 到货后，将烟感的 NB 卡与电池预先安装，并确保连接网络；

⑤ 工人根据图纸，将烟感安装到指定位置，进行平台联网调试。

雷神山医院内部无线烟感实景图

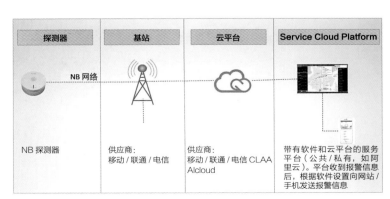

基于 NB 网络的无线烟感传输技术原理

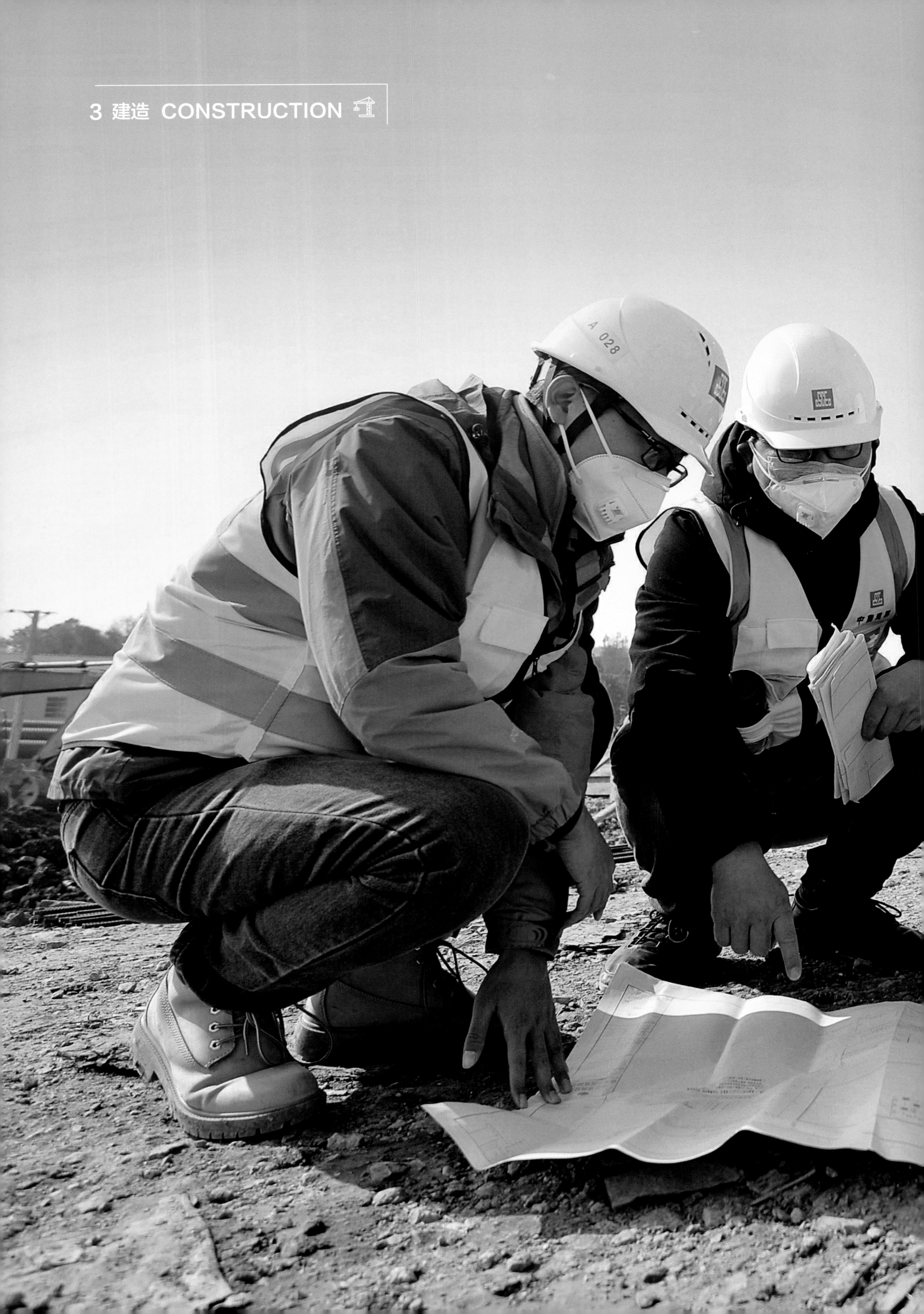
A 028

3.4

施工组织

1. 统筹科学管理

（1）总体思路

火神山、雷神山医院工程体量大、建设工期紧，疫情形势严峻、时间就是生命，在施工组织时应有科学、高效的施工组织和资源整合管理思路。

（2）快速建造

火神山、雷神山医院建筑设计为 1~2 层大平面，参建单位十余家，借鉴"兵团作战"思路，分片区包干，各区同时投入精干力量，投入充足甚至富裕的资源，组织 24h 不间断施工，歇人不歇作业面。基础结构施工、箱式房吊装、墙板安装、机电安装等关键工序及时穿插，做到有工作面就有施工，不能参照常规工程按部就班地施工。

（3）科学组织的思路

科学组织施工，精细工程策划，合理设计组织架构，重点抓设计协调、资源组织、质量保障、交通疏导、安全防疫、信息沟通以及合理施工部署等关键环节，确保呼吸类传染病医院特有的负压病房以及"三区两通道"功能的实现。

（4）高效协调的思路

本工程参建单位达到十余家，参建单位之间接口多，在施工中普遍存在工作界面以及接口部位配合冲突、同一工作面上不同工作内容相互干扰等问题，并且工程建设工期异常紧张，各类施工协调均需要在最短时间内得到响应，不容有返工、纠错时间。这就需要项目指挥部统筹协调，按区明确施工任务，细化工作界面及接口管理，确保高效施工。

（5）工程分区与界面划分管理案例

火神山医院根据以上分区原则和思路，建设工程共划分为 4 个工区，编号为Ⅰ区、Ⅱ区、Ⅲ区、Ⅳ区，各区相对独立且工程量均衡，具体分区如下：

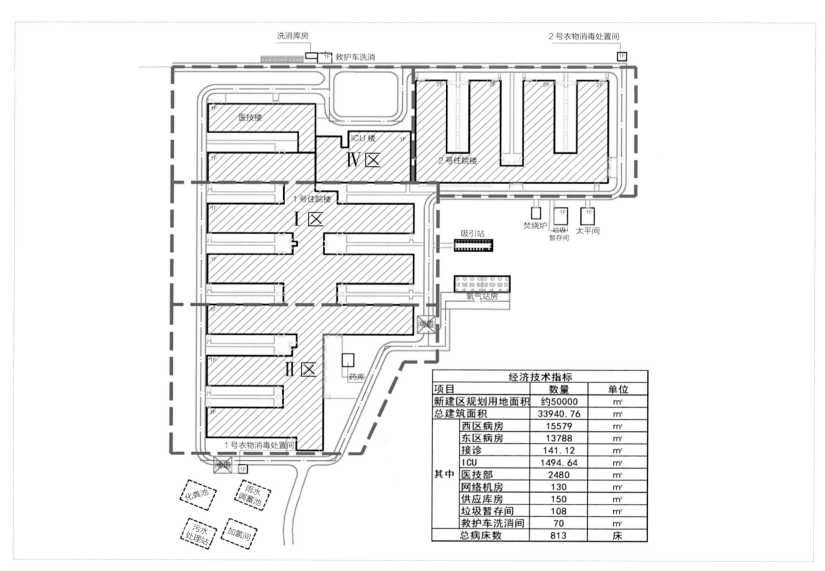

工程整体分区示意图

Ⅰ区、Ⅱ区、Ⅲ区、Ⅳ区分别由三局二公司、三局三公司、三局总承包公司、武汉建工进行建筑主体结构施工，其余参建单位在此分区基础上承担对应优势专业工程施工，具体施工区域由建设指挥部统一分配管理，部分施工内容按"属地"原则划分给同一家单位实施，如室外道路、室外排水管网由各区对应场平单位实施。

各施工分区不同参建单位界面接口管理应遵循有利于施工组织、满足使用功能的原则。

1）小市政排水（雨污水）在各个工区间的界面

以接驳处就近的雨污水水井为界，各家施工单位需提前沟通接口坐标，避免高差过大无法贯通。

2）项目内部小市政强弱电管群在各个工区间的界面

以接驳处的电井为界，由中建三局安装公司提供施工材料，由各家场平单位负责挖沟、埋管、回填施工。

3）各工区机电专业室内给水管道施工界面

室内给水管道（含消防）施工至室外第一个给水阀门（不含），室外给水管道（含消防）以及给水阀门由室外管网单位（武汉供水公司）负责施工，整个项目室外给水管网单位为武汉供水公司。

4）各工区机电专业室内排水管道施工界面

室内排水管道施工至室外第一个排水井（不含），整个室外排水管道（污水和雨水）以及排水井由室外管网单位负责施工。室外污水和雨水管网施工单位：Ⅰ工区、Ⅳ工区为武汉市政集团，Ⅱ工区为汉阳市政集团，Ⅲ工区为中建三局安装公司。

5）电气专业施工界面划分

电气专业根据系统内接口来划分施工界面，下图为2号病区1号楼的界面划分。

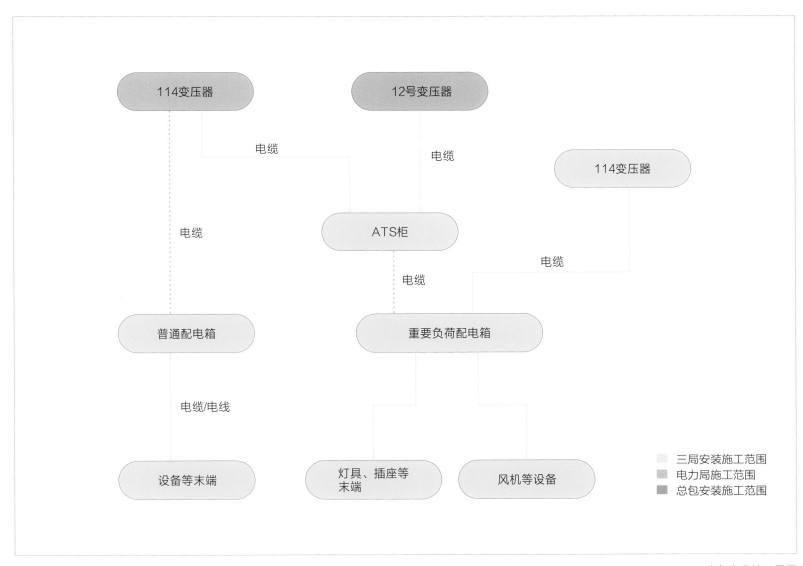

电气专业接口界面

（6）工程推演案例

　　火神山医院为确保项目快速、保质完成，在熟悉项目设计图纸及施工内容后，进行工程施工推演，分析和理清项目实施思路，推进项目的全过程管理。从整体上将本工程划分为四个阶段：第一阶段，场地平整；第二阶段，基础施工；第三阶段，箱式房安装；第四阶段，室内机电及医疗设备安装，依次进行工程推演。

1. 场地平整阶段施工推演

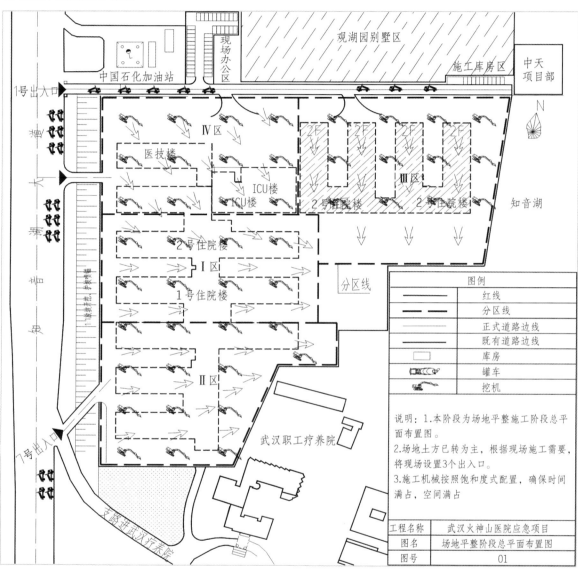

图例	
——————	红线
— — — —	分区线
————	正式道路边线
————	既有道路边线
▭	库房
🚛	罐车
🚜	挖机

说明：1.本阶段为场地平整施工阶段总平面布置图。
2.场地土方已转为主，根据现场施工需要，将现场设置3个出入口。
3.施工机械按照饱和度式配置，确保时间满占，空间满占

工程名称	武汉火神山医院应急项目
图名	场地平整阶段总平面布置图
图号	01

工期计划	2020年01月24日～2020年01月27日（4天）
工作思路	工程开始进行场地平整，包括场内建筑物拆除以及芦苇塘和藕塘的回填工作，土方开挖首先满足场内自平衡，将挖方区土方挖除，通过挖机、推土机接力转运至填方区回填压实，填方区场地达到设计要求标高后，再将多余土方转运至场外
重点工作	1. 各区场地平整同时开始，Ⅰ区、Ⅱ区以及Ⅳ区靠知音湖大道侧地势高，为挖方区，Ⅲ区靠知音湖边地势低，为填方区，整个场地平整方向为从西侧向东侧平整 2. 因Ⅲ区为2层病房，箱式房工程量较其他区域大，优先完成Ⅲ区场地回填平整，及早插入基础结构施工及箱式房吊装安装 3. 在场地平整阶段尾期，分别在知音大道主干道旁对应各区（Ⅰ区、Ⅱ区、Ⅳ区）分别修筑1条临时支干道，缓解交通压力。Ⅲ区仍采用已有的最北侧支干道 4. 协调土方单位按照基础结构施工流水方向进行场地平整及开挖
注意事项	1. 注意场内交通组织，保证各类机械通行顺畅 2. 土方回填应分层压实，保证压实度满足要求 3. 受天气降雨影响，场地出现湿滑泥泞，过程中铺垫碎石，保证车辆行驶、不塌陷

2. 基础施工阶段施工推演

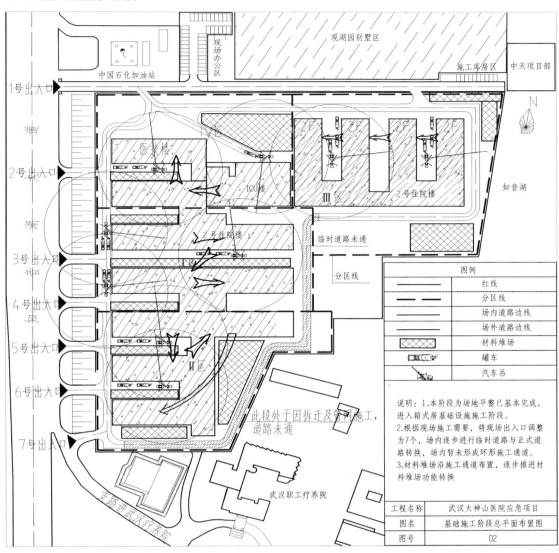

图例	
	红线
	分区线
	场内道路边线
	场外道路边线
	材料堆场
	罐车
	汽车吊

说明：1.本阶段为场地平整已基本完成，进入箱式房基础设施施工阶段。
2.根据现场施工需要，将现场出入口调整为7个，场内逐步进行临时道路与正式道路转换，场内暂未形成环形施工通道。
3.材料堆场沿施工通道布置，逐步推进材料堆场功能转换

工程名称	武汉火神山医院应急项目
图名	基础施工阶段总平面布置图
图号	02

工期计划	2020 年 01 月 25 日~2020 年 01 月 29 日（4 天）
工作思路	随场地平整进度，各区及时插入基础结构施工，同步进行室内机电管线预留预埋工作，同时插入室外埋地敷设的给水排水、强弱电管网以及南侧污水处理站、雨水调蓄池、消毒池施工。视场地平整进度情况，Ⅲ区场平应最先结束，进入基础结构施工，Ⅰ区、Ⅱ区以及Ⅳ区场平进度相当，进入基础结构施工时间基本持平
重点工作	1. 各区基础结构施工视场地平整进度分块进行，各区施工小流水顺序为：Ⅰ区，Ⅰ-1区→Ⅰ-2区→Ⅰ-3区→Ⅰ-4区；Ⅱ区，Ⅱ-1区→Ⅱ-3区→Ⅱ-2区→Ⅰ-4区；Ⅲ区，Ⅲ-1区→Ⅱ-2区→Ⅱ-3区→Ⅱ-4区；Ⅳ区，Ⅳ-3区→Ⅳ-2区→Ⅳ-1区 2. 在场地平整完成后，先进行土工布和HDPE防渗膜（两布一膜）施工，防渗膜搭接按照施工工艺进行，确保严密 3. 因室外管网大部分布置在室外道路下面，此阶段应及时插入室外管网施工，不影响室外道路施工
注意事项	1. 各类材料，如钢筋、防渗膜、模板、预埋管线等，均应提前组织进场 2. 在基础结构混凝土浇筑前应将机电管线预留预埋到位

3. 箱式房安装阶段施工推演

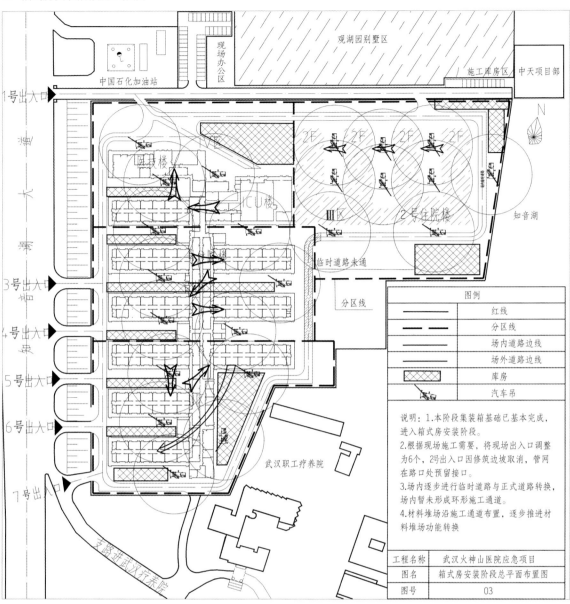

图例

	红线
	分区线
	场内道路边线
	场外道路边线
	库房
	汽车吊

说明：1.本阶段集装箱基础已基本完成，进入箱式房安装阶段。
2.根据现场施工需要，将现场出入口调整为6个，2号出入口因修筑边坡取消，管网在路口处预留接口。
3.场内逐步进行临时道路与正式道路转换，场内暂未形成环形施工通道。
4.材料堆场沿施工通道布置，逐步推进材料堆场功能转换。

工程名称	武汉火神山医院应急项目
图名	箱式房安装阶段总平面布置图
图号	03

工期计划	2020 年 01 月 26 日~2020 年 01 月 31 日（6 天）	
工作思路	随基础结构施工进度，各区及时插入箱式房安装施工，同时插入室外道路及氧气站、吸引站、垃圾暂存间等附属设施施工，上一阶段已经开展的南侧污水处理站、雨水调蓄池、消毒池继续施工。箱式房安装紧随基础结构施工，垂直运输采用汽车吊	
重点工作	1. 房间隔墙及功能隔断隔墙以及门窗随箱式房安装进度及时插入，在隔墙内的机电管线提前施工到位，如卫生间排水管、屋面雨水排水管 2. 在室外管网敷设及管井施工完成后及时覆盖回填，分段压实后进行室外道路施工，同步进行氧气站、吸引站、垃圾暂存间等附属设施施工	
注意事项	1. 常规箱式房均是以打包箱形式进入现场，为提高作业效率，在场外进行箱式房拼装，按单个拼装成型再用小车运输至场内直接吊装，免去单个散拼安装时间 2. 控制箱式房安装之间的缝隙，确保缝隙达到最小，便于屋面防水处理 3. 汽车吊吊装相对灵活，各区根据工作面投入足额数量的机械，避免汽车吊来回转移，损失不必要的时间	

4. 室内机电及医疗设备安装阶段施工推演

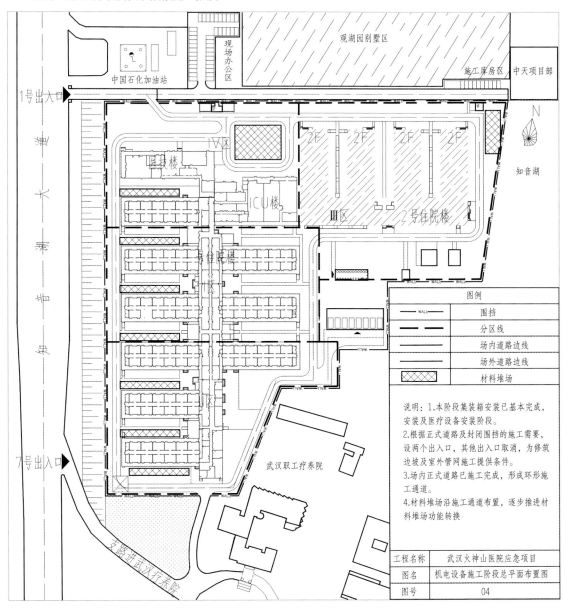

工期计划	2020 年 01 月 28 日～2020 年 02 月 02 日（6天）
工作思路	提前加工预制部分风管、水管、联合支吊架等，随箱式房分区施工进度，全面插入室内水电风机电及医疗设备安装施工。室外氧气站、吸引站、垃圾暂存间等附属设施在箱式房主体完成后开展室内机电施工。此阶段室外道路基本上完成，逐步完善室外围墙及路灯施工
重点工作	1. Ⅰ区，Ⅱ区，Ⅳ区风管量较少，周边无加工风管空间，直接预制成品风管运输至各区周边；Ⅲ区风管量较大，预制加工半成品风管，在场地东北角库房附近进行拼装后运输至各个单元 2. 协调加工场对镀锌铁皮风管等大宗材料进行工厂化预制加工，减轻场内材料仓储及运输压力 3. 室内以及周边机电管线设备随箱式房安装进度及时插入施工，全面铺开作业，保证室内与室外需同步进行 4. 房间墙体、门窗应施工在室内机电及医疗设备前面
注意事项	1. 室内机电与医疗设备安装应密切配合，相辅相成 2. 为确保有组织通风，形成对应的压力梯度，需确保病房的密封性，墙体接缝处、门窗接缝处、墙体洞口开凿处等均应密封严密 3. 本工期建造时间紧，室内机电系统应"随施工、随检查、随整改、随调试"，做好完工交付准备

基础钢筋施工

管网施工

箱式板房材料进场

箱式板房安装

箱式板房高效安装

病房内部机电安装

焊接方钢

ICU 病房骨架安装

施工现场全景图

2. 无缝高效穿插

（1）梳理各专业施工的关键线路

以最终医院功能使用为导向，根据项目策划来梳理各专业施工的关键线路，明确各专业的插入时间及对作业面的需求情况。每个专业需要明确专业内每个关键工序的起始时间、结束时间，确保实施的可行性。

应急医院各工区按照能独立施工的原则分为多个小区段。每个区段配备单独的管理体系，各单体施工独立成为一个体系，互不干扰，由此形成水平向的全面穿插模式。结合竖向穿插模型，形成一个三维立体穿插流水，各专业在场内全面铺开，但又组织有序，各小区段工序相互错开，交叉作业大大减少，投入最小的劳动力、创造最大的作业面。

1）制定各专业间的穿插流程

结合各专业的资源准备情况及场地道路情况，对各专业的关键线路进行整合。制定施工穿插流程，尽量做到减少交叉作业，避免作业面等人、人等作业面的情况发生。医院的建设正值春节，部分关键物资不能及时到场地，需提前考虑专业间衔接的应急措施。

2）加强现场执行力度

各专业严格按照既定关键节点来完成施工任务，避免影响其他工序施工。在执行过程中24h反馈各专业的施工动态，4h一汇总，发现有节点延误的及时修正，加快进度。如有某节点进度严重滞后，影响其他专业或影响交付的，立即启动应急补救措施，突击滞后节点，确保后续节点顺利施工。

3）施工过程合理组织穿插

① 施工过程中不得重土建、轻安装，应合理控制土建施工周期，同时组织好机电安装工作的合理穿插，避免因土建未考虑安装，后期安装施工大量破坏土建成品，影响质量和工期。

② 随场地平整进度，各区及时插入基础结构施工，同步进行机电安装管线预留预埋，同步插入室外给水排水、强弱电管网施工。基础施工过程为机电安装单位提供穿插施工作业面和作业时间，在基础混凝土浇筑前提前对水电管预埋定位进行复合，经检查无误后浇筑混凝土。

③ 以最终医院功能使用为导向，根据项目策划来梳理各专业的关键施工线路，明确各专业的插入时间及对作业面的需求。每个专业需要明确专业内每个关键工序的起始时间、结束时间，确保实施的可行性。

火神山医院1号住院楼病房内部管线提前预埋

室内外工程同步进行

（2）室内、室外穿插

1）室内工序穿插

本医院工程建设工期紧，专业交叉多，为明确各专业工序间的相互关系，在工程整体推演的基础上，分专业对室内工序穿插进行分析。

2）室外工序穿插分析

本工程室外工序包括市政水电、排水排污、给水、强电、道路、污水处理站、雨水调蓄池以及氧气站、吸引站、垃圾暂存间等室外附属设施。为达到快速建造目的，在场地平整完成后，室外工序和室内主线同时进行施工，在室内各阶段主线对应的室外工序施工开展实施穿插分析如下：

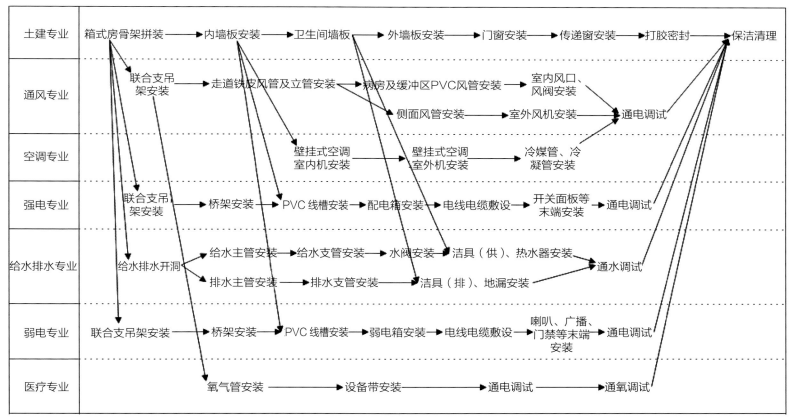

室内工序实施分析

武汉市火神山医院应急项目室外工程多专业协作关系图

室外工序实施分析

（3）竖向全专业穿插模型

1）集装箱区域竖向穿插

以箱体吊装为主线，总体遵循由基础到屋面的施工流程，从箱底、箱内、箱顶三个部位同时进行施工，以此达到全面铺开而又互不干扰的穿插条件。

2）钢结构区域竖向穿插

以钢结构吊装、彩钢板墙体安装为主线，总体遵循由基础到屋面的施工流程，利用地面和墙面在基础上生根、顶面在屋顶钢梁上生根的特点，三者生根点互不干扰，将整个工程从地面、墙面、顶面三个方面同步交错施工，以此达到全面铺开而又互不干扰的穿插条件。

3）配套区竖向穿插

配套区总体分散较开，工作面充足，内部设备安装工艺较多，但整体交叉作业较少，无需按照非常紧凑的模式安排多方面交叉作业的穿插模式，每个单体按照传统施工流程施工，但水平穿插模型需全面铺开施工，各单体平行施工。

4）病患区竖向穿插模型

以箱体吊装为主线，总体遵循由基础到屋面的施工流程，从箱底、箱内、箱顶三个部位同时进行施工，以此达到全面铺开而又互不干扰的穿插条件。

竖向全专业穿插模型

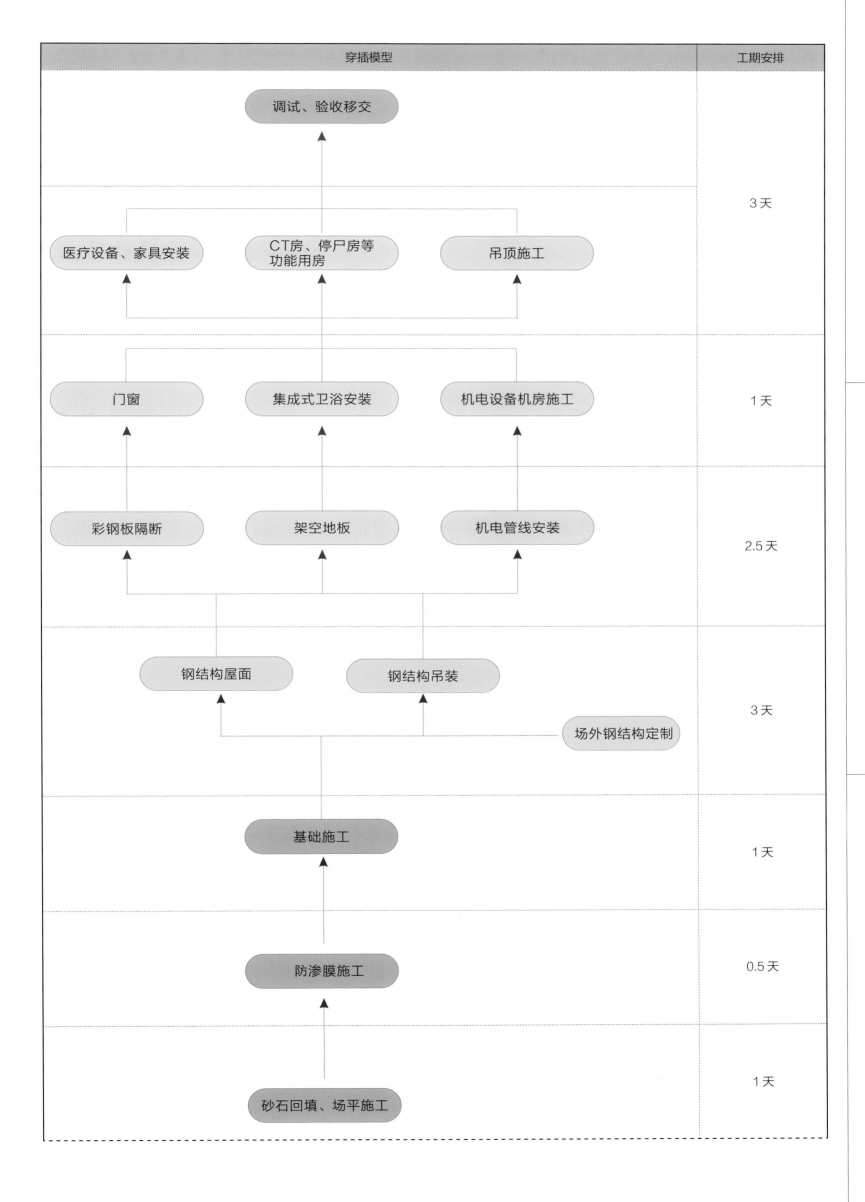

穿插模型	工期安排
调试、验收移交	
医疗设备、家具安装　　CT房、停尸房等功能用房　　吊顶施工	3天
门窗　　集成式卫浴安装　　机电设备机房施工	1天
彩钢板隔断　　架空地板　　机电管线安装	2.5天
钢结构屋面　　钢结构吊装　　场外钢结构定制	3天
基础施工	1天
防渗膜施工	0.5天
砂石回填、场平施工	1天

疫情大考中的

中国建造

火神山医院、雷神山医院

建设纪实

3 建造 CONSTRUCTION

3.4 施工组织

3. 资源组织管理

建立清晰的组织分工，根据组内组织架构配置各组成员，设立小组长，下沉责任、定人定责、细化分工，分别负责设计对接、计划报送、物资采购、劳动力组织等一系列工作，各小组密切配合、层层推进、环环紧扣，建立全面的、完善的内部资源保障链。

（1）合约招采管理

1）提前锁定工种，测算劳动力需求

根据每日进度计划，结合各工序工程量，联动现场管理人员，提前一天测算、统计各工区、各工序劳动力需求。专人负责，定时联系、跟踪、落实并锁定劳动力资源，联系车辆、办理通行证，确保各工种准时到达施工现场，保障劳动力供应。

2）摸清劳动力需求，全面保障劳动力供应

根据资源需求计划，明确劳动力工种、来源、到场时间、进场时间，提前做好各种因素的应急预案，确保各工种提前进场，确保工人等现场，而不是现场等工人。

3）多方位寻找劳动力资源

依靠全局强大的劳动力资源体系，举全局之力，从中原、中南等地征调有经验的施工人员紧急支援。利用局内、中建系统内兄弟单位，联动其他供应单位，启动网络动员，通过多种方式召集社会资源，筛选劳动力，解决工序劳动力短缺的问题。

（2）物资进场管理

1）确立了传统物资收发的工作体系

物资收料、领料是必不可少的过程，是交接明确、账务清晰的基础。现场材料员分工区材料员和分类资源材料员两个维度进行统一管理，实行早晚交接班制度。保证了材料进出场信息及时传递至工区并精准投放，现场工区材料需求也能够及时反馈并调整落实。

2）明确日清日结和准确交接的底线

为避免材料进场单据及其他信息滞留时间过长，规定每天交接前必须将经手的物资信息反馈至后台账务人员，形成材料进场准确清晰台账。特别是集成箱房进场，其构配件包括上下框、墙板、立柱以及多达20余种零星材料，加之多家供应商同时进场，材料进场信息极易混淆，通过日清日结和准确交接，确保问题的及时暴露及消化，保障项目正常运行。

3）保留灵活操作空间

由于抢工、交叉作业等因素，实际材料浪费比一般项目大，一些配件如门锁、插座等丢失损耗率达15%以上，特殊时期补货将影响进度，现场设立临时库房进行适当储备，保证现场材料供应充足。配备强大、机动的物流团队，对确需及时响应的物资及时跟进，只要联系到了资源，立即采购，尽全力缩短现场等待时间。

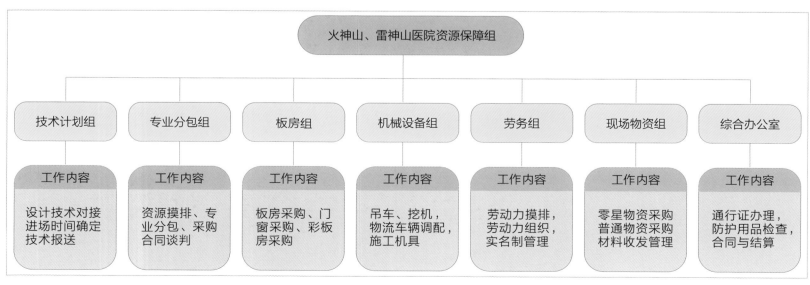

火神山、雷神山医院资源保障组

（3）资源联动

资源计划要满足人、材、机需求。从厂家到现场，从基础结构阶段到维修保养阶段，所需的人、材、机，在资源紧缺、供方歇业停产的条件下，需全面考虑，联动供方解决现场所需人、材、机需求。在资源进场前，密切联系设计人员，精准对接设计，明确设计变更情况，第一时间落实相关资源，确保资源的全面性。提报资源计划时，要全面考虑进场时间，所用区域、联系人、对接人，需用物流车辆情况，随行人员情况及需用工人情况等，了然于心，快速推进计划管理的实施性。

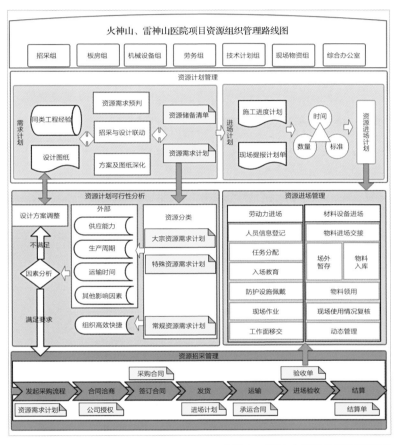

火神山、雷神山医院物资运送流程

公司后勤保障联队小分队一

公司后勤保障联队小分队二

4.防疫与现场施工安全

（1）防疫防控安全

1）疫情防疫环境及原则

建设工作处于疫情暴发期，现场人员流动迅速、作业面高度密集，且医院整体采用集装箱拼接模式建造，作业环境相对密闭，人传人风险极大。同时项目采取分区分步移交的方式，提前移交区域已开始正常收治，未移交区域依然大面施工。导致活动区域存在一定交叉，防疫形势极度严峻，项目部秉持"外防输入、内防扩散"的原则，过程中积极开展各项防疫工作。

2）传播方式及感染症状

本次疫情为新型冠状病毒肺炎传播，传播途径主要为呼吸道飞沫和接触传播，各年龄段均易感，传播能力较强，且具有较长潜伏期，感染病毒的人会出现不同程度的发烧、咳嗽等症状，通过对疫情相关传播途径及发病特性进行分析，将阻断呼吸道飞沫和接触传播作为本工程防疫管控要点，以体温检测异常（≥37.3℃）作为疑似症状研判标准，以佩戴口罩、减少人员聚集作为后期防疫工作重点，并在办公、生活区等主要场所制作防疫宣传画，开展防疫知识教育。

3）非接触式红外测温技术

由于新冠病毒感染者典型的症状即发热、干咳，因此体温检测成为新冠疫情防控的重要工作，目前用于测量体温的仪器大致分为两种类型，分别为接触式和非接触式。传统的接触式测温仪器，简单方便，但测量时需和被测对象接触，在使用过程中，亦可能出现消毒不彻底，排队造成人群聚集拥堵，容易出现交叉感染的情况。在人流密度较大的场所，接触式测温设备明显无法满足使用需求。

非接触式红外测温技术主要通过测量目标表面所辐射的红外能量来确定表面温度，如测温枪、人体热成像测温仪等，测试速度快，通常检测时间1s内完成，检测精度高。在火神山医院建设期间，在施工现场出入口和办公生活区出入口，均采用非接触式红外体温枪对进出人员进行体温检测，对于体温异常的人员，及时上报并作进一步的检查隔离，大大降低了病毒交叉传播及感染的风险。

 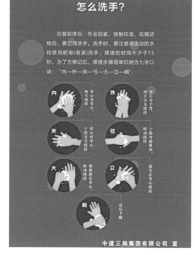

安全防疫管理规定　　　　防疫宣传画册

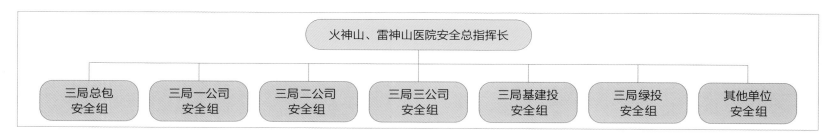

安全防疫管理线性组织架构图

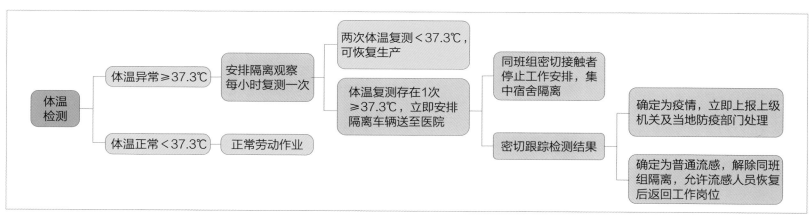

体温测量流程

工人测量体温

（2）现场施工安全

1）安全管理组织框架

为提高安全管理效能，项目采用了指挥部线性组织架构与区域矩阵式组织架构相结合的安全管理体系。项目安全总指挥长直线领导各单位安全小组，高效统筹各参建单位安全工作的开展，同时各单位安全组将所属安全管理人员分配至工区项目部，协助工区项目经理对本区域安全文明施工管理，形成横向工区、纵向部门的矩阵式组织架构。推行人员属地管理，建立区域负责制，工区项目经理对本区域安全文明施工直接管理，各单位安全组每日将安全监管重点在工作群中公示并部署安排。

2）施工安全管理特点及人员管理

项目建设工期短，与常规工程施工节奏完全不同，施工工序以小时计算，工作面、工序变化极快，各类重大危险源呈集中爆发，同时现场作业人员高度密集，现场十余家单位同时施工，各类工序穿插紧密，作业面转换十分迅速，重大危险源存在集中爆发风险，整体安全管理难度巨大。火神山高峰期管理人员1500余人，建设工人12000余人；雷神山高峰时期管理人员2500余人，建筑工人22000余人。项目从安全管理架构、体系运行、管理措施等各方面精准发力，保障建设安全平稳。开展人员属地管理，建立区域负责制，工区项目经理对本区域安全文明施工负直接管理责任，各单位安全组每日将安全监管重点在工作群中公示并部署安排。

3）安全危险分析因素表（如下）

安全危险分析因素表

主要施工内容	主要危险因素	安全管控措施	安全防护要求
主体板房拼装	1. 基础不牢汽车吊倾覆风险 2. 吊装不规范物体打击风险 3. 吊索具破损物体坠落打击风险 4. 二层临边作业坠落风险 5. 板面拼装高空作业坠落风险	1. 使用前检查吊车基础稳定性 2. 作业前对吊装人员进行安全技术交底，指定专职吊装指挥人员 3. 配置全新吊索具，采用四点吊带吊装，加强过程检查更换 4. 四点板面拼装，每处安装不少于两人作业	1. 统一设置吊车钢板垫块 2. 二层墙板安装前临边设置两道警戒隔离带 3. 板面拼装使用塑钢防滑人字梯
室外风管安装	1. 支架焊接火灾风险 2. 二层风管安装作业，高空坠落风险	1. 动火作业告知，设置动火监护人，作业前清理周围易燃物 2. 对风管安装人员安全技术交底	1. 动火点配备灭火器 2. 高空作业挂系安全带
室内管线安装	1. 室内支架焊接火灾风险 2. 室内管线安装作业摔伤风险	1. 动火作业告知，设置动火监护人，作业前清理周围易燃物 2. 对管线安装人员进行安全技术交底	1. 室内高空电焊使用简易铁皮接火斗 2. 室内地面电焊布置灭火毯 3. 管线高空安装使用塑钢防滑人字梯
室内吊顶封胶	高空作业摔伤风险	1. 对吊顶、封胶人员进行安全技术交底 2. 加强过程安全巡查	高空作业使用塑钢防滑人字梯
室内设施安装	1. 高空安装作业物体打击风险 2. 包装易燃物火灾风险	1. 高空安装点不得少于两人 2. 及时清理室内易燃物	高空作业使用塑钢防滑人字梯
屋面防水	1. 人员通道不稳定坠落风险 2. 临边作业坠落风险	1. 加强梯子牢固性检查 2. 临边作业时间管控	1. 采用木梯、铝合金梯子并做防滑移固定 2. 临边作业人员挂系安全带
临时供氧站供氧	动火搭设作业气体易燃爆炸风险	24h专人不间断安全监管	设置安全警戒隔离区
屋面加盖	1. 屋面材料集中堆载塌陷风险 2. 动火作业火星溅射导致板房缝隙填充泡沫胶点燃，存在火灾风险和传染病房病毒泄露风险 3. 屋面作业搭设高坠风险	1. 计算各类主材屋面堆码限重数量，过程严格控制 2. 建立动火审批制度，并安排安全专班跟点管控 3. 对作业人员安全技术交底，并全过程旁站监督	1. 配备限载标识牌 2. 配备水基灭火器、灭火毯、氧气检测仪、接火斗 3. 临边拉设警戒带

5.施工质量控制

（1）质量管理组织架构

  根据项目特点，建立完善的质量管理体系，切实发挥各级管理人员的作用，使施工过程中每道工序质量均处于受控状态。项目选派经验丰富的骨干力量300余人，其中质量组专班20人，负责巡检和验收交付工作。现场实行两班倒，24h全覆盖管理，两班人员之间做到有交接，保证工作连续。

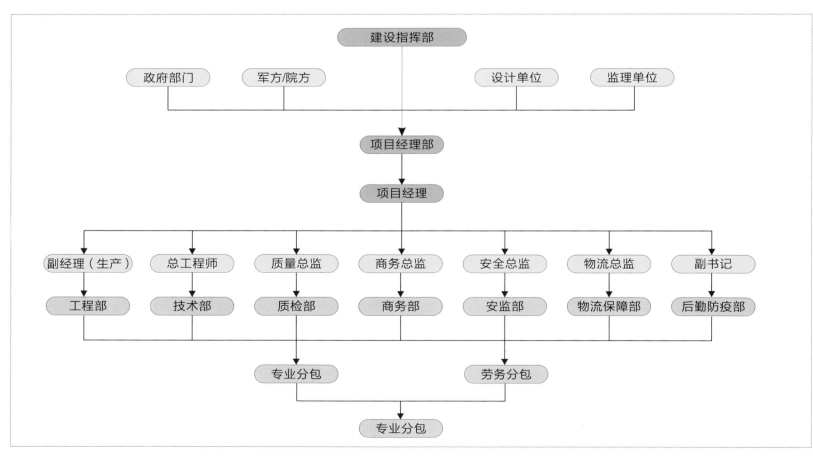

质量管理体系图

（2）质量通病防治措施

① 集装箱拼接精度问题。防治措施：混凝土地基面层标高进行复核，吊装过程使用垫片进行微调；吊装后使用千斤顶进行调校，就位后使用锁具对箱体进行固定。

② 集装箱屋面渗漏问题。防治措施：集装箱箱体间做防水加强；屋面整体增加一道防水卷材；屋面开洞部位加强细部处理；增加斜屋盖排水、防水。

③ 集装箱二层卫生间渗漏问题。防治措施：增加防水卷材，加强卫生间整体防水；对卫生间阴角打密封胶进行加强；除地漏外，避免在地板上开洞。

④ 集装箱室内预装的电线头裸露问题。防治措施：综合布线前拆除原集装箱内电线、线盒；交付前，电气专业统一检查，剪除多余线头。

⑤ 卫生间地漏排水不畅的问题。防治措施：积水严重的房间增加地漏排水；增加卫生间防水地垫；或贴地砖找坡排水。

⑥ 吊顶污染、缺失问题。防治措施：局部综合布线需要拆除吊顶，应注意成品保护，避免人为污染或破坏；适当补充集装箱吊顶同种材料，由专业工人进行恢复。

⑦ 洁具立面靠墙一侧脱胶问题。防治措施：卫生间、缓冲区等洁具周边区域地板需加固处理，减小因人的荷载发生的较大变形；洁具立面固定采用卡箍、支架等机械连接方式，不能依靠打胶连接固定。

⑧ 门窗安装变形问题。防治措施：门窗洞口开洞需定位准确，并认真对开洞尺寸进行现场交底；门洞底部墙体 U 形槽割除后需在两侧墙根部增设固定点；门洞边需增设 U 形包边板提升门安装稳定性；门框安装先用自攻螺钉与 U 形槽固定，再用发泡胶填塞，保证稳固，不歪扭，并核查门扇开关状态。

⑨ 污染区与半污染区缝隙问题。防治措施：隔离区与半隔离区之间墙板缝隙和洞口缝隙，大的缝隙用泡沫胶填实，小的缝隙用结构胶一次性成型，然后分别用锡箔纸进行粘贴，确保完全无任何缝隙。

⑩ 成品保护问题。防治措施：入场前对劳务人员进行详细交底，避免不必要的交叉破坏，加强管理人员巡视监督，对薄弱易破坏环节着重交底、重点旁站，对已完区域实行封闭管理、合理分隔。

（3）传染病医院特殊质量要求防控措施

1）PE 膜成品保护问题

防治措施：区块施工，接头宽度不小于 1m，并做保护措施；结构底板施工，边模加固不得穿刺 PE 膜；PE 膜施工后不得上大型机械设备。

2）负压病房和分区之间封闭不严的问题

防治措施：超过 50mm 的缝隙用隔墙板封闭；10 ~ 50mm 的缝隙先使用发泡剂填充，面层再用锡纸胶带封闭；小于 10mm 缝隙先使用发泡剂填充，面层再用密封胶封闭。

3）门锁开启方向错误的问题

防治措施：对病区的施工功能进行交底，理解分区和房间的使用功能，确保门锁开启方向正确。

4）病房负压不达标的问题

防治措施：病房同时有新风和排风，要确保排风量大于新风量；确保房间密闭性达标；确保排风阀门开启灵活，排风过滤不堵塞。

5）室外排风口朝向错误问题

防治措施：室外排风口避免朝向人行通道；排风口高度需满足规范要求。

6）设备带质量问题

防治措施：氧气和吸引口检查是否正确，避免装反；氧气和吸引，需检测气压满足要求；确保开启灵活，接口平顺；床头呼叫的编号需核对，音量需调教。

结构胶密封

泡沫胶密封

走道锡箔纸密封

总平面管理和现代物流技术

1. 总平面管理

（1）总平面布置原则

施工总平面的合理布置是施工组织的重要环节，主要是通过立体的整体规划、平面的具体安排这两种基础手段，达到施工区域安排的合理化、程序化、系统化。

时间上，做到策划先行和系统设计，既要统筹各工区单元和作业工序的有效衔接，又要保证总平面布置快速形成、灵活转换。

空间上，认真测算和科学设计，对各工区和各生产环节场地进行合理布局，在尽量满足空间要求的基础上，保证现场动态流线清晰流畅，避免矛盾。

资源上，将劳动力、材料设备、施工机械进行科学分配和综合平衡，对项目全过程、全专业统筹考虑，体现总平面利用价值，保证生产效率。

工程整体分区示意图

（2）总平面管理特点

总平面施工与设计同步进行，前期施工处于无图状态；时间紧迫，前期场地调查组织难度大；场地地质条件复杂，无地质条件资料；各专业同步施工，堆场不足；室外水电管网多而杂，同步施工场地干扰大；短时间大量材料进场，场内外交通组织困难。

（3）总平面管理思路

① 保沟通：与设计单位保持良好的沟通，及时将现场情况反馈设计，使设计单位能够掌握现场情况，及时调整设计，保证现场施工。

② 勤调查：对涉及现场的诸多单位，如燃气单位、电力单位、通信信号单位、市政给水排水单位、房屋拆迁单位、城建局等，组织到现场进行各项影响总平面施工的事项处理，每个专业派出责任人驻场。

③ 多优化：对于现场平面缺陷，及时反馈设计单位，并提出优化意见。

④ 强管理：对场内的堆场不足、综合管线复杂及交通组织困难情况，加强项目管理力量，确保施工有条不紊。

（4）施工总平面布置图案例

火神山医院各阶段施工总平面布置详见下列图。

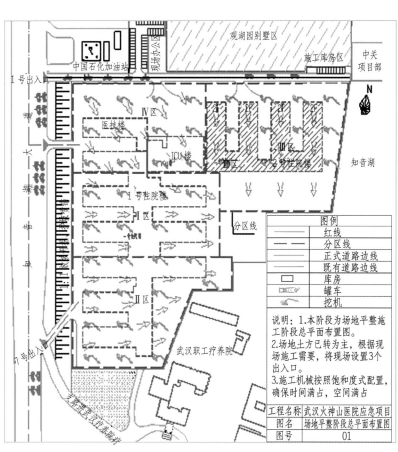

场地平整阶段总平面布置

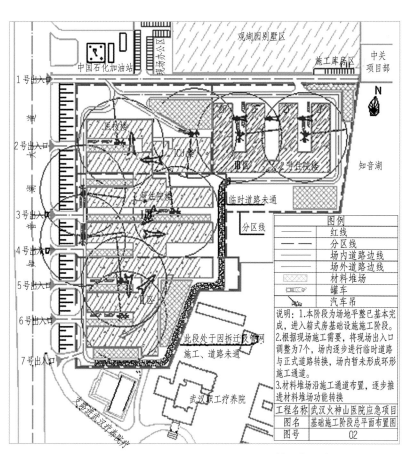

基础施工阶段总平面布置

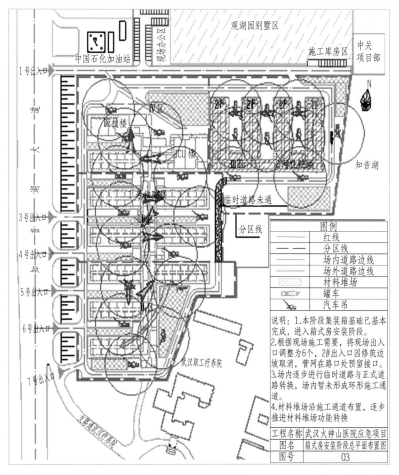

箱式房安装阶段总平面布置

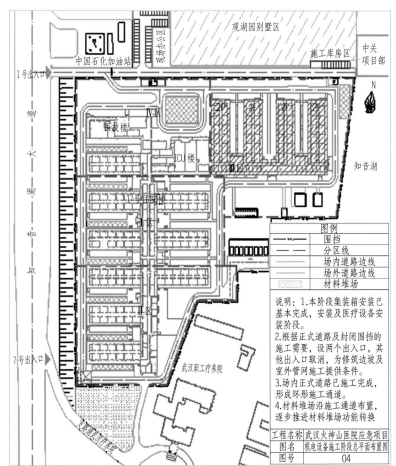

机电安装及医疗设备安装阶段总平面布置

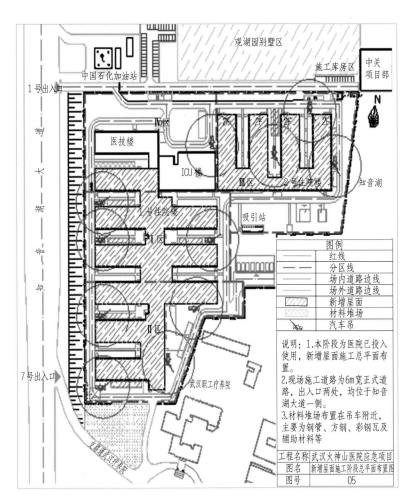

新增屋面施工阶段总平面布置图

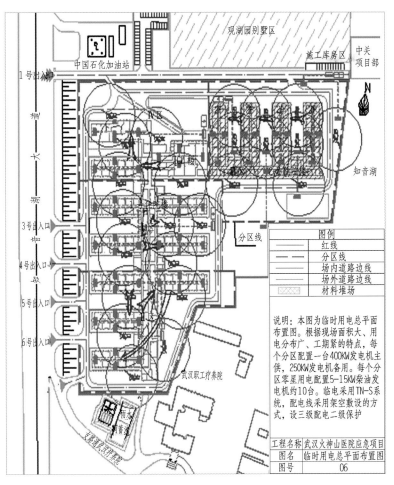

临时用电总平面布置

2. 现代物流技术

（1）分区管制

1）分区管理

根据工程建设生产辐射范围，划分成交通管制区、交通控制区、交通疏导区 3 类交通管制类别。

2）分级管制

根据工程建设影响范围，以各作业区为圆心，划设核心道路、次级道路、辐射道路。根据各道路重要性等级，分设路卡、门岗、交管员站点三级管制梯度，控制整体交通组织网。

3）人车分流管制

针对物流通道特点，根据车身越长所需最小转弯半径越大的原则，规定铰接车、特种车辆必须在道路外侧行驶，中轻小型车辆必须在道路内侧行驶，节省车辆转弯耗时和便于交通分流管制，以提高整体通行效率。针对人流通道特点，主要根据不同交通方式，分别采取专车定点接送、摆渡车通行、人行道定向规划等措施，以提高人员出勤效率。

分区	功能定位	工作措施
交通管制区	生产建设保障	凭车辆通行证、工作证进入，区内设置专线公交车、摆渡车
交通控制区	消减车流量	根据指挥部指令，设置无关车辆限行标志，分时分段采取车种净化、交通分流、劝绕等措施
交通疏导区	外围疏导	设置车辆交通指引标识，采取信号配时优化措施

交通分区图

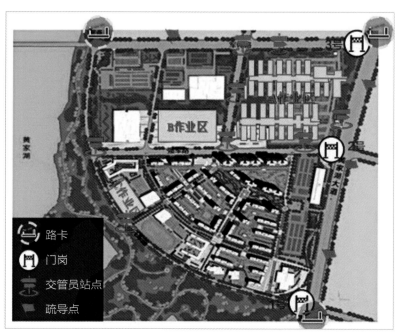

雷神山医院交通组织网示例

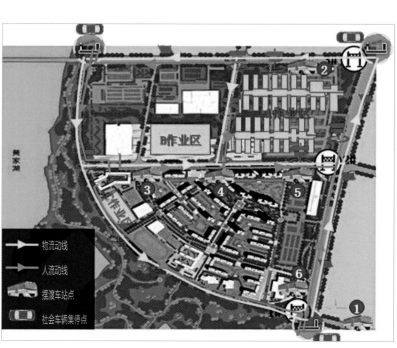

雷神山医院物流、人流规划示意

（2）高效转换

1）分阶段的高效转换

基础管网施工阶段：室外管沟施工组织，应紧密结合场区交通规划、后期主要施工顺序这两大因素进行全盘考虑，快速形成现场环形道路并规划完成现场堆场、加工场等。

主体结构施工阶段：布置并协调道路穿插、钢结构堆场等。

机电装饰施工阶段：在各单体结构相继完工后，将无关材料清运至场外，合理规划与管理好各专业分包商的堆场。

2）分时段的高效转换

工程施工采用24h连续作业方式，根据各时段间存在的交通差异，将工作时段划分为白班、夜班、交班节点。其中白班交通特点为车流频次高、通行视线好；夜班特点为车流频次较低和通行视线差，交班节点特点为人流瞬时密集度最高。

对白班交通特点，以发挥通行视线优势、提高通行效率为原则，对可能由信号配时不良造成的拥堵路口的，及时根据路网各节点负荷情况调整信号配时，部分重要物资通道绿灯时间可延长。针对夜班交通特点，为该时段内流量较大的特定车种进行路线专项调整，对夜间秩序混乱、易发生故障的交叉点及时优化信号配时，增设警示黄灯。针对交班节点特点，提前计算好接班人员到场与换班人员集结上车时间差，公交专线车数应适当扩容配置，以避免出现人员就位待车的情况。

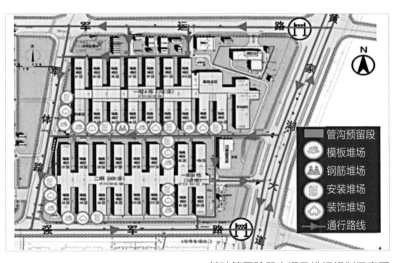

基础管网阶段交通及堆场规划示意图

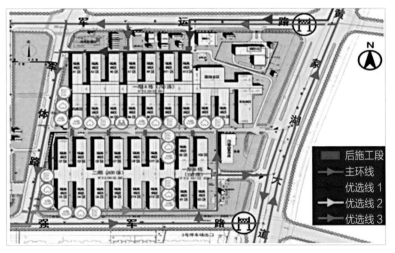

其他阶段交通及堆场规划示意图

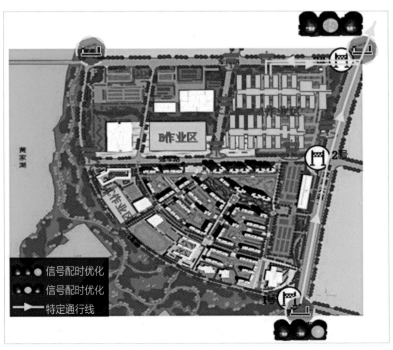

分工作时段情况下动态调整示意图

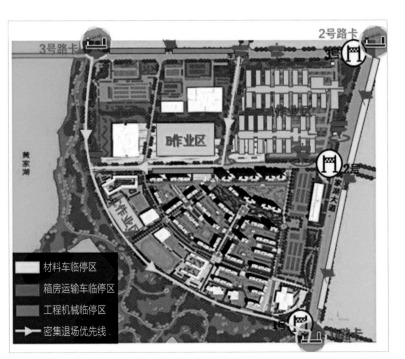

分高低峰情况下动态调整示意图

3）分施工阶段的高效转换

综合分析现场交通产生高峰的各项因素，预计将出现运输车辆密集来车、场内交通受阻、无关车辆挤入、车辆密集退场四种情况。交通低峰期，应赋予交通组织足够弹性，以提高出行效率，提高交通智能化和人性化。针对运输车辆密集来车的情况，通过设置疏导员，优先保障紧急材料车辆率先通行。针对场内交通受阻和无关车辆挤入的情况，由交管巡查员前去疏导、强制干涉。

（3）现代物流

通过 GPS 定位技术实时统计机械使用状态、位置信息，以地图形式还原现场机械位置信息，通过标点的动态跳动表示机械使用、待用状态，辅助项目机械设备管理员加强管理，有效监控司机动态和车辆闲置的情况，合理调度物流车辆、预判材料进场时间，提高项目生产效率。

针对我方物流车辆，通过在物流车辆上安装 GPS 定位系统（车辆定位监测传感器），进行车辆定位，实施跟踪。针对供方物流车辆，在此系统上介入供方车辆定位系统，实施物资供应进度跟踪。

车辆有序进场

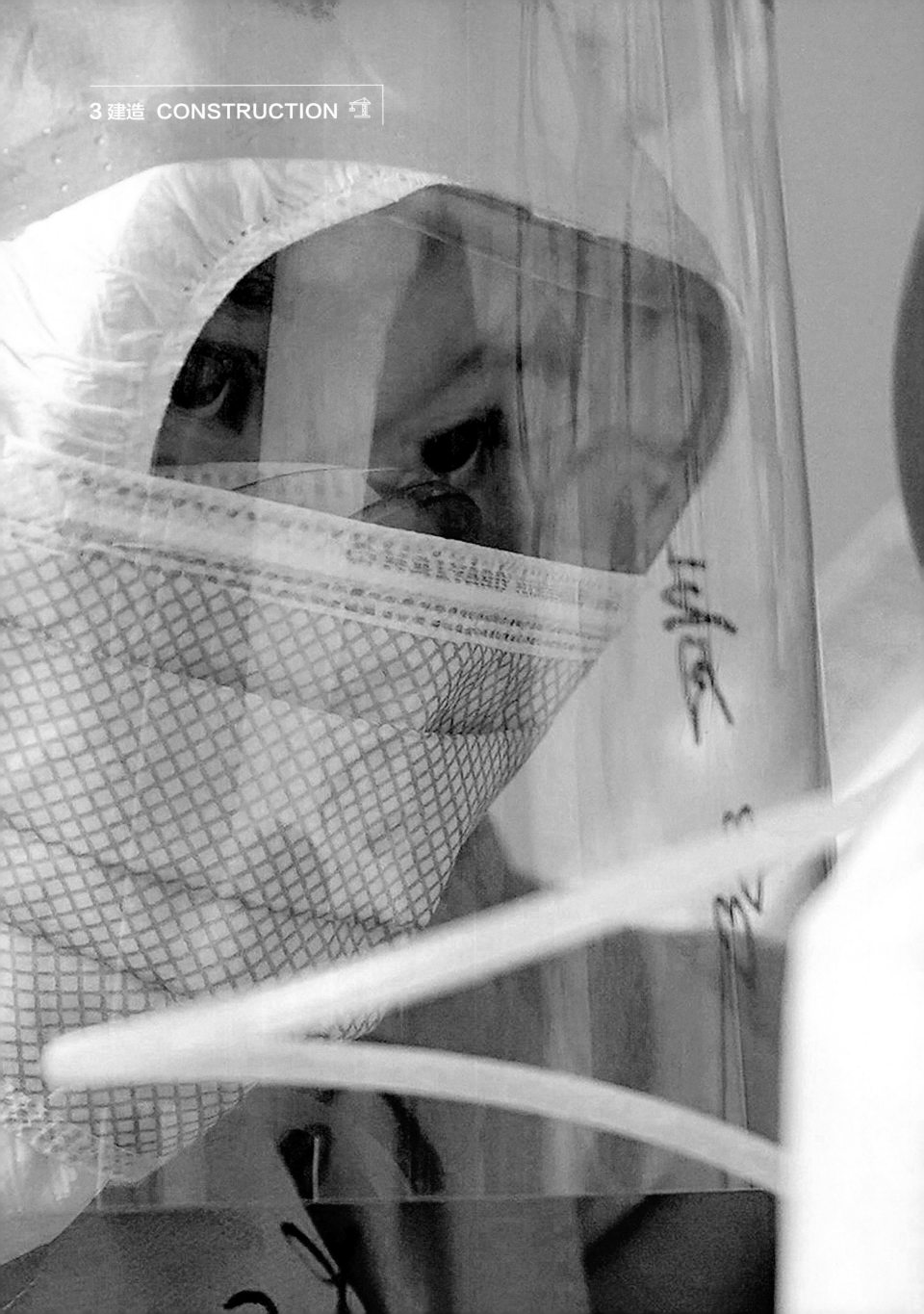

3.6 调试与验收 COMMISSIONING AND ACCEPTANCE

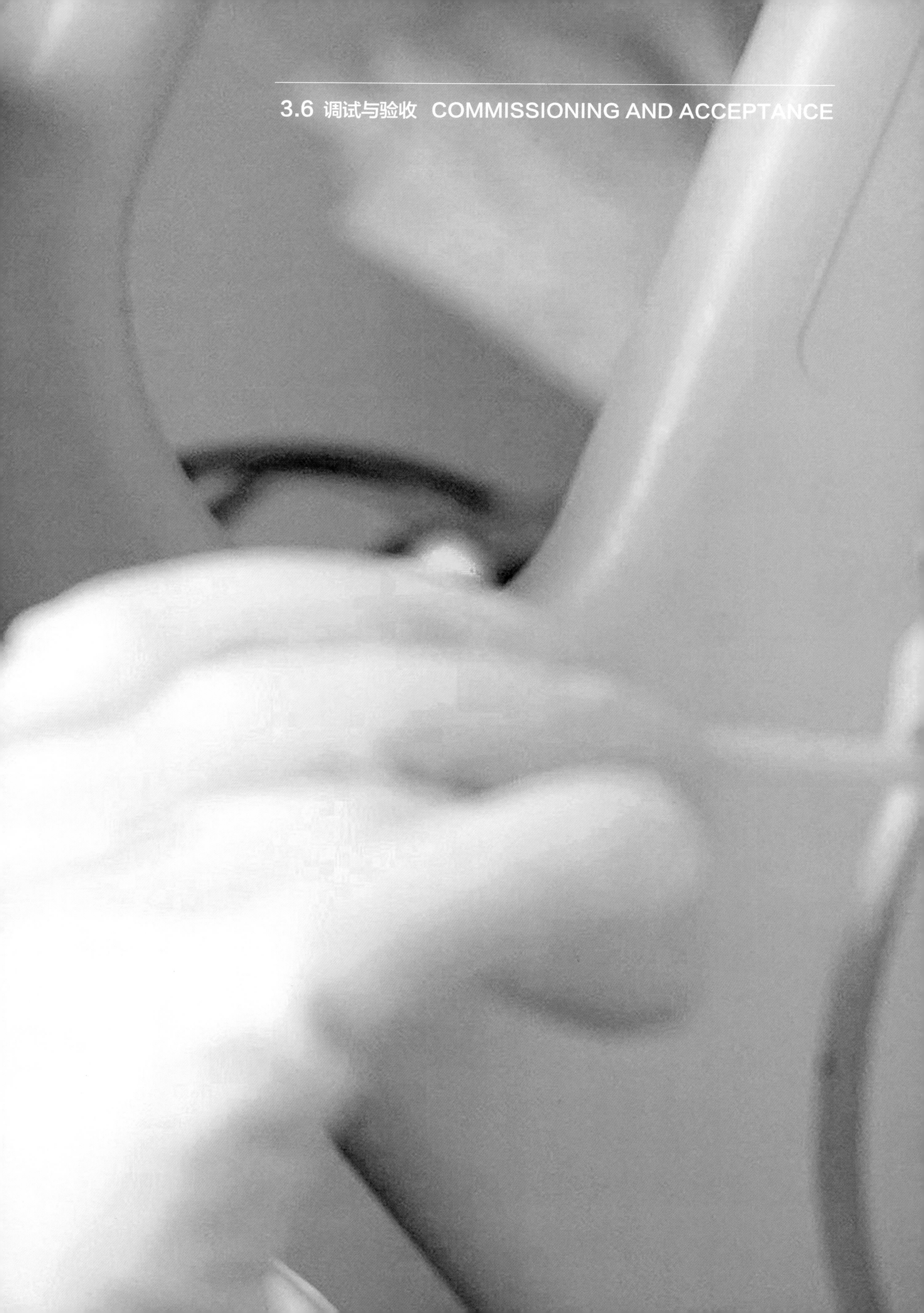

调试与验收

1. 快速调试与验收组织

（1）调试与验收重难点

为保证火神山、雷神山医院应急工程的顺利履约，尽早投入使用，为新冠肺炎防疫战役服务，需要在有限的时间内，快速高效地完成工程调试与验收工作。

1）功能复杂，调试系统多

火神山、雷神山医院为全功能呼吸系统传染病大型专科医院，其建设标准高于普通医院建设标准，功能上比常规医院更复杂。按照功能分区可分为医技、病房、行政办公、医护通道等区。其特点是建筑群相对集中、功能区域相对独立但又互相贯通，造成建筑单层面积大，平面通道多，且各功能系统复杂。以火神山医院机电及信息化系统为例，病房护理单元共有 700 多套送、排风设备，配备 5G 及云平台，拥有信息系统共 5 大类 17 小类。

2）调试验收时间短

武汉市火神山、雷神山医院应急项目早日建成移交就能多抢救一些患者的生命，现场留给调试与验收的时间仅有 2 天。如何在 2 天时间内快速高效地完成每个区域、每个分部分项工程的验收与移交，是本工程的一项重大挑战。

3）验收质量要求高

对于传染病专科医院，如何保证高度污染区的负压环境，保证污水处理和空气净化系统正常运行，保证医疗体系功能顺利实现，保证双电源双回路供电系统配置、保障双保险电力供应等是保障医院正常运转的重点。

设备调试

雷神山医院验收专题会

（2）组织对策

1）调试要点

借助图纸、点表，整理区域的设备清单。

将每个区域的设备清单，由区域负责人提交至物资管理团队，让物资团队按照区域进行准备，同时调试组协助物资团队对设备进行前期的组装，例如机柜中安装好挡板、PDU等。

调试准备完成之后，进行预调试，本项工作是在库房完成。首先会将各个区域的设备分类找出，之后进行单个设备的调试，并进行设备的区域IP划分、确认设备数量及功能是否正常。

调试组将调试完的设备，分别交于各个区域的负责人手中，并进行培训交底。

在设备安装完成之后，现场责任工程师需要对所有设备进行检查及系统联调，对网络机房设备的安装、机柜设备的安装、所有信息点网络的通断，进行逐一检测。最后，分区域进行逐步联调，确保无误。

设备调试完成之后，对维保组进行技术交底，明确维保工作的内容和重点注意事项。

2）验收要点

① 以医疗功能为导向，分区域分专业同步验收

在验收时主要以应急医院功能使用为导向，满足应急医院功能实现为主要验收原则。如病房区的负压环境、污水处理和空气净化系统，医疗气体系统，双电源双回路供电系统等方面进行重点验收。

以设计文件为验收依据，从交通流线入手，由室外到室内，由低层到高层，由整体到局部。为了提高验收效率，按照建筑、结构、给水排水、电气、智能化及弱电、暖通空调、医疗气体、污水处理、园林绿化、室外道路、室外雨水、附属设施等十多个专项尽可能地进行同步验收。

验收单位在现场开展验收工作时，当场提出验收意见，施工单位迅速按照验收意见实施整改，整改完成后，使用方、建设方、监理和设计单位直接现场进行复查再验收。

② 邀请医院方提前进入，成立验收移交专项工作组

由于全呼吸应急专科医院的特殊性，邀请医院方提前进入现场，协同监理提前组织预验收，以便及时发现问题，解决问题，以保障最后验收的一次通过率。对于先完成的施工区域，提前做好配套系统的调试完善及组织验收，提前投入使用，尽可能缩短移交时间。

疫情大考中的 火神山医院、雷神山医院 建设纪实

中国建造

3 建造 CONSTRUCTION

3.6 调试与验收

146
147

2. 调试

（1）暖通负压调试

1）调试要求

传染病医院中负压隔离病房的压力控制系统是其功能的关键。病房需维持–15Pa（负压），缓冲区维持0~5Pa正压，医护走道维持5~10Pa正压。使气流按照设计的流向由医护走道流向缓冲区及病房区，保证病房（污染区域）内病毒不扩散至医护人员区域。

为显示负压效果，在缓冲间与病房之间、走道与缓冲间之间安装负压表。负压表分别安装在缓冲间进病房门边、走道进缓冲间门边，距地高度1.5m，低压测试口采用胶管穿孔进入墙后低压区。负压表安装前应将背后高低压调试孔用内六角拧紧，用玻璃胶密封严实。负压表安装完成后，用一字螺丝刀调零，待病区房间密封完成后即可投入负压调试。

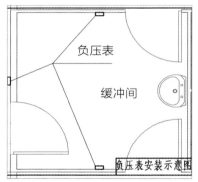

负压表安装位置示意图及安装实例

2）调试流程

针对隔离病房的负压调试，调试流程主要包括调试前准备、调试前检查、风机单机调试、负压测试及调整、数据记录及验收、移交在内的六个阶段。流程如下：

调试前准备→调试前检查→风机单机调试→负压测试及调整→数据记录及验收→移交。

第一阶段：调试前准备。这个阶段要为后期调试准备好配套的人材机，使得调试能够顺利开展起来。主要工作包括如下几个方面：

① 熟悉整个系统的设计数据，包括图纸设计说明书、全部深化设计图纸、设计变更指令等，充分了解设计意图，了解各项设计参数。

② 准备相应的调试仪器仪表，如风速仪、钳形电流表、万用表、电子微压差计等。

第二阶段：调试前检查。

① 检查并确保调试区域的通风系统和配套电气系统施工完毕，并且管路、部件安装正确，施工质量合格，符合设计要求。

② 将所有定风量阀按照设计数值进行预调整。

③ 检查各密闭阀、调节阀，保障其处于打开状态。

④ 送风机的电辅热段未设计自控系统，为安全起见，确保其不接线。

⑤ 病房区的送风机和排风机，设计是一用一备，控制箱已具备一用一备的功能，对于同一系统的两台风机，接线时应检查两台风机是否接在对应的具备互锁的两个回路上。

第三阶段：风机单机调试。

① 对风机进行相关绝缘测试和电阻测试。

② 测试供电电压是否正常，偏差值应在规定范围内。

③ 检查风机正反转，测量风机风速、风量。

④ 确认风机运转方向正确后，测试运行电压电流，根据电流值对风机控制柜内继电器、电流开关等整定电流。在保护风机的同时，也不因电流整定值设置过小而显示故障。

雷神山医院定风量阀预调整图

风机风速测试图

第四阶段：负压测试及调整。

在送排风支管上均设置高精度定风量阀，定风量阀宜补偿高效及中效过滤器阻力变化引起的系统风量变化，不需要进行常规的风平衡工作，大大减小了调试的工作量，缩短了调试周期。

负压病房环境是一个梯度压力环境（见红色箭头方向，方向为高压到低压），区域间压差采用压力无关型，风量控制精度 ±10%，定风量阀安装完成并使风量稳定一段时间，负压病房的门和传递窗须关闭，测试过程需待系统参数稳定后开始测试。

缓冲间与医护走廊的墙面上装有显示不同区域间压力差值的压力表，便于医护和维护人员实时观察房间压力梯度并由此推断送、排风系统是否运行正常。

第五阶段：数据记录及验收。

当某病区的所有负压病房负压值达到要求，立即进行最终的测试记录（如下表），并邀请甲方和监理进行复验，最后签字移交。

第六阶段：移交。

施工阶段调试完成后，后期投入使用阶段仍需维持隔离病房的负压环境，如：

① 工作人员进入各区域时需随手关门，保持各区域的压差的稳定。

② 对压力表进行读数时，压差所涉及的两个区域的密闭性需保持完好。

③ 排风口的过滤器位置不能随意移动。

④ 每间病房下部排风口处的高效过滤器应留出足够的安装及更换空间，便于后期更换。

⑤ 为确保各区域间的压差，密闭阀和定风量阀门需调整好。无特殊情况下，不对已调整的密闭阀和定风量阀门进行二次调整。

⑥ 负压波动时还需检查是否有门变形、密封条脱落等导致房间密闭不严的情况，并及时修复。

⑦ 每周定期巡检屋面送排风管道，检查风管接口有无脱落、漏风情况。

⑧ 每天定时巡检送排风机配电柜，检查风机运行状态是否正常。

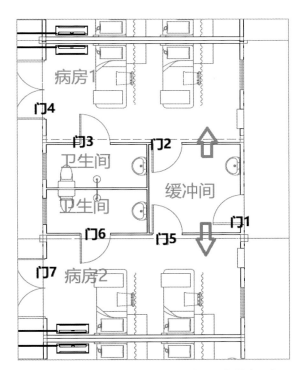

病房单元压力梯度示意图

隔离病房负压测试

病房负压测试记录表

缓冲间与隔离病房压差

序号	房间编号	压差数值（Pa）	备注

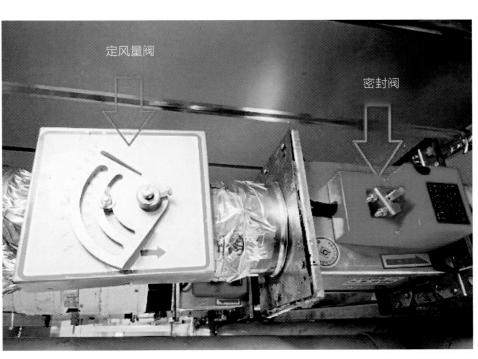

定风量阀和密闭阀

（2）智能化系统调试

1）调试流程及主要操作步骤

① 调试准备

主要包括调试技术人员、技术资料、调试用具准备，供电系统检查无误后送电。

② 线缆回路测试

检查接线是否有接错、破皮、短路的情况，检查网线配线架、水晶头打线色序是否正确，用万用表或寻线仪测试线路通断，如有不通的情况，寻找故障点重新打接压线，直到测试全通为止。

③ 设备单体调试

末端设备单体的调试，包括病房呼叫分机、门口灯设置物理地址与病房粘贴的病房号及床号一致，摄像机、门禁控制器、人脸识别 Pad 等网络终端设备，根据提前编制的网络规划标识管理文档，进行写入终端设备的 IP 地址初始化。

④ 传输设备调试

主要进行中间设备传输链路测试，包括光纤熔纤后用红光笔测试光纤链路通断，网络交换机设备提前进行网络规划部署，设备上架接通电源测试网络通信是否正常。

⑤ 系统联合调试

系统上线成功后，进行联合调试。针对病房呼叫系统，逐一测试病房内每个病房呼叫分机按钮，观察护士站主机是否有语音提示且门口灯正常闪烁，走廊显示屏是否正常显示病房及床号，再进行语音对讲测试。

针对网络系统，采用笔记本电脑对末端内网、外网、TV 网络点一一测试，用跳线接通末端网络面板模块，观察电脑是否可正常获得 IP 地址。

⑥ 软件功能测试

系统联合调试上线成功后进行软件功能测试。视频监控平台软件进行大屏上墙、NVR 存储配置、录像回放等功能测试；人脸识别系统进行人脸照片的集中录入，统一下发权限，录入成功后人工测试是否可正常开门等。

2）主要调试工具仪器

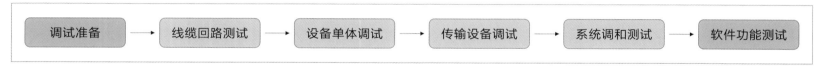

| 调试准备 → 线缆回路测试 → 设备单体调试 → 传输设备调试 → 系统调和测试 → 软件功能测试 |

调试流程及主要操作步骤图

主要调试工具仪器

序号	仪表名称	用途及说明	备注
1	寻线仪	主要用于线路寻线、测试网线通断	
2	红光笔	主要用于光纤链路测试通断	
3	数字万用表	主要用于测量电压、电阻	
4	笔记本电脑	用于网络设备 IP 地址刷机调试、网络测试等	

（3）污水系统调试

1）调试流程

2）调试要点

① 调试准备

A. 调试前应对安装工程验收，验收合格后方可进行调试。

B. 调试前应收集污水工艺与设备资料，了解污水站进水量、工艺，进水的水质及特点、排放标准、工艺流程、主要构筑物及设备等；熟悉整体处理工艺中管线、设备、仪表、自控系统控制原理，包括主要设备的数量、位置、用途、维护要求、使用注意事项。

C. 清理各构筑物池和罐体内杂物及各个池体的建筑垃圾；检查所有设备安装完备情况和各进出水阀门、出气阀门密闭情况；检查所有设备电气连接状况，使之达到正常状态；检查水、电、气是否通畅；检查、检修完毕后，在调试前，对现场全部场地及设备进行清洁工作，对所有管道阀门进行清扫。

② 单机调试

A. 水泵调试

合上联络柜，开启水泵，待水泵运行稳定及其对应的电容补偿柜投入运行后，退出联络柜。

操作人员在水泵开启至运行稳定后方可离开控制现场。在运行中密切留意池内水位变化，以便根据情况及时调整进水闸门度，严禁泵干转，留意水泵和其他设备的工作情况，检查水泵的流量、电压、电流是否稳定，轴温、绕组温度是否有变化，当出现异常时，如仪表显示不正常、不稳定或水泵机组有异常的噪声或振动等，应立即关机，待检修好后再投入运行，同时开启备用机。

当出现处理站突然断电或设备发生重大事故时，立即关闭进水闸门，并及时向主管部门报告，在查明原因并排除故障后方可开机。

一般情况下，不要频繁开泵、关泵。停泵后再起动泵的时间间隔不少于 10min。

及时清除叶轮、闸阀和管道内的堵塞物，检查管道出口阀门是否有泄漏和门盖支架是否有松动。

每班调试人员应对每一台泵的运行情况作认真的记录。

B. 加药系统调试

确定现场加药罐、加药计量泵安装、接电完成，加药罐贮满清水，开启计量泵进出水阀门，启动计量泵，校核计量泵出水流量是否稳定，与设计值是否相符。放空加药罐，依次配置 PAC 溶液 10% 浓度，PAM 溶液 0.1% 浓度，次氯酸钠根据次氯酸钠储罐和计量泵流量合理配置。

C. 二氧化氯调试

核实消毒设备厂家说明及操作要求，按规范操作。二氧化氯发生器运行时将氯酸钠溶液及盐酸按比例加入发生器反应腔里，经过负压曝气混合搅拌，在反应腔内逐级加热到 45℃产生二氧化氯与氯气的混合气体，经水射器混合投加吸收后形成一定浓度的二氧化氯及氯气混合消毒液，然后输送投加至待处理水中。由于此反应过程吸热，为保证反应率，应对反应腔设加热器。反应腔的材质结构应易于导热及耐腐蚀。

D. 罗茨风机

启动后空转 30min，检查有无异常振动及发热现象，如果出现异常情况，停机检查原因。

无负荷运转无异常情况，逐渐关闭放空阀门，达到额定压力，注意观察风机温度和振动，电流、电压是否正常。

运转过程中，定期检查油温、电流表、轴承温度，一般为 15min 检查一次。

停机时，先泄压、减载，再停车。

③ 联动调试

A. 联动调试前所有设备均已单机调试合格，各设备及管道系统均已通过强度试验、严密性试验；

B. 联动调试前调试范围内电气系统、自控系统、仪表系统等均已通过测试且合格。

④ 生化系统调试

首先利用调节池内的潜水搅拌机，添加亚硫酸钠与水中的剩余余氯进行中和，避免大量余氯进入生化系统对活性污泥造成不可逆的影响。亚硫酸钠初始投加浓度为20mg/L（运营过程中根据实际情况调整），定期检测水中的余氯浓度，当余氯浓度低于 0.2mg/L 时方可进入后续 MBBR 生化处理系统。

采用附近污水处理厂脱水后的剩余活性污泥作为接种菌，加入生物反应池好氧段，使池内活性污泥浓度添加至 3000mg/L。活性污泥投加后闷曝 24h，待污泥颜色转变为黄褐色时，观察测定 MBBR 池内 SV 浓度，连续进、出水，混合液到终沉池后，活性污泥 100% 回流到生物反应池。

闷曝 24h 后，先按照设计进水量 20% 进行进水，每日进水 100~200m³/d，运行后观察活性污泥性状，检测出水 COD、NH₃–N、SV30、DO 等污水指标。缺氧段 DO 控制在 0.5mg/L 以下，厌氧段不允许有 DO 进入，好氧段 DO 控制在 2~4mg/L。根据污泥培养和驯化状况，将 MLSS 控制在 4000mg/L 以内，污泥龄控制在 15~20d，等系统正常运行后，DO 可调整到 2mg/L 左右，边运行边摸索回流比 R、剩余污泥排放周期及日排放量、MLSS、SRT、ORP 等值，优化运行参数。

当污泥浓度稳定增长，COD 氨氮去除率达到 80% 后，按照 40%、60%、80%、100% 的比例提升生化系统处理能力。

生化调试常见异常问题、分析及应对对策

异常现象症状	分析及诊断	解决对策
曝气池有臭味	曝气池供 O_2 不足，DO 值低，出水氨氮有时偏高	增加供氧，使曝气池出水 DO 高于 2mg/L
污泥发黑	曝气池 DO 过低，有机物厌氧分解析出 H_2S，其与 Fe 生成 FeS	增加供氧或加大污泥回流
污泥变白	丝状菌或固着型纤毛虫大量繁殖	如有污泥膨胀，参照污泥膨胀对策
	进水 pH 过低，曝气池 pH ≤ 6 丝状型菌大量生成	提高进水 pH
沉淀池有大块黑色污泥上浮	沉淀池局部积泥厌氧，产生 $CH_4 \cdot CO_2$，气泡附于泥粒使之上浮，出水氨氮往往较高	防止沉淀池有死角，排泥后在死角处用压缩空气冲或高压水清洗
曝气池表面出现浮渣似厚粥覆盖于表面	浮渣中见诺卡氏菌或纤发菌过量生长，或进水中洗涤剂过量	清除浮渣，避免浮渣继续留在系统内循环，增加排泥
污泥未成熟，絮粒瘦小；出水混浊，水质差；游动性小，型鞭毛虫多	水质成分浓度变化过大；废水中营养不平衡或不足；废水中含毒物或 pH 不足	使废水成分、浓度和营养物均衡化，并适当补充所缺营养
污泥过滤困难	污泥解絮	按不同原因分别处置
污泥脱水后泥饼松	有机物腐败	及时处置污泥
	凝聚剂加量不足	增加剂量
曝气池中泡沫过多，色白	进水洗涤剂过量	增加喷淋水或消泡剂
曝气池泡沫不易破碎，发黏	进水负荷过高，有机物分解不全	降低负荷
曝气池泡沫茶色或灰色	污泥老化，泥龄过长解絮污泥附于泡沫上	增加排泥
进水 pH 下降	厌氧处理负荷过高，有机酸积累	降低负荷
	好氧处理中负荷过低	增加负荷
出水色度上升	污泥解絮，进水色度高	改善污泥性状
出水 BOD、COD 升高	污泥中毒	污泥复壮
	进水过浓	提高 MLSS
	进水中无机还原物（S_2O_3、H_2S）过高	增加曝气强度
	COD 测定受 Cl⁻ 影响	排除干扰

⑤ 污泥系统调试

将浓缩后的剩余污泥及初沉污泥排入储泥罐，储罐内设置的搅拌机和消毒加药，对污泥进行消毒处理，污泥储罐通过污泥螺杆泵送入污泥脱水机，直接进行脱水。配置阳离子 PAM，配置浓度 0.1%，PAM 投加量按照 3kgPAM/t 绝干污泥浓度配置。污泥浓缩后的含固率在 3% 以上，污泥脱水机脱水后含固率控制在 20% 以上，根据业主要求外运，委托有资质的处理单位统一处理。

雷神山医院污水处理设备

疫情大考中的

中国建造

火神山医院、雷神山医院

建设纪实

3 建造 CONSTRUCTION

3.6 调试与验收

（4）电气系统调试

1）调试流程

通电运行前检查 → 电气系统通电模拟动作调试 → 机电设备运转中检查与观察

2）调试要点

① 通电运行前检查

A. 通电前的准备工作由现场有关人员作全面检查，变电所配电间内杂物必须清除，拆除一切临时线及短接线；

B. 检查一次设备安装正确性，检查设备螺丝连接紧固，相位标志正确，外观无尘土油垢；

C. 对所有电气线路，电机绝缘电阻重作一次复查确认所有电气设备及线路绝缘良好；

D. 检查所有控制器和安全装置的状态，检查所有的电气设备，电缆支架电缆金属外皮与 PE 线连接是否牢固；

E. 检查电气箱内的配线是否符合设计图纸要求，是否有错接、漏号的线头。卸下启动箱内接触器的消弧装置，检查内部铁芯是否有灰尘或生锈；

F. 检查试验接触器，继电器动作是否灵活，触头接触是否良好，接线端连接是否牢固；

G. 按设计图编号检查所有配电回路，并挂上标示牌防止误操作。复核各供电电缆接线是否牢固，相位标志应正确，按设计图编号挂牌；

H. 检查测温元件、调节器及执行机构安装位置正确性。

② 电气系统通电模拟动作调试

A. 各控制柜、配电箱根据设计及厂家等技术资料进行单元件动作试验。送上控制回路电源，主回路暂不送电，试验其控制程序是否符合设计原理要求。

B. 在电气模拟动作试验中，检查控制器、接触器、继电器动作情况及机械动作的灵活性，检查各电气元件有无不正常振动、过大噪声、发热等情况。

C. 采用逻辑性模拟动作程序检查方法，确认控制系统技术状态是否良好，各控制联锁回路及保护装置，经静态、动态模拟调整，动态功能调整及整机联调，电气保护性能必须符合设计要求。

3）机电设备运转中检查与观察

① 运转中必须检查指示灯、信号装置情况，观察仪表指示值，检查所有控制器和安全装置的运行状态，检查电机有无异常的振动、阻滞等不正常噪声。

② 齿轮箱转动不得有不正常的噪声和磨损，风机叶轮有无与壳体碰擦。

③ 运行过程如遇特殊情况，如电源中断、停水、压力、温度超过允许的范围，发生不正常的异响敲击声，应作紧急停车处理。

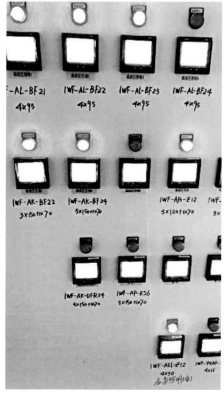

送电调试配电箱端　　　　　送电调试低压柜端　　　　　检查屋面电表箱

（5）医疗气体系统调试

1）系统调试流程

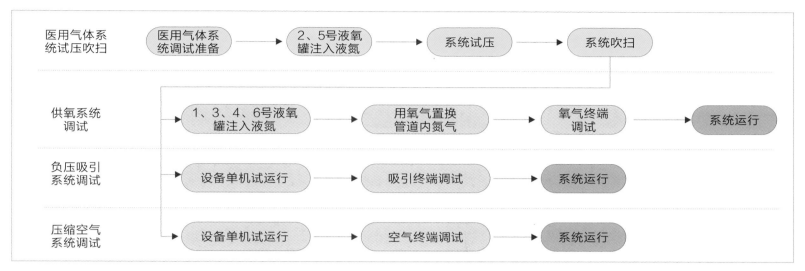

系统调试流程图

2）调试要点

① 医用气体系统试压吹扫

医用气体系统调试准备：

A. 工具设备、备用材料的准备

提前准备好所有需要用到的工具设备（如扳手、氩弧焊机、氩气、手提式临电箱、万用表等）和备用材料（如阀门、螺栓、管材及管件、焊条等）。

B. 调试气源的准备

由于调试有效工期不足 2 天，项目决定将"三气"系统的试压和吹扫工作同步开展。经测算，调试需用氮气量约 120m³，鉴于用气量大且工期紧迫，考虑向液氧罐充液氮作为调试气源，2、5 号罐作为调试用气储罐，1、3、4、6 号罐作为供氧储罐。

C. "三气"管道连通

负压吸引管道、氧气管道、压缩空气管道自站房到用气终端均为并排敷设，在进行"三气"管道试压与吹扫前，采用 φ20 不锈钢管在"三气"主管道汇合处分别连通并加装压力表，同时在连接管两端分别加装隔断阀门，最后在末端病房内的用气终端处用专用软管分别连通，这样对"三气"系统同步开展试压与吹扫工作。试压与吹扫完成后，切断所有连通管路。

D. 液氧罐准备工作

在液氧罐完成安装后进行气密性试验，本项目液氧罐耐压试验压力为 0.99MPa，试验介质为氮气，试验时间 4h；气密性试验合格后，需用干燥氮气或氧气对贮槽内筒系统进行吹除处理，去除潮湿空气。

E. 检查"三气"系统设备、管道、阀门、仪表等状态

检查"三气"系统设备安装是否无误，管道是否漏焊，

各阀门的开启与关闭的状态是否正常，各仪表指示状态是否正常等。

② 2、5 号罐液氧罐注入液氮

在充入低温液体前，必须认真检查阀门是否处于正确的启闭状态，仪表指示是否正确，否则应予以调整。液氧罐控制原理图如下。

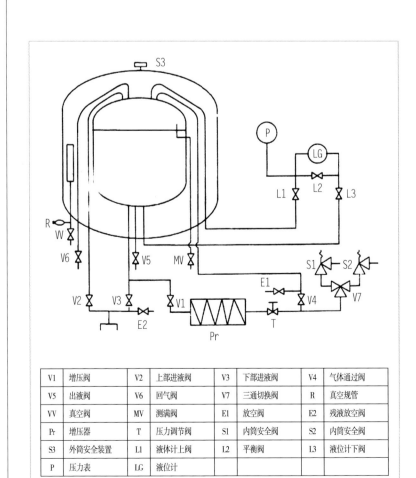

V1	增压阀	V2	上部进液阀	V3	下部进液阀	V4	气体通过阀
V5	出液阀	V6	回气阀	V7	三通切换阀	R	真空规管
VV	真空阀	MV	测满阀	E1	放空阀	E2	残液放空阀
Pr	增压器	T	压力调节阀	S1	内筒安全阀	S2	内筒安全阀
S3	外筒安全装置	L1	液体计上阀	L2	平衡阀	L3	液位计下阀
P	压力表	LG	液位计				

液氧罐控制原理图

A. 将液氮车充液管线连接至液氧罐充液接头。

B. 对充液管路进行吹除（每次充液前都应进行），在V2、V3 未开启前，由液源排出阀向输液管内放入少量液体，同时打开 E2 阀，对其管路进行吹除，以清除管道中潮湿的空气和灰尘杂质。

C. 打开 E1 和 MV 阀，并启动液面计（全开 L1、L3 阀、关 L2 阀）。

D. 打开 V2，由上部进液，此时由于内筒处于热状态，V2 阀开度要小，使管路和内筒逐渐冷却至所充低温液体的温度，待 E1 稳定排气时，可全开 V2，加大充灌速度。

E. 待液位计指示有液体时，打开 V3 关闭 V2，改上部进液为下部进液。

F. 当 MV 阀（已先开启）喷出液体时，说明已充满液体，应立即关闭 V3，停止充液。同时打开 E2，排除充液管路中的残余气液。

G. 充灌结束，拆出充液管线。

H. 关闭 E1 阀，确定 V4 阀已经全开。

I. 缓慢打开 V1 阀，使液体进入增压器汽化。若排液速度较高，内筒压力下降，可开大 V1 阀。

J. 当槽内压力达到要求后，即可打开 V5 阀向外供应液体。

③ 系统试压

打开液氧罐的 V5 阀向汽化器输入液氮，氮由液态转化为气态，经过调压装置调压后，对"三气"系统的管道注入氮气。观测各个监测点压力表数值，达到 0.5MPa 后，关闭液氧罐增压阀门 V1 和出液阀 V5，保压 2h。

压力试验时，应逐步缓慢增加压力，当压力升至试验压力的 50% 时，对所试压管道进行初步检查，如未发现异状或泄漏，继续按试验压力的 10% 逐级升压，每级稳压 3min，直至试验压力。

氧气管道压力试验合格后方可进行气密性试验，氧气管道气密性试验的试验压力为管道系统最高工压力，试验时间为 24h，要求管道的泄漏率每小时小于 0.05%；当压缩空气管道压力试验合格后应进行气密性试验，压缩空气管道气密性试验压力为管道的设计压力，试验时间为 24 小时，要求管道的泄漏率每小时不得超过 0.5%。如发现压力下降，说明管道有漏点，则需找到漏点，并将管道泄压至大气压力后，修补完漏点，再进行重复试验。

④ 系统吹扫

打开出液阀 V5，打开调压装置出气阀门，打开主管道末段阀门，关闭支管阀门，将主管道内杂质吹出；再关闭主管道末段阀门，打开支管阀门，用专用放气嘴逐个插入设备带上的"三气"终端进行排气吹扫。

3）供氧系统调试

① 将 1、3、4、6 号液氧罐注入液氧，步骤同前注入液氮步骤

② 置换氧气管道内的氮气

关闭 2、5 号液氧罐出液阀 V5，关闭其对应的调压装置出气阀门；打开 1、3 号（4、6 号为备用）液氧罐出液阀 V5，打开其对应的调压装置出气阀门，用专用放气嘴逐个插入设备带上的氧气终端，将氧气注入氧气管道。

③ 氧气终端调试

维持氧气管道系统末端压力 0.3 ~ 0.4MPa，用湿化瓶逐个插入设备带上的氧气终端，用测氧仪测试氧气浓度值，达到 99.6% 即调试合格。

④ 系统运行

氧气终端全部调试合格后，对氧气系统进行主用、备用、应急气源相互切换，使系统运行平稳。

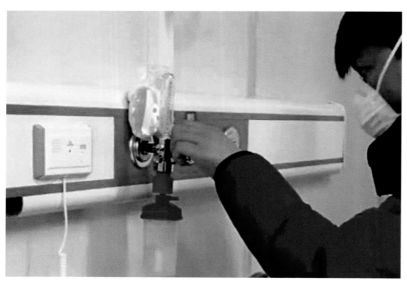

采用湿化瓶试验氧气终端

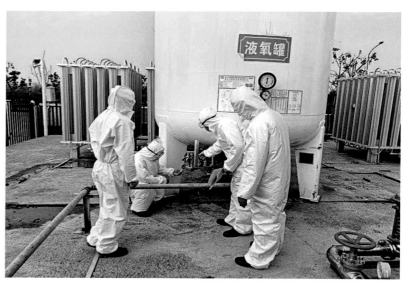

医用气体系统调试验收

4）负压吸引系统调试

① 设备单机试运行

对真空机组、真空罐等设备进行找平、校正，并检查管路安装工作；然后按照电气原理图和安装接线图检查真空机组接线；点动启动电机 2~3s，观察是否反转、异响、卡阻和振动，及时停机予以调整；启动、运转、停止和自动在手动和自动控制下均应正确可靠，记录电机电流、电压、功率。

完全开启管道阀门，启动真空机组。测量电流是否在额定电流内，是否过载，并通过仪表监测真空机组最大抽气量是否满足 500m³/h。

② 吸引终端调试

用真空表对吸引终端进行调试，压力范围在 -0.07~-0.02MPa，终端抽气速率不低于 30L/min 即调试合格。

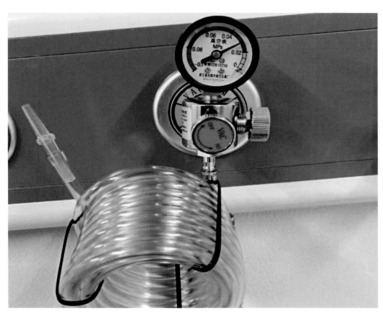

负压压力试验

③ 系统运行

调节管道气密性试验压力为 -0.07MPa 时，将病房终端接头打开 20%，手术室终端接头打开 100%，在最远病房终端头处用真空表测量负压值，要求系统压力不高于 -0.02MPa，管道的增压率每小时不得超过 1.8%。

当指示值低于 -0.02MPa 时，真空机组自动启动抽气，当指针到达 -0.07MPa 时自动停止抽气。真空机组的进气管道上安装有电磁阀，电磁阀与泵电机同步启动，即电机启动时，电磁阀自动打开与真空系统接通；当泵机停止工作时，电磁阀自动关闭，以防止停泵时水和空气返流进入真空系统内。

5）压缩空气系统调试

① 设备单机试运行

A. 空压机系统试运行

系统检查：确保空压机保护盖板安装到位；打开空压机排气隔离阀，关闭储气罐出口和排水阀，投入冷却水系统；检查空压机冷油器油位，如达不到要求应加注；接通主电源开关。接通电源后设定系统的加载压力和卸载压力等各参数。

启动：启动前进行静态试验，合格后，接通空压机电源，控制面板上指示灯亮。按下启动按钮，设备启动并自动加载。

B. 冷冻式压缩空气干燥机试运行

系统检查：检查电源电压是否正常；检查空气管路是否正常，空气进气压力不超过 1.0MPa，温度不超过 60℃；投入冷却水系统，保证进水温度不大于 32℃，压力 0.2~0.4MPa 之间，流量不小于 0.2t/m³。

启动：接通电源，控制面板上指示灯亮，系统自动进入 3min 延时；打开冷却水进水阀；按下启动按钮，3min 延时过后干燥机自动启动；检查压缩机运转是否正常，冷媒高、低压表是否正常；如一切正常后开启进气阀向冷干机送气，并且关闭空气旁通阀，此时空气压力表会指示出空气出口压力；观察 5~10min 后，当冷媒低压表指示在 0.35~0.45MPa、冷媒高压表指示在 1.2~1.6MPa、露点温度指示在 2~10℃后，经干燥机处理的空气即达到使用要求；打开自动排水器上球阀，让冷凝下来的水排出系统。

停止：先停止向冷干机输送空气，按下停止按钮将干燥机关闭，切断电源。

② 空气终端调试

用湿化瓶逐个插入设备带上的空气终端，要求插拔灵活，检测压力表压力值为 0.45~0.65MPa 即为合格。

③ 系统运行

压缩空气源配置产气量为 8.0m³/min，压力调节范围：0.45~0.65MPa，压力低于 0.45MPa 时系统自动启动，压力高于 0.65MPa 时系统暂停待机。

设定压缩空气母管工作压力上、下极限，全部关闭各用气设备气源入口阀门，所有设备调至自动挡。

逐台启动和关闭空压机，检查联锁的空气干燥器能否相应联锁启停。

启动空压机，在现场查看空压机启动运行情况，注意控制系统是否能够实现多台空压机联锁启动，以使储气罐出口母管处联锁压力取样点压力达到设定压力值。

逐步打开各用气设备气源入口阀门，检验自动控制系统能否根据低压力信号联锁启动另一台备用空压机，直至储气罐出口母管处联锁压力取样点压力达到设定压力值。

3. 快速验收

火神山、雷神山医院开工至交付 10 天时间，且火神山、雷神山医院均为全功能呼吸系统传染病大型专科医院，其建设标准高于常规医院建设标准，功能上比常规医院更复杂。涵盖医院电离辐射防护与电磁屏蔽，医用气体系统，给水排水系统，污水处理系统，医疗废物处理系统，供、配电系统、暖通空调系统标识系统，洁净系统，无障碍与疏散系统，防扩散及防污染系统，智能化系统，装饰装修工程等。常规项目验收形式及流程不能满足要求。该项目实施前无应急医院项目验收指导文件及相关管理要求。如何在保证项目质量的情况下快速完成大面积、多系统验收，确保按时移交，革新验收内容、优化验收流程是快速验收的必要条件。

（1）革新验收内容

由政府监管部门牵头，各主要参建单位（建设、设计、监理、施工）达成一致意见，以应急医院功能使用为导向，满足应急医院功能实现为主要验收原则，结合《建筑工程施工质量验收统一标准》GB 50300-2013 中的分部工程（地基基础、主体结构、建筑装饰装修、建筑屋面、建筑给水排水及采暖、建筑电气、智能建筑、通风与空调、建筑节能）进行调整，创造性地将火神山、雷神山医院划分为 12 个专项：建筑、结构、给水排水、电气、智能化及弱电、暖通空调、医疗气体、污水处理系统、园林绿化、室外道路、室外雨水系统、附属设施。调整后按专项验收更加直接、清晰、全面。经过参建各方多次讨论，结合医院实际情况分别针对 12 个专项编制了验收要点检查表，确定了对应的验收标准。

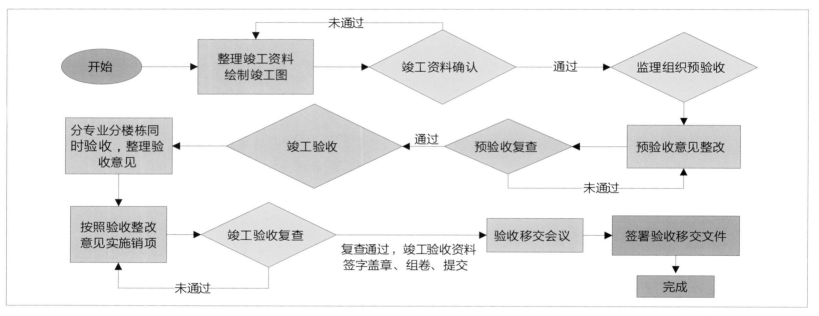

快速验收流程图

12 个专项之一：给水排水专项验收要点检查表

序号	检查项目	检查要点	验收标准
1	生活给水系统	给水管道安装	管道走向、管径正确、无渗漏
		阀门及配件	设置正确、无渗漏
		生活水泵安装	数量、型号正确、运行可靠
		用水器具（开水器等）	数量、型号正确、运行可靠
		设备基础	符合图纸尺寸、做法要求
		管道支吊架	符合图纸尺寸、做法要求
		套管	设置位置、尺寸符合图纸要求
		管道防腐保温	符合图纸要求
2	热水系统	热水管道安装	管材符合图纸要求、不渗漏
		热水器安装	符合图纸要求、工作正常
		龙头、花洒安装	型号正确、不渗漏
3	排水系统	排水管道安装	管道走向、管径正确、无渗漏
		卫生间排水管	管道走向、管径正确、无渗漏
		洁具	型号正确、排水通畅
		排水出户管	走向、管径正确、通畅无渗漏
4	室外排水系统	排水管道安装	管径、坡度正确、排水通畅
		检查井	数量、位置正确、无堵塞、内外粉刷、井盖密封

（2）优化验收流程

1）分项工程及检验批验收流程优化

传统的工序验收由"三检制"自检、互检、专检完成且整改合格后，由专业监理工程师组织施工单位项目专业质量检查员、专业工长等进行验收，分项工程由专业监理工程师组织施工单位项目专业技术负责人等进行验收。该模式竖向链条过长，仅验收流程就需耗费较长时间，为保证现场连续快速施工，现场采用扁平化验收模式，各劳务班组长、施工单位项目工程师和技术负责人、专业监理工程师均24h驻场验收，严把过程关，做到施工完即整改完，达到同步验收的效果。

2）分楼栋、分区验收交付

火神山医院建筑面积约3.4万 m²，雷神山医院建筑面积约8万 m²。若同常规项目整体完工后再组织专项及竣工验收，对交付进度将带来重大影响。为达到快速交付目的，火神山、雷神山医院的验收交付与火神山、雷神山医院施工部署的分区完工相匹配，部分率先完工的楼栋，采用增加隔墙，达到独立成区，可单独调试验收的效果。如火神山医院病房区1号楼，采取在通道处增加隔断、室外道路增加临时围挡、单独配备柴油发电机等措施，使1号楼及对应室外区域可单独调试、提前交付。

3）竣工验收优化

各专项验收同步平行开展，不拘泥于形式，在过程中查漏补缺。各专项工程验收完成后，由建设单位组织各参建单位进行联合验收。精简程序，各参建单位及主管部门同时对现场实体及资料进行验收，缩短了验收周期。

4）验收参与方提前介入

火神山、雷神山医院建成后将移交使用方，使用方的意见至关重要。为防止建设完工后，因不能完全满足使用方需求而大量返工或增加工程量，使用方提前介入十分关键。火神山医院使用方特殊，为军方接收管理。火神山医院建设过程中使用方提前深度介入，在建造初期对设计进行了调整，如提前对医院的通道隔离设计及淋浴消毒设施的选型及时进行了修改，避免了后期的变更和返工。火神山、雷神山医院移交工作由院方后勤管理科室人员和基建管理人员共同组成，对涉及区域较广、专业性特点强的科室邀请了相关科室护士长和科室代表参与，该工作延伸至工程竣工，直到试运行成功，移交过程实施动态管理，各参建主体积极参与、互相配合。医院使用方对使用功能的敏感性更强，弥补了施工人员工程惯性思维导致的不足，更加全面、细致地反馈出建设的缺陷和不足。

（3）实施效果

采用12大专项验收代替了以往常规项目的分部验收及专项验收，开创了呼吸类应急医院验收新体系，同时通过优化验收流程，火神山、雷神山医院达到了快速验收、快速交付的目的。火神山、雷神山医院工程资料齐全，按照常规工程完成了竣工备案，为后续应急医院建设提供参考和借鉴。2020年2月2日，约3.4万 m²的火神山医院工程建设完成，武汉市政府与解放军联勤保障部队正式签署移交书，火神山医院如期交付，用时仅9天。雷神山自2020年1月27日正式开工，于2020年2月6日正式交付，仅用10天。火神山、雷神山医院的建设创造了中国建筑史上的"新速度"。

火神山医院竣工验收会

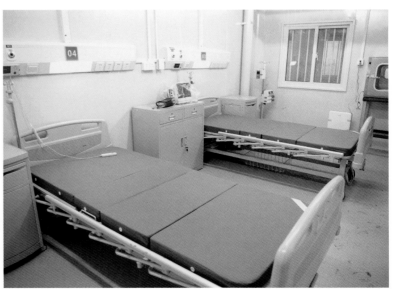

病房验收通过

4 创新
INNOVATION

应急医院防扩散技术

1. 传染病医院气压控制关键技术

（1）围护结构密封施工关键技术

传染病医院污染区和半污染区施工中常因围护结构密封不严，影响室内洁净度及压力梯度，造成病原微生物扩散、传播。因此，污染区、半污染区的墙面、顶棚、地面等围护结构的所有缝隙及孔洞均应进行严格的填补密封措施。

负压病房建筑装饰材料的选择应遵循不产尘、易清洁、耐腐蚀、耐消毒液擦洗、耐碰撞、防潮防霉、环保抑菌、无反光和满足防火要求的总原则，负压病房的外窗、内窗均应采用符合《建筑外门窗气密、水密、抗风压性能分级及检测方法》GB/T 7106-2008 规定的 6 级及以上密封窗，且外窗至少应采用双层玻璃以确保其气密性与保温性。为避免滋生细菌，负压病房所有区域的门均应采用非木质门，其中污染区、半污染区应采用气密封门，对于有压差要求的房间的平开门应朝压力较高的方向开启，并设闭门器保证能自动关闭。

火神山、雷神山医院建设过程中要严格保证负压病房密封性，相邻箱体间、（半）污染区与洁净区交接处、存在气压梯度等位置采取"聚氨酯发泡胶填充缝隙 + 盖板 / 包封边条 + 硅酮胶嵌缝 + 贴锡箔纸封闭"的方式加强房间密封

性能。箱式房骨架之间的缝隙一般在 5 ~ 10cm，采用发泡剂填满，铺设专用铁皮盖板（可采用变形缝盖板），射钉固定牢后在周圈加打防霉密封胶，用锡箔纸将病房内所有拼缝位置密封。墙板与箱式房结构骨架之间的缝隙，宽度 1cm 左右，采用自粘锡箔纸粘贴在墙板顶与顶吊板阴角处，每边搭接 10cm；门窗框与箱式房墙板之间的缝隙采用防霉密封胶密封。

维护结构密封

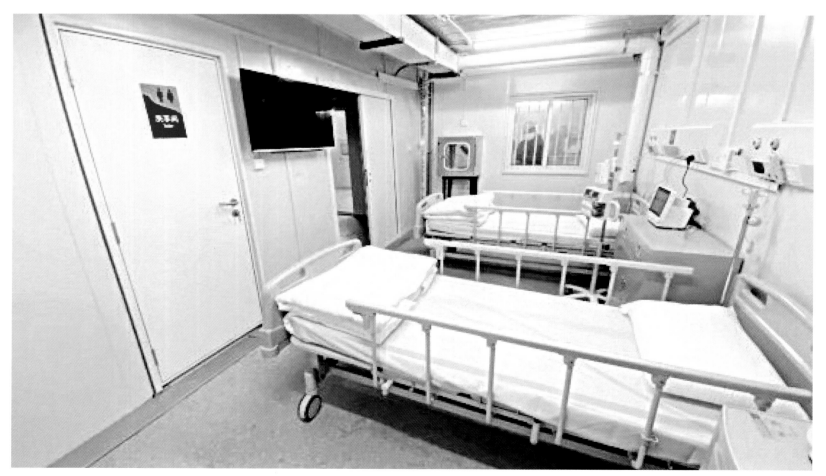

标准负压病房

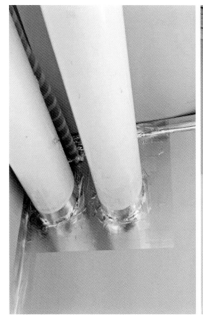

穿屋面管道封堵

风管封堵

送风口封堵

（2）机电管道密封性施工关键技术

通常负压病房的送风和排风系统风管需大量穿墙穿屋面，洞口封堵工作量大。虽然在集装箱制作阶段已提前预留部分洞口，但受应急医院工期所限，实施过程中存在设计变更，现场出现重新开洞的情况。为适应火神山、雷神山医院的特点，本工程采用非常规封堵方法，机电管线穿墙部位 3～5cm 的缝隙，采用发泡剂填满，随后粘贴自粘锡箔纸，每边各搭接至少 10cm，挤压严密。

由于集装箱底板材质是两片铁皮对夹防火棉，传统的套管封堵工艺不能适用。管道安装完毕后，管道与楼板间缝隙采用聚氨酯泡沫胶快速填充，出室内地面、墙面后采用防水密封胶封堵，环管道外侧再加丁基防水胶带与地面、墙面密封，达到双层防水的效果。

2. 空气消杀处理技术

火神山、雷神山医院采用紫外线灭菌灯及药物喷雾进行室内消毒杀菌，在维持室内负压及气密性良好的前提下，严格室内送风口、排风口的消毒灭菌及每日药物喷雾消杀，保证室内空气洁净。

（1）全新风系统

烈性传染病都具有很强的传播性和感染能力，而对回风的过滤循环并不能保证100%阻隔或杀死病菌，因此负压隔离病房内的空气应采用全新风全排风的方式且不允许对排风进行热回收，防止病毒通过空调循环风系统传播增加二次感染的风险。

（2）三级过滤系统

隔离病房内的全新风空调系统采用初效、中效、高效三级过滤系统。其中初效、中效过滤器设置在空调机组中，用于过滤室外空气中的灰尘及尘埃粒子，同时起到保护并延长高效过滤器使用寿命的作用。高效过滤器设置于房间的送风口，采用液槽密封方式防止漏风。一般空调系统采用的初、中、高效过滤等级分别为G4+F8+H13。考虑隔离病房内的排风可能对人造成危害，因此隔离病房的排风应在排风口部位设置高效过滤器，排风经过收集过滤之后高空排放。

（3）紫外线杀菌灯

缓冲间、病房、卫生间安装紫外线杀菌灯，对室内流通的空气进行杀菌灭活，紫外线杀菌灯距顶0.2m壁装，紫外线灯开关安装高度1.7m（防止误操作），安装在房间外面，方便医护人员给房间杀毒后进入。

（4）药物消毒

火神山、雷神山医院在集装箱吊装、室内装饰、机电安装等建造过程中，存在室内人口密度大、空气不流通、项目部办公空间密闭、非办公人员进出频繁的特点；但凡与新冠病毒患者接触过或有新冠病毒感染者待过的区域，均为病毒空间传播创造了有利条件。

鉴于此，在施工与运维阶段，室内空气消毒显得尤为重要，常用的空气防疫技术主要有酸化空气法与紫外线灯照射法两种。其中酸化空气法是指在无人状态下，通过对空气喷射臭氧、过氧乙酸、过氧化氢气溶胶喷雾等消毒剂，酸化空气，致使病毒不宜生存，达到灭菌效果。

采用空间空气消杀处理技术对办公区、施工区及病房区、医护区等全覆盖空气消毒，达到空气净化、切断病毒扩散路径的效果。

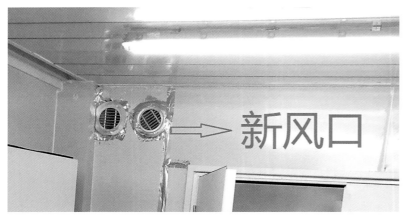

新风送风口

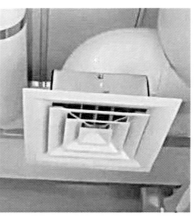

室内排风口

排风口排风

紫外线杀菌灯

医院室内空气消毒

生活区空气消毒

3. 雨、污水处理技术

火神山、雷神山医院均采用雨污分流，雨水经雨水收集系统收集后进入雨水调蓄池，并加入消毒剂对雨水进行消毒，经消毒后的雨水通过提升泵站排入市政污水管网；污水通过污水管网收集后排入污水处理站，采用"预消毒接触池 + 化粪池 + 提升泵站（含粉碎格栅）+ 调节池 +MBBR 生化池 + 混凝沉淀池 + 折流消毒池"处理工艺，雨、污水处理后泵送至市政污水管网，最终排入城市污水处理厂。

（1）工艺流程

污水处理工艺采用预消毒 + 二级处理 + 深度处理 + 消毒处理，经消毒处理后的污水泵送至市政污水管网排入城市污水处理厂。根据《医院污水处理工程技术规范》HJ 2029-2013 和相关工程经验确定工艺流程。

雨水处理工艺流程图

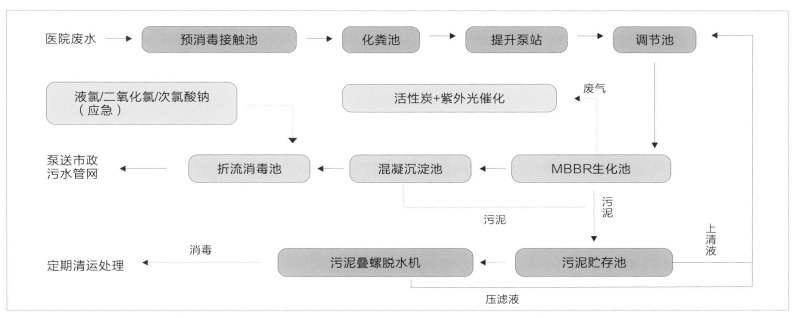

火神山医院污水处理工艺流程图

污水处理站

疫情大考中的

中国建造

火神山医院、

雷神山医院

建设纪实

4 创新 INNOVATION

4.1 应急医院防扩散技术

（2）雨水处理施工技术

1）调蓄池施工工艺流程

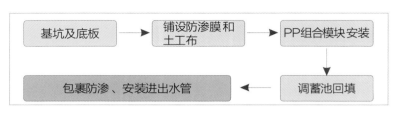

调蓄池施工工艺流程图

2）基坑及底板

基坑底部的开挖长度、宽度和坡度，除考虑结构尺寸要求外，根据施工需要增加 1.0～1.5m 工作面宽度，以保证排水设施、支撑结构等所需的宽度。基坑底部根据地下水情况必须设置排水沟和集水井，集水井深度必须超过基坑深度，保证能抽干基坑底部的水。基坑底部抽水应有专人看守。在基坑上面四周采用钢管搭建防护栏杆，并挂安全网。下雨时应停止施工，雨后先观察边坡情况，确定稳定可靠后再进行施工。

基坑清槽完成后浇筑 100mm 厚的 C15 混凝土垫层，200mm 厚的 C30 钢筋混凝土底板，底板尺寸每边应增加 500mm 工作面宽度，采用 φ14@200 双层双向钢筋，底板上面铺 30～50mm 厚中砂找平层（若底板平整度较高，可不铺设）；为组装模块创造有利条件，保证模块底部平整。基坑基础需要使用水平仪精确找平。

底板混凝土终凝前要对表面进行磨光处理，保证底板平整度不超过 ±10mm，只有底板平整才能更好地保障 PP 模块在拼装过程中不会出现错缝、高低面等质量通病，以免增加渗漏风险并影响模块整体稳定性。

3）铺设防渗膜和土工布

为了加强雨水模块池的密闭性，提前将防渗膜焊接成整张复合土工膜，并在上边用墨线打好折痕。铺设过程中应避免硬物剐破焊口。土工膜是池体最重要的组成部分之一，在施工当中应该保护土工膜的完好性，避免其受到磨损、损坏。土工膜铺设对周围环境要求严格，对于混凝土底板上的渣土、尖锐物、石块、铁丝等杂物要彻底清理干净，确保不对土工膜造成损坏。土工膜运至现场后宜采用人工卷铺。铺设完成后，须对土工膜进行检查，看是否有损坏的部分，如有损坏，须进行修补。复合土工膜为两布一膜结构，现场单层铺装。土工膜预加工成一整张长方形的结构，长方向沿基坑长方向铺装，土工膜长方向中心与底板中心重合。

按照图纸安装底层模块，同层塑料模块之间用搭扣连接。然后安装上层模块，上下塑料模块之间用卡扣连接。塑

料模块在连接过程中，要尽量避免垂直连接，上下层之间应成交叉式连接。塑料模块铺设时，先铺设第一层，然后逐层往上铺设。在铺设第一层塑料模块时，反冲洗管须同时施工，其端部用管堵封牢，并将反冲洗支管引至水池顶面与总管汇合。反冲洗用 DN32 的 PPR 管，水管上开一排孔，孔径 5～6mm，间距 600mm，安装时有孔的一面朝地面。在雨水供水装置和雨水排泥装置处安装雨水模块加固框架。

4）包裹防渗膜、安装进出水管

将提前焊接好的防渗膜及土工布紧紧围裹在已铺装好的塑料模块组合水池的骨架周围，并按折痕将其折好。在顶面包裹时两侧搭接大于 100mm。并将进、出水管和连通管路与防渗膜的接口做密封处理。再将进水管路引入进水井，将出水管引入出水井。进出水管路与主体模块采用专门装置进行连接。

5）调蓄池回填

回填时间应选在水池储水模块组装完成、外围包裹的防渗土工布施工完毕后进行，调蓄池四周和顶面均采用挤塑板包裹作为保护层。

调蓄池池顶采用单台小型机械施工，严禁采用大型机械或多台机械同时施工，确保池体安全。回填前检查井筒及相关设备是否加长或迁移至竣工完成地面，所有井盖应采取密封措施防止回填材料掉落井内。

基坑的回填采用砂石料沿水池四周进行，从水池底部向上对称分层实施，人工操作，不应采用机械推土回填，每层厚度不大于 0.5m，采用浇水及打夯机每层逐步夯实，保证土壤的密实度，防止后期地面下沉。回填形成的场地坡顶设置硬质隔离防护措施，并树立醒目标识牌，注明围护设施情况，严禁大型机械通过，严禁堆载。

铺设防渗膜和土工布

底板面收光　　　　　　　包裹防渗膜

（3）污水处理施工技术

污水处理是医院重要保障系统，涉及给水排水、环保、建筑、结构、电气等多个专业，为确保医院如期投入使用，火神山、雷神山医院污水处理站采用模块化污水处理设备进行组装，大大缩短工期，施工流程如下。

设备基础施工 → 设备吊装就位 → 水电气管线施工

污水设备施工流程图

1）污水处理设备基础

污水站设备基础（含设备间）施工为常规土建工程施工。

2）设备吊装就位

设备吊装就位前应对设备基础进行检查验收，除满足设计要求外，还需符合以下要求：

① 模块化污水处理设备就位前，设备基础应平整均匀，如不能达到平整度要求应铲平或设置垫铁；

② 埋地设备基础标高应严格按设计标高控制，并与设计及设备厂商复核后方能进行吊装就位；

③ 设备就位前，设备基础应达到设计要求强度。

吊装前应对设备进行检验，设备本体及附件应经过清洗检查，表面不得有铁锈、油污、杂物及裂痕，管孔不应有堵塞现象；模块化设备及其所有构件、阀门、管道应按设计规定的技术要求进行试压、试漏及严密性试验。

3）水电气管线施工

水电管道应合理布置管道支架，控制管道的水平及垂直位移，以保证管道系统的安全运行，支架形式参照图集03S402；埋地管道在转角、接头处应设置支墩。钢管应进行防腐处理，管道安装应严格按照施工图施工，钢管采用焊接连接，UPVC 管采用粘结，PE 管 /PPR 管采用热熔连接，埋地 HDPE 双壁波纹管采用橡胶圈连接。

管道施工完成后应对管道进行强度及严密性试验，确保管道不渗不漏。空气管路施工完成后应进行吹扫，排气口用白布或涂有白漆的靶板检查。

电缆敷设前应核对电缆型号、电压；对电缆进行编号，挂上电缆牌；计算每根电缆长度，合理安排每盘电缆，减少接头数目。电缆应敷设在电缆桥架内，电缆桥架应安装牢固并合理接地。

污水处理设备吊装

污水处理设备管道连接

疫情大考中的
中国建造
火神山医院、雷神山医院
建设纪实

4 创新 INNOVATION

4.1 应急医院防扩散技术

4. 医疗、生活污染废弃物处理技术

（1）医疗、生活污染废弃物处理系统技术原理

高效医疗废物无害化焚烧处理系统主要是将医疗废物定时定量送入焚烧炉本体，由点火温控燃烧机自动点火燃烧；医疗废物在炉内根据燃烧三T（Temperature 燃烧温度、Time 停留时间、Turbulence 湍流度）原则，在炉本体燃烧室内充分分解燃烧；废物燃烧后，减容量 ≥ 97%；随后，烟气进入二次燃烧室，在富氧条件下充分焚烧，烟气在充分燃烧的情况下，可以有效避免二噁英的产生。经高温焚烧后的烟气，在引风机的作用下进入高效急冷装置进行热量交换（热水可用于医院内生活用水）。烟气通过脱酸、除尘、活性炭吸附等烟气净化系统，在灭菌的同时，也能有效地消除可能残存的挥发性有机化合物（VOCs）气体，实现超低排放。系统采用干式脱酸和除焦油沉降工艺技术，不产生废水，不需要配备废水处理设施。

高效医疗废物无害化焚烧处理系统运行流程为：医疗垃圾→自动投料→焚烧炉焚烧→二次燃烧室→（烟尘进入）高效急冷装置→脱酸塔→活性炭吸附→PE 微孔除尘器→引风机→达标排放。

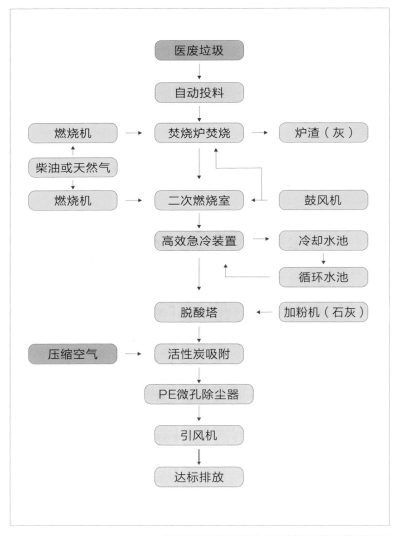

高效医疗废物无害化焚烧处理系统工艺流程图

（2）医疗、生活污染废弃物处理技术

火神山、雷神山医院采用高效医疗垃圾焚烧炉，本系统由焚烧炉主体（含一次燃烧室、二次燃烧室、燃烧机）、高效急冷装置（控制二噁英再生成）、脱酸装置（控制酸性气体）、PE 微孔除尘器（颗粒物）、活性炭吸附装置（VOCs）和引风机、烟囱及电控系统等组成。

1）焚烧炉运行关键技术

为了减少医疗废物焚烧过程中污染物二噁英的产生，焚烧系统采用两级焚烧技术，焚烧炉主体由主燃室、二燃室构成。主燃室由燃油燃烧机、耐热铸铁炉桥、补充燃烧氧气鼓风机、温度传感器、进料门、掏灰门等组成。二燃室由隔离烟道、燃油燃烧机、温度传感器、掏灰门等组成。炉体配置自动点火燃烧器，经点燃后，在进入炉体的空气作用下燃烧，使炉体升温，在补氧风机的调节下，使被处理的垃圾中的有机可燃物及热解产生的可燃气体持续焚烧。

2）裂解焚烧关键技术

通过将医用垃圾转变为更高效的可燃气体，规避了常规焚烧垃圾引起的有害物质释放和扬灰多的问题。

火神山、雷神山医院使用的气化裂解焚烧技术，污染废弃物经气化处理后，形成混合燃气，在1000℃的高温环境下充分燃烧。同时，废弃物气化后底渣还将经过1300℃以上的高温煅烧，保证了尾气、底渣中残留二噁英的有效清除，垃圾处理无害化率接近100%。医疗垃圾裂解炉在处理医疗垃圾和一般垃圾时，可以直接处理湿垃圾，不用先行烘干，全程无任何烟雾、无任何异味、无污水排放，满足环保要求。设备垃圾处理量为6t/天，满足火神山、雷神山医院医疗废弃物的处理需求。

3）水冷换热器运行关键技术

为进一步减少有毒有害气体特别是二噁英的产生，烟气温度从二燃室出口约650~850℃进入高效急冷装置进行降温处理。系统配置的水冷换热器，将烟气温度急速降低至250℃以下，有效抑制二噁英的再次合成，设计温控指标为在2s内将烟气度急降至250℃以内，以杜绝二噁英在450~600℃存在的二次合成机会。

4）脱酸塔运行关键技术

为吸收除去烟气内的酸性有毒气体，在半干式脱硫脱酸箱内利用碱性溶液（氢氧化钠、氢氧化钙、碳酸钙等）中和焚烧废气中的酸性有毒气体。反应塔设计采用高效低阻力的集尘装置，并同时进行降温冷却。

5）除尘器运行关键技术

PE 微孔除尘器由灰斗、上箱体、中箱体、下箱体等部分组成，上、中、下箱体为分室结构。工作时，含尘气体由进风道进入灰斗，粗尘粒直接落入灰斗底部，细尘粒随气流转折向上进入中、下箱体，粉尘积附在 PE 微孔滤板外表面，过滤后的气体进入上箱体至净气集合管－排风道，经排风机排至大气。清灰过程是先切断该室的净气出口风道，使该室的滤板处于无气流通过的状态（分室停风清灰）。然后开启脉冲阀用压缩空气进行脉冲喷吹清灰，切断阀关闭时间足以保证在喷吹后从滤板上剥离的粉尘沉降至灰斗，避免了粉尘在脱离滤板表面后又随气流附集到相邻滤板表面的现象，使滤板清灰彻底，并由可编程序控制仪对排气阀、脉冲阀及卸灰阀等进行全自动控制。

6）活性炭吸附塔运行关键技术

高效医疗废物无害化焚烧处理系统尾部设置了活性炭吸附塔，烟气经过活性炭层有害气体被吸附。

无害化焚烧处理系统针对烟气处理，配置了脱酸、除尘、活性炭吸附等烟气净化系统，在灭菌的同时，也能有效地消除可能残存的 VOCs 气体，实现超低排放。

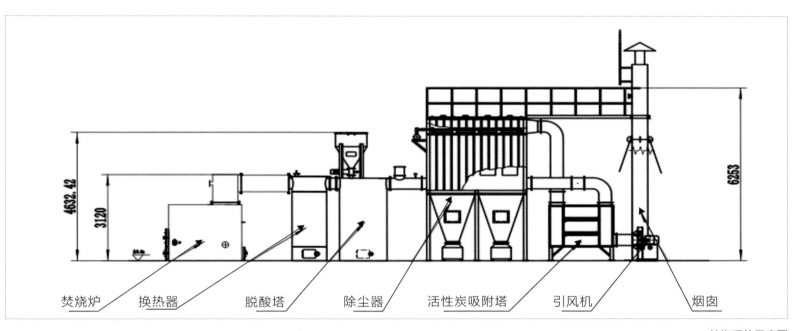

焚烧炉　换热器　脱酸塔　除尘器　活性炭吸附塔　引风机　烟囱

焚烧系统示意图

焚烧系统实物图

应急医院模块化快速施工技术

1. 集装箱结构快速施工技术

（1）技术背景

火神山、雷神山医院结构主体为集装箱，只需对箱体进行模块化设计、工业化生产、装配式吊装，即可加快施工速度、减少加工场地和劳动力资源投入，又能降低交叉作业带来的质量、安全风险。

（2）施工工艺流程

集装箱结构快速施工工艺流程图

（3）施工重点

1）模块化设计

病房箱体模块化设计如下：

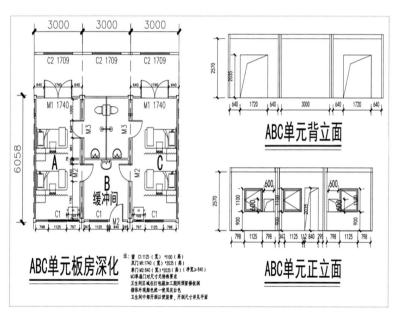

雷神山医院 ABC 户型模块化设计图

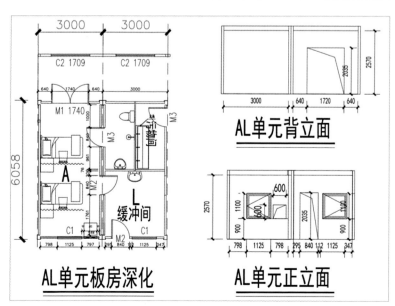

雷神山医院 AL 户型模块化设计图

2）箱式房工业化生产

箱式房工业化生产包括：箱式房骨架拼装，外墙板、内隔板安装，箱顶、箱底安装，门、窗安装，水电管线布设，灯具安装等内容。

单个集装箱框体由底框＋顶框＋角柱组成，角钢和顶底框之间通过螺栓连接。

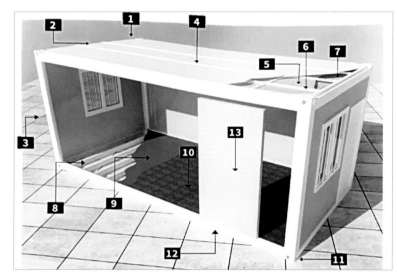

标准集装箱构造图

（1- 屋面角件；2- 屋面主梁；3- 主柱；4- 彩钢屋面瓦；5- 玻璃丝保温棉；6- 顶部横梁；7- 彩钢吊顶板；8- 底部横梁；9-16mm 厚水泥纤维板；10-2mm 厚医用 PVC 地胶；11- 底部角件；12- 底部侧主梁；13-0.426mm 厚彩钢板墙板）

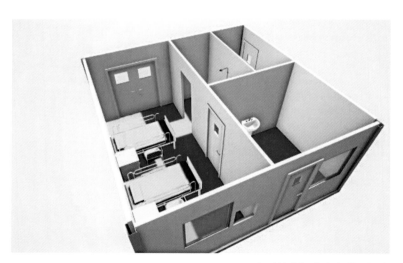

AL 户型单个标准病房单元组合

ABC 户型单个标准病房单元组合

（4）箱式房基础设计与施工

1）筏板基础＋方钢管

火神山医院基础设计采用筏板基础＋钢方管组合形式，地基承载力特征值按60kN/m²设计。筏板完成面标高为 -0.450m（绝对标高23.900m），筏板厚300mm、450mm。筏板基础混凝土采用C35，钢筋采用HRB400。筏板配筋：300mm 厚筏板采用 Φ12@200 双层双向通长布置，450mm 厚筏板采用 Φ12@150 双层双向通长布置。筏板底设置100mm 厚 Φ15 混凝土垫层，钢筋保护层厚度40mm。

火神山筏板基础最大尺寸：长 131m，宽 73m，考虑到工程的特殊性，不留置温度缝后浇带，属于超长混凝土施工。基础施工时，参照《补偿收缩混凝土应用技术规程》JGJ/T 178-2009，并根据工程特性，采用连续式膨胀加强带，加强带宽度2000mm，提高膨胀带混凝土强度等级，采用C40混凝土进行浇筑，内掺膨胀剂，混凝土采用10台泵车同时浇筑。

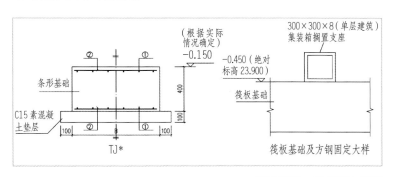

筏板基础＋方钢管大样图

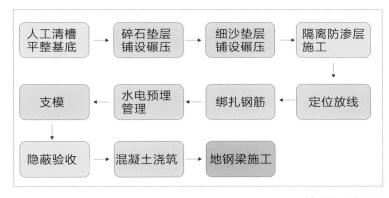

基础施工流程图

筏板基础施工

方钢管放置

注：将方钢管口 300×300 摆放在筏板基础上，以方钢管代替条形基础，然后安装集装箱。

2）条形基础＋H型钢

雷神山应急医院基础设计采用条形基础＋H型钢组合形式，建筑物四周采用混凝土条形基础，内部采用H型钢基础。集装箱基础整体抬高500mm，将管道直接放置在架空底部，减少了管道暗埋开挖量和排水管穿混凝土条形基础的孔洞量，底部空间大，便于后期维修；再在外侧条形基础设置洞口接驳室外雨水管网，保证基础整体排水通畅。

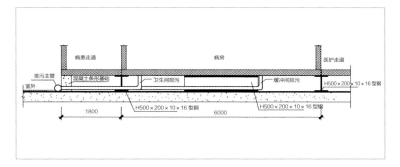

条形基础＋H型钢大样图

基础施工流程图

四周混凝土条形基础浇筑过程中，严格按照整体的浇筑方向进行施工，浇筑过程中确保浇筑的效率，避免冷缝的产生。

在外围条基施工过程中，内部梅花形布置H型钢，型钢规格为 H500×200×10×16，长度1m。

条形基础浇筑

H型钢布置图

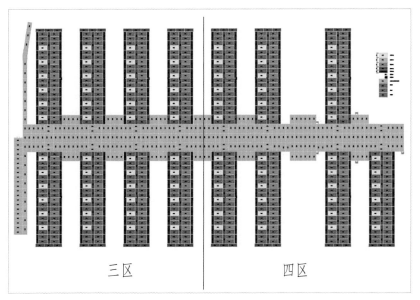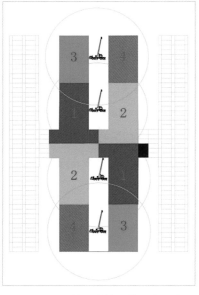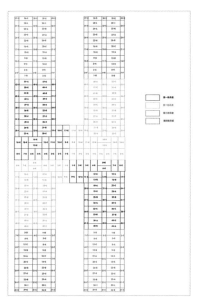

三区	四区

箱体排布设计图　　　　　单元分块吊装顺序示意图　　　　　单元内箱房吊装顺序示意图

现场吊装

3）箱体排布设计

根据模块化设计标准及功能区特点，对医护区、病房单元进行箱体排布深化，将病房单元分为病床箱、卫浴箱、走道箱。

4）箱体吊装

①箱体吊装原则

箱体吊装顺序以各段独立施工干扰最少为原则，单个吊装单元按照"先医护单元、后病房单元"顺序吊装，单个标准病房单元组合按照"先医护走廊—再病房箱体—后病患走廊"顺序吊装。

②箱体吊装

箱体吊装应做到各种户型搭配进行，取一个吊装单元为例，吊装施工时，从"H"形腰部分别向端部反对称方向吊装，既可保证交圈吊车不会存在交叉碰撞，又能满足不同户型搭配吊装要求。为最大程度提高吊车使用率、节省时间，将南北各两台吊车分为内吊车和外吊车，两侧安装顺序均为先安装1区箱体，再安装2区箱体，后依次吊装3、4区箱体。

5）拼缝处理

为满足功能房间的整体密封性要求，门窗、管道、设施安装完成后，首先使用发泡剂对缝隙进行填充，然后使用硅酮密封胶进行打胶密封。打胶区域主要为门窗边缘、管道边缘以及板房自身拼缝、吊顶拼缝。打胶完成后，用锡箔纸将打胶区域粘贴密封，以达到密封要求。

6）二次装饰及设备安装

① 卫浴配套安装

箱式房整体拼装完成后，根据设计图纸定位放线，确定集成卫浴及清洗台位置，并及时跟进集成卫浴安装、缓冲间洗手台安装。

② 传递窗安装

传递窗主要规格为：600mm × 600mm × 600mm、500mm × 500mm × 500mm 机械连锁传递窗，并配置紫外线杀菌灯。安装完毕后，采用包边条对门窗边缘进行收边处理。收边应做到光滑、顺直、周正。

7）验收

对箱式房整体性、功能性、美观性等进行检查验收，符合要求后报相关单位验收，验收通过后做好成品保护至移交投入使用。

管道密封　　　　　　　　卫浴安装情况　　　　　　　　传递窗安装情况

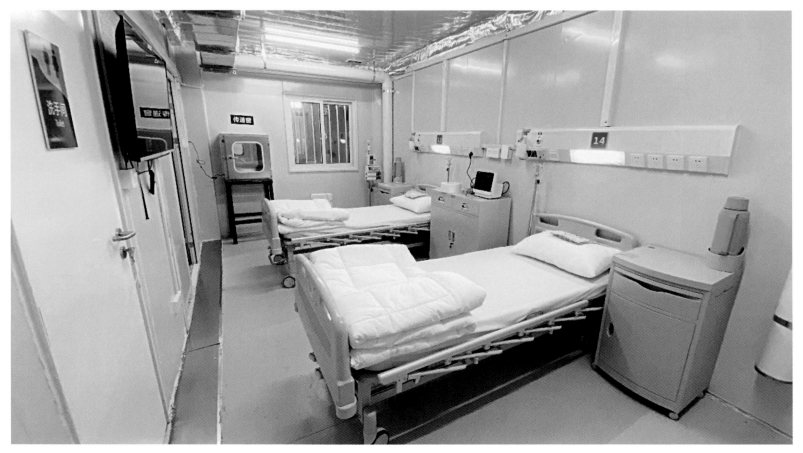

施工完成后验收合格病房

疫情大考中的

中国建造

火神山医院、雷神山医院

建设纪实

4 创新 INNOVATION

4.2 应急医院模块化快速施工技术

2. ICU 及医技楼快速施工技术

雷神山医院 ICU 病区一期、二期以及配套小单体均为单层多跨门式刚架结构，层高较低，钢柱重量轻。

墙面围护结构主要用于医技区、ICU 及配套小单体屋面及墙面，采用 JXB-QB-1120-100 型金属岩棉夹芯板墙进行工厂预制，现场装配施工。

（1）ICU 钢结构施工

1）施工技术

传统"先柱后梁"的吊装顺序，单次吊重小，效率低，且存在大量高空就位、测量校正及焊接作业。针对以上问题，火神山、雷神山医院采用"地面原位拼装，分段或整体吊装"的高效施工方法。即钢柱、钢梁等单根构件散件运输至现场，在安装位置进行地面原位拼装，经过全站仪等测量仪器精确定位校正梁柱相对位置，在地面焊接成为分段或完整的门式刚架结构后，再利用大型起重设备整体吊装安装。实践证明，此法可显著提高吊装施工效率。

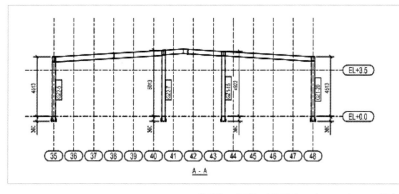

典型门式刚架剖面图一（ICU 病区一期）

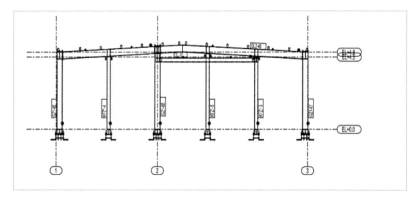

典型门式刚架剖面图二（ICU 病区二期）

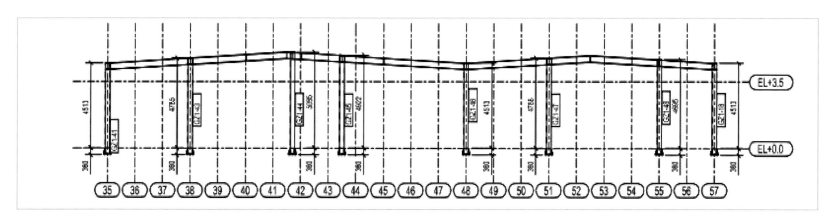

典型门式刚架剖面图三（ICU 病区一期）

地面拼装，分段或整体吊装安装方法

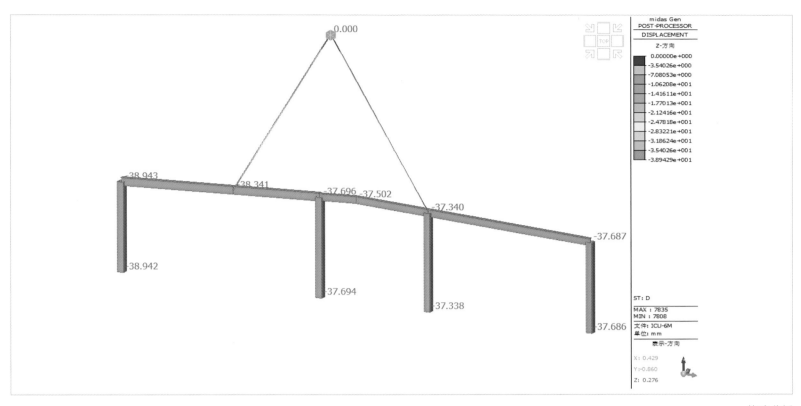

挠度分析

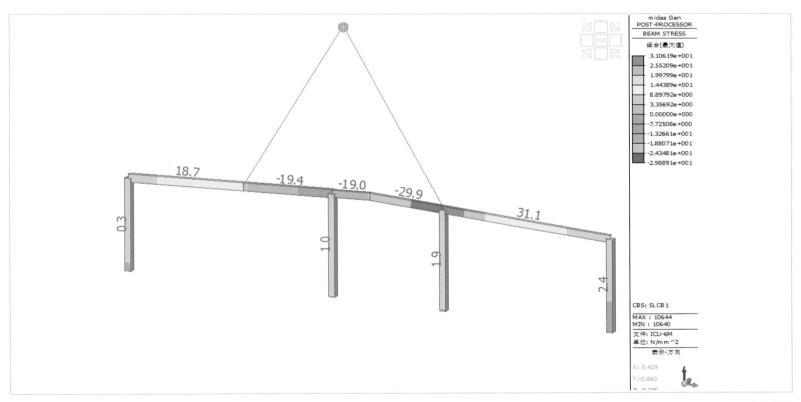

应力分析

疫情大考中的

中国建造

火神山医院、

雷神山医院

建设纪实

4 创新 INNOVATION

4.2 应急医院模块化快速施工技术

　　技术团队通过 Midas Gen 等有限元软件对门式刚架不同施工工况的受力和变形情况进行模拟分析。确定最优吊装参数：

　　① 最大单次吊装跨度

　　指的是不需要额外增加临时加固措施，结构本身仅产生规范允许范围内微小变形的跨度，否则新增临时加固措施的制作装焊和割除打磨等工序，便违背了整体吊装法的初衷。最大单次吊装跨度越大，分段越少，高空作业量相对也就越少。

　　② 吊点位置

　　合适的吊点位置不仅可以合理分配重量，保证整榀刚架起吊姿态准确，还可以控制自由悬臂长度，避免产生对结构不利的变形。

　　③ 钢丝绳夹角、长度、规格

　　根据吊点位置和吊装作业对钢丝绳夹角的规定，选用适当规格、长度的钢丝绳，保证安全。

门式刚架地面拼装焊接 门式刚架起吊翻身

门式刚架吊装就位，紧固地脚螺栓

2）施工工艺流程

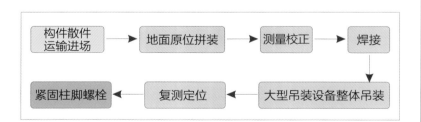

构件散件运输进场 → 地面原位拼装 → 测量校正 → 焊接 → 大型吊装设备整体吊装 → 复测定位 → 紧固柱脚螺栓

3）施工重点

① 构件散件运输进场，地面原位拼装，测量校正，焊接

钢柱、钢梁根据深化设计分段和运输尺寸要求，组织散件运输进场。

拼装位置选在已浇筑完混凝土的地面上，可以满足钢架拼装时对平整度、承载力和变形量的要求，地面拼装位置距离安装位置不宜过远，以免增加二次转运工作量。

通过采用地面原位卧拼的方式，可以将高程控制转换为平面坐标控制，通过全站仪等精密测量仪器进行放样定位，保证钢柱钢梁间相对位置的准确。

焊接采用实芯或药芯焊丝二氧化碳气体保护焊，焊接时保证焊接质量，控制焊接变形，以免产生影响结构安全和使用功能的缺陷。

② 大型吊装设备整体吊装就位，复测定位，紧固柱脚螺栓

采用200t汽车吊进行整体吊装。

门式钢架由地面卧放变为竖直起立的翻身过程中，应先进行试吊，施工人员密切注意钢架结构本身的变形情况，一旦超过规范允许的变形，应立即停止施工，查明原因，采取解决措施，确定安全无误后方可继续施工。

吊装就位时，将门式钢架柱底板螺栓孔对准预埋地脚螺栓，完成穿孔，然后用经纬仪控制垂直度，用全站仪复测位置和标高，定位准确后紧固柱脚螺栓，门式钢架整体安装完成。

（2）墙面围护结构施工

1）施工工艺流程

施工工艺流程图

2）施工重点

① 墙面板工厂预制

上、下表面采用镀锌彩色钢板，钢板先经成型机轧制成型后再与岩棉芯材复合。岩棉芯材采用岩棉条交错铺设，其纤维走向垂直于夹芯板的上、下表面，并紧密相接充实夹芯板的整个纵横面。岩棉条与上、下层钢板之间通过高强度胶粘剂粘结形成整体，保证高密度的岩棉保温隔热体与金属板内壁之间的黏着力，使岩棉夹芯板具有很好的刚度。

② 墙面檩条制作安装

墙面檩条采用80×5型钢方管现场制作，牌号为Q235B，镀锌防腐或涂装防腐涂料同主钢结构。檩条外挂在钢柱外，外表与钢柱外包线对齐，与钢柱焊接连接，每处采用上下2条水平角焊缝，焊脚尺寸为6mm，总长200mm。

③ 墙面板装配

墙面板采用横排铺设，根据施工图板的编号，安装起始板并调整定位准确，采用自攻钉将墙板同次结构固定，依次顺序进行铺设。门窗洞口现场裁剪，板安装好后撕掉表面的聚乙烯保护膜。

④ 接缝处理

墙板采用暗扣连接，收边和墙板接缝处满打硅胶，保证密封防水要求，打胶时张贴美纹纸，避免污染墙面。

岩棉夹芯板成品

墙面檩条安装

墙面板铺设

墙板暗扣连接

墙板接缝打胶

3. 屋面快速施工技术

（1）技术背景

火神山、雷神山医院采用钢管彩钢瓦组合式屋面，采用钢管作为主支撑架体、槽钢作为檩条、彩钢瓦作为屋面板，四周采用防雨布或彩钢瓦封闭、满拉缆风绳加固。

（2）施工工艺流程

如下图所示。

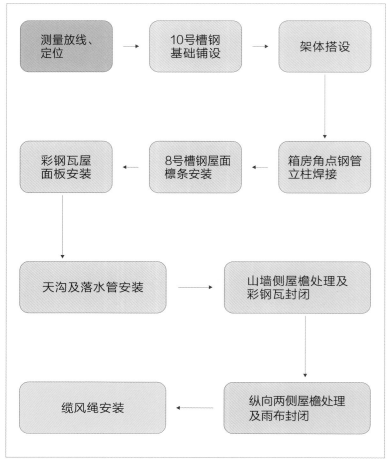

施工工艺流程图

（3）施工重点

1）测量放线、定位

槽钢基础施工前，采用卷尺、墨斗按照设计图纸将立柱位置进行弹线标记，主要标记槽钢基础铺设位置和不位于箱房立柱处的钢管立柱位置。

2）10号槽钢基础铺设

在测量放线定位后，按照设计图纸在非箱房立柱钢管底部铺设10号槽钢，既能够作为垫板使用，同时用来调平、保护屋面防水。

3）架体搭设

施工流程：搭设立杆、横杆→设置剪刀撑→连接、加固架体。

立杆和横杆按要求搭设完毕后，在架体每榀桁架纵向通长设置三道剪刀撑，由底至顶连续设置。

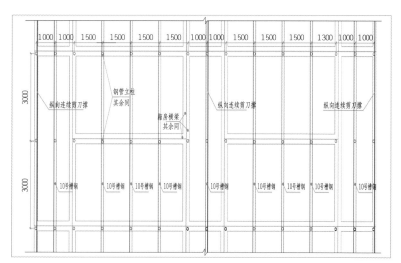

箱房单元屋面构件定位示意图

槽钢基础示意图

支撑架体搭设示意图

剪刀撑搭设示意图

疫情大考中的
中国建造
火神山医院、雷神山医院
建设纪实

4
创新
INNOVATION

4.2
应急医院模块化快速施工技术

4）箱房角点钢管立柱焊接

为保证支撑架体与集装箱房连接的可靠性，增强屋顶与箱体的整体性，增加屋顶抗风性能，将位于箱体四角立柱上的钢管立柱焊接在箱体立柱上。尽量保证钢管立柱焊接在一个箱体角柱上，若特殊情况下钢管立柱搁置在多根箱体立柱上，需在箱体角柱顶部焊接一块100mm×100mm×6mm的钢板，作为钢管焊接点。

5）8号槽钢屋面檩条安装

在架体搭设完毕、立柱焊接完成后，进行屋面檩条安装，檩条采用8号槽钢，檩条与支撑架体之间采用2个100mm自攻螺钉或焊接进行连接，若采用自攻螺钉，螺钉需穿透钢管，若采用焊接，檩条需与钢管满焊，焊缝高度 $h_f \geqslant 6\text{mm}$。

8号槽钢屋面檩条

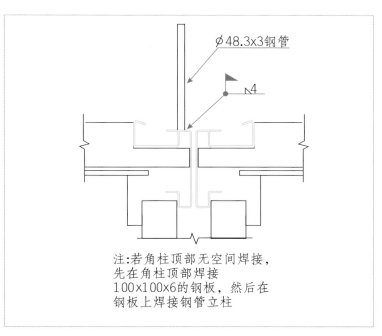

注:若角柱顶部无空间焊接，
先在角柱顶部焊接
100×100×6的钢板，然后在
钢板上焊接钢管立柱

箱房角点钢管立柱焊接大样图

箱房角点现场施工图

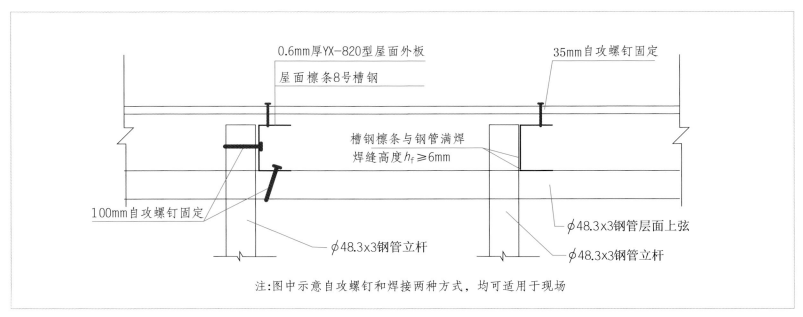

檩条安装大样图（含彩钢瓦固定示意）

注:图中示意自攻螺钉和焊接两种方式，均可适用于现场

彩钢瓦现场施工图

屋脊板施工大样图

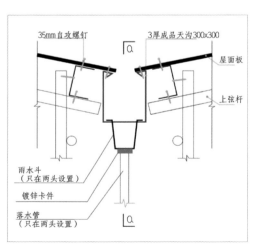

屋脊板现场施工图

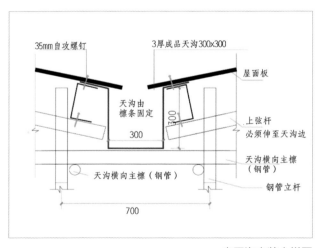

内天沟安装大样图

落水管安装立面图一

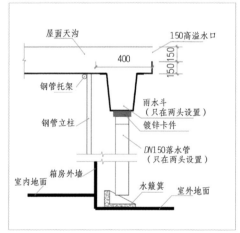

落水管安装立面图二

6）彩钢瓦屋面板安装

檩条安装固定后，在檩条上铺设彩钢瓦，整个屋面采用5%坡度铺设，彩钢瓦采用0.6mm厚YX-820型屋面外板，彩钢瓦与檩条之间采用35mm自攻螺钉进行固定，彩钢瓦与檩条交接处的每一个波谷均需打一根35mm自攻螺钉。

彩钢瓦铺设完毕后，进行屋脊瓦施工，屋脊瓦采用配套成品屋脊瓦，屋脊瓦两侧不窄于250mm，屋脊瓦在施工完后应进行密封，屋脊板拼接处采用2mm厚自粘SBS防水卷材进行铺贴，从拼缝处两边各伸出250mm，保证屋面的防水性能。

7）天沟及落水管安装

两个屋面交界处采用300mm×300mm成品钢制内天沟，内天沟通过钢管固定在两边屋面支撑架上，内天沟端部设置150mm高溢水口，并设置DN150落水管，落水管底部设置成品水簸箕，以作疏水使用。

8）山墙侧屋檐处理及彩钢瓦封闭

屋面工程中山墙一侧屋檐外挑 500mm，屋面檩条随屋檐一同外挑 500mm，作为悬挑受力构件。山墙一侧屋顶架空高度范围内采用彩钢瓦封闭，施工方法同屋面彩钢瓦施工，在支撑架体上安装 8 号槽钢作为侧面檩条，间距 1100mm，檩条安装采用 100mm 自攻螺钉或者焊接，然后将彩钢瓦安装在横向檩条上。

9）纵向两侧屋檐处理及雨布封闭

屋面工程纵向两侧屋檐外挑 800mm，每榀桁架顶部上弦杆钢管横梁随之外挑 500mm，在钢管横梁最外侧布置一道 8 号槽钢檩条，屋面瓦则外挑 800mm。纵向两侧采用防雨布进行封闭，防止雨水飘进平屋顶，但需注意在风口部位对防雨布开洞，不可将风口封闭在内。

10）缆风绳安装

在屋面构件全部安装完成之后，最后进行缆风绳的安装，缆风绳采用 10 号钢丝绳，采用花篮螺栓调节，在箱房顶部、底部吊装孔各拉一道缆风绳。

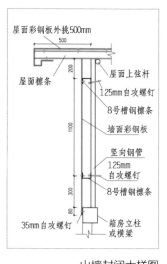

山墙封闭大样图

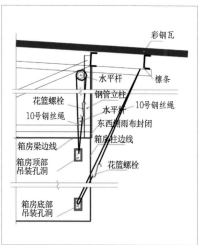

纵向两侧剖面图

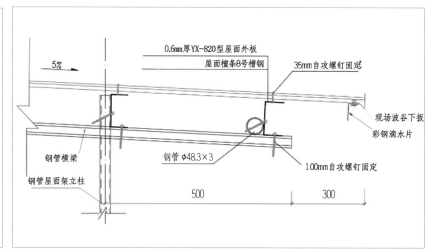

檐口大样图

现场施工图

缆风绳现场施工图

4. 机电快速施工技术

（1）防雷接地快速施工技术

1）系统简介

传染病医院一般属于第二类防雷建筑物，火神山、雷神山医院防雷系统主要利用集装箱金属顶及彩钢板屋面做接闪器，集装箱竖向金属构件做防雷引下线，基础筏板轴线上下两层主筋中的两根通常形成基础接地网。

2）施工流程

防雷接地施工流程图

3）技术要点

①接地装置快速安装

利用筏板内φ12@200双层钢筋，可靠连接后形成接地基础，通过方钢定位钢筋与方钢的可靠连接和钢结构集装箱共同形成贯通的接地导体。

②引下线快速安装

在装配式集装箱结构建筑物中，结构主体钢架、次构件以及建筑围护之间已经做好了可靠性较高的连接，并且完成了电气通路的建立。

③接闪器快速安装

火神山屋盖体系采用扣件式钢管脚手架＋40×2方钢檩条＋彩钢瓦（0.6mm厚）的形式，均为导电金属，整个屋面形成可靠的贯通导体，脚手架受力点为集装钢柱，集装箱结构可靠接地。根据《建筑物防雷设计规范》GB 50057–2010第5.2.7条规定彩钢瓦满足作为接闪器的厚度（大于0.5mm）要求，故可利用彩钢屋面作为接闪器。

④等电位安装

医院等电位主要设置在淋浴的卫生间、浴室、弱电机房等部位，火神山、雷神山医院结构形式特殊，集装箱框架及隔板均为金属材质，利用30×3等电位接线盒同集装箱龙骨可靠连接快速形成可靠的导电通路。

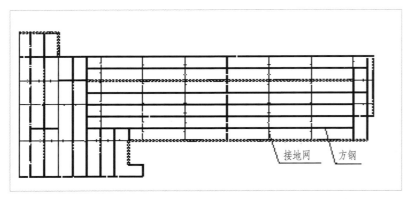

部分住院区基础接地网

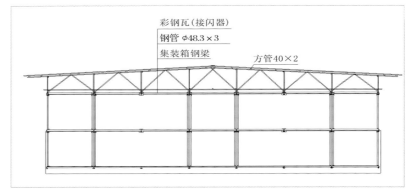

屋面结构形式

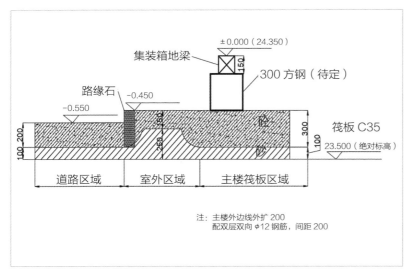

部分住院区基础接地网

施工过程中接地电阻测试

（2）PE 管、UPVC 管、镀锌钢板多材质相连风管施工技术

1）系统介绍

火神山、雷神山医院通风系统初始设计风管面积约几万平方米，且均为镀锌钢板。受新冠病毒疫情影响，镀锌钢板风管的加工及现场施工面临诸多困难，如风管生产线数量有限、设备产能不足、制作时间长等。通过论证优化室内支管使用 UPVC 管，室内支管与风机之间的主管使用 PE 管，风机至屋面的管道使用镀锌钢板风管，实现快速施工。

2）工艺流程

如下图所示。

```
UPVC带阀        ┌─────────┐      室内UPVC
短管预制   ───→ │隔墙板开孔│ ───→  短管安装
                └─────────┘            │
   ↑                                   ↓
室外UPVC管      ┌─────────┐       管道支架制作安装
与PE管对接 ←─── │室内风口安装│ ←───
   │            └─────────┘
   ↓
室外PE          ┌─────────┐      PE主管开孔
主管就位   ───→ │PE主管对焊│ ───→
                └─────────┘            │
                                       ↓
                                PE主管与过滤器对接
```

施工工艺流程图

3）技术要点

① UPVC 带阀短管预制

方形电动密闭阀定制方变圆连接口，接口方形端与电动密闭阀铆接。

圆形定风量阀外径为 142mm，φ160 的 UPVC 管内径 153.6mm，定风量阀接口包裹防水卷料，UPVC 管插入压紧，自攻钉固定，内外两侧密封胶嵌缝。

② 室内 UPVC 短管安装

根据预制短管长度，按预留口位置测量尺寸，进行断管。断口要平齐，用铣刀或刮刀除掉断口内外飞刺，外棱铣出 15° 角。管道直接依靠墙体支撑，阀门处单独增加抱箍支架。

③ 室外 UPVC 管与 PE 管对接

与 PE 管接驳，优选马鞍件接口形式，速度快、连接牢固、密封性好。马鞍件底座从管道内抽出，以压盖压住拧紧。UPVC 立管完全插入马鞍件内承口，十字对称方向打入 4 颗自攻钉固定，间隙以密封胶嵌缝填实。

④ 设备接驳

设备段的安装定位根据 PE 主管定位确定，保证中心对齐。PE 主管与设备接驳使用镀锌钢板天圆地方或方形联箱，圆口端与 PE 主管用自攻钉连接，间距 100mm。所有接头缝隙以密封胶嵌缝。

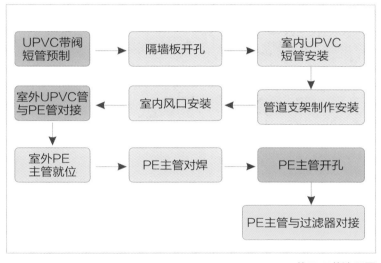

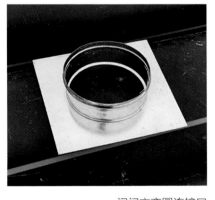
阀门方变圆连接口

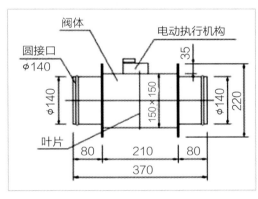
方形电动密闭阀连接示意图

定风量阀接口包裹防水卷料

UPVC 阀门短管一

UPVC 阀门短管二

马鞍件接口形式

PE 管与联箱接驳

（3）管线综合支架安装技术

1）施工概况

火神山、雷神山医院管线主要集中在医护区走道和病房区走道，管线涉及空调、电气、智能化及医疗气体（氧气和真空吸引）等专业系统，此区域管线多、工期紧，故对管线进行综合排布，设置联合支架，结合风管、桥架以及氧气管道安装间距规范要求，合理布置综合支架点位。

2）施工流程

首先综合各个专业管线，进行合理排布，然后根据受力情况选择支架进行安装，最后安装管线。

综合排布 → 支架选型 → 支架安装 → 管线安装

管线施工流程图

3）技术要点

① 综合排布

火神山、雷神山医院集装箱净高 2.55m，送风管设置在正中间，强弱电桥架排在两侧方便电缆敷设，同时预留足够医用气体管道空间。施工完走道净高 2.15m。

② 支架选型及安装

通过对联合支架的受力计算，其横担采用 41mm×41mm×2.5mm 的 C 形钢，吊杆采用 12 号圆钢，在吊顶安装前固定于集装箱顶面檩条上，为了防止摇晃，每隔 6m 左右焊接一处 C 型钢固定支架于集装箱四周镀锌型钢上。联合支吊架为 1.2m 左右一跨，主要用来承受桥架、风管、排气管、冷凝水管以及氧气管道重量。

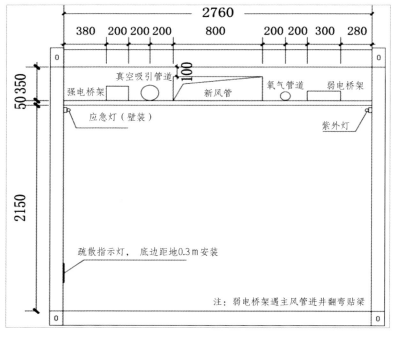

病房走道剖面图

室内联合支架安装实施效果图一

室内联合支架安装实施效果图二

室内风管安装

室外风管安装

疫情大考中的 **火神山医院、雷神山医院** 建设纪实

中国建造

4 创新 INNOVATION

4.2 应急医院模块化快速施工技术

188
189

（4）预制一体化数据中心技术

数据中心信息机房内配置了 18 台超大型 IT 设备机柜及 4 台列头柜，机柜采用 600mm×1200mm×2000mm 尺寸，由于机房面积较为狭窄，机柜尺寸属于非标准的超大型机柜，传统排布方式无法达到合理排布的要求。在充分计算各类机房的承重及冷热通道气流组织后，采用了模块化一体式机柜。

模块化一体式机柜是集传统机柜、冷热通道、配电输入输出于一体的集成式专业智能机柜。机柜本体自带冷热通道，同时也融合了配电输入输出功能，极大地节省了机柜、冷热通道所占用的空间，同时预设冷热通道，无需现场模拟各类冷热气流组织，极大地节省了现场组装及测试时间。

应急医院医疗专业施工技术

1. 手术室、ICU 负压洁净环境控制技术

（1）技术背景

负压手术室、负压 ICU 是传染性病原微生物最危险区域，为保障正常救治病患、保护医护人员安全以及控制病原空气的扩散，室内必须形成负压条件并调整压差以控制气流流向。

（2）关键技术应用

1）平面流程技术

①基本原则：

设计施工严格按照控制传染源、切断传染链、隔离易感人群的基本原则和"三区两通道、洁污分流"的基本理念。

②功能分区：

负压手术室、病区应划分清洁区、半污染区和污染区；不同区域之间，应设缓冲间或医护的卫生通过空间，且保持压差，避免空气直接对流，污染其他区域。

③工艺流程：

A. 医务人员的流线，如项目条件允许，医护更衣流程建议分男女设置。

B. 患者流线，考虑尽量减少感染风险，接诊室建议设置在病人入口处。

C. 平面设计：负压手术室、负压 ICU 应有独立的出入口，且在出入口应设准备室作为缓冲室，负压 ICU 应采用单床小隔间布置方式。

2）暖通技术

①基本设计配置

A. 负压手术室通常净化级别设置：手术间为Ⅲ级手术室，洁净走廊、辅房及手术间前室为Ⅲ级净化，后室为Ⅳ级净化。负压 ICU 建议净化级别为十万级。

B. 负压手术室及病房均采用全新风系统，即全送全排无回风。负压手术室均应独立配置空调系统，一拖一，手术间配套的前室和后室并入手术室系统，负压 ICU 污染区空调系统应独立配置，ICU 配套的缓冲间、辅房、卫生间并入病房系统。

C. 负压手术室配置一套送排风系统，送风机组配置 G4+F8 过滤装置，手术间末端采用层流送风口（内置 H13 高效过滤器）。每套负压 ICU 配置一套送排风系统，送风机组配置 G4+F8 过滤装置，室内送风口采用内置 H13 高效送风口送风。

D. 手术间、ICU 区域均采用上送下排气流组织，排风口应配置高效过滤器装置，并可现场检漏，排风机组均配置备用机组，一用一备。

E. 净化机组配置电极 / 电热式加湿器加湿，冷热源采用风冷模块机组提供，当机组数量较少，现场无专用机房时，可采用一体化直膨式净化机组。

②重难点及保证措施

A. 室内洁净度及温湿度：净化空调风系统采用三级过滤（初、中、亚高 / 高效过滤器），全新风系统表冷器配置可采用水表冷 + 氟表冷双表冷形式，优选电热蒸汽加湿器，加上高精度控制系统，确保室内洁净度及温湿度可控。

B. 医护人员工作环境安全：空调系统采用全新风直流送风系统，室内空气全部排出，不循环使用。手术室间、ICU 采用上送下排气流组织，气流方向单一不紊乱。针对性的气流组织，室内送排风口布置，流经病人的空气不经过医护，确保医护安全。

C. 外界环境的安全：合理的压力梯度，负压内污染空气不外溢，实现静态隔离。

风系统过滤对病房环境安全至关重要，在病房排风口配置高效过滤器，实现过滤器检漏，将所有污染物阻隔在室内，确保室外环境甚至通风管道不被污染。

排风出口设置于建筑物最高位置 3m 以上，确保排出空气能成环境气流充分稀释，将影响降到最低。

D. 负压压差及压力梯度的恒定：负压是负压手术室及 ICU 的基础，在确保送风量满足净化要求的同时，对系统排风量设置一定的余量，且送风机、排风机均采用变频调节，根据实际需求实时调整风量，确保在多因素影响下，仍能保证室内负压。采用先进的围护结构施工工艺，确保围护结构严密性，漏风率低。

在每个病房的送排风干管上配置定风量装置，确保房间的送风量和排风量恒定，从而保证房间的压力恒定。

系统启动时，排风机组应先于送风机组开启，反之，系统关闭时，排风机组应后于送风机组关闭。

E. 系统运行应稳定可靠：负压手术室、ICU 使用过程中的关键在于负压的维持，负压失控将导致严重的交叉感染。因此，对每一台排风机组设置备用机组是必要的，在机组故障后自动开启备用机组，确保负压维持，同时也可在设备维护时互为备用。同时设备用电均配备双电源设置，确保电源可靠。

序号	分区	具备功能
1	清洁区	医护会诊室、休息室、备餐间、医护开水间、值班室、医护集中更衣淋浴室、医护卫生间等用房
2	半污染区	护士站、治疗室、处置室、医生办公室、库房等与负压病区相连的医护走廊
3	污染区	负压手术室、负压 ICU、病房缓冲间、病房卫生间、患者走廊、污物暂存间、污洗间、患者开水间等用房

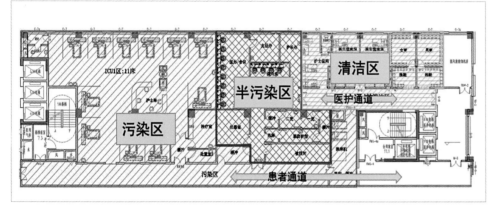

负压 ICU 平面分区示意图

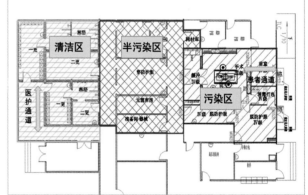

负压手术室平面分区示意图

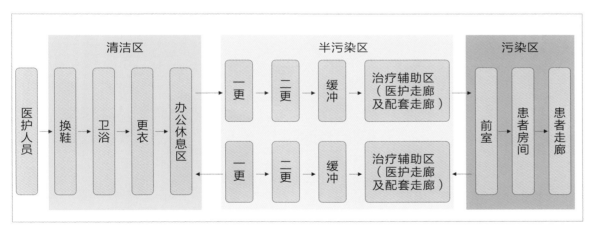

工艺流程图

患者流线

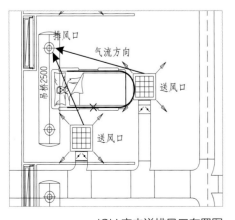

ICU 室内送排风口布置图

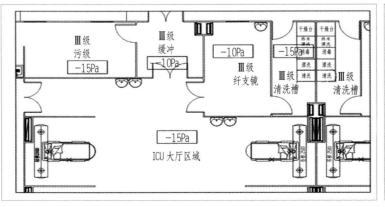

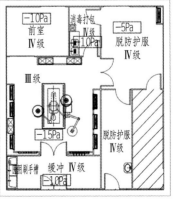

负压梯度图

3）电气技术

① 负压手术室及 ICU 应配置双电源：保证负压手术室医疗用电在一路电源有问题的情况下可自动切换至备用电源。

② 负压手术室及 ICU 应配置应急电源（UPS），提高供电安全可靠性。

③ 负压 ICU 病房每床位设单独供电接口，与辅助用房用电分开；负压手术室用电应与辅助用房用电分开，消除相互干扰。

④ 负压手术室及 ICU 需配置医疗 IT 系统，使一次侧与二次侧的电气完全绝缘，隔离危险电压，减小对地电容电流，使其不足以对人身造成伤害，保障病人用电安全。

⑤ 清洁走廊、污洗间、候诊室、诊室、治疗室、病房等需要灭菌消毒的区域均需设置紫外线杀菌灯，杀菌灯与其他照明灯具应用不同开关控制，其开关应便于识别和操作。

⑥ 保护性接地及等电位接地：负压手术室及 ICU 电气装置的部件与患者有接触，患者触电危险大。必须实行"辅助等电位联结"，即将该场所内所有的金属构件、管道与 PE 线相互联接。等电位联接的目的是使所有金属构件与 PE 线处于同一电位，以降低接触电压，提高安全用电水平。

（3）重难点及保证措施

供配电安全保障：若变压器未配置滤波器，则负压手术室及 ICU 的总配电箱应配置滤波器，可动态无功功率补偿及三相不平衡电流补偿，全方位改善电能质量，降低电网损耗，提高供电设备的能效，为医疗用电设备的正常运行提供强有力的安全保障。

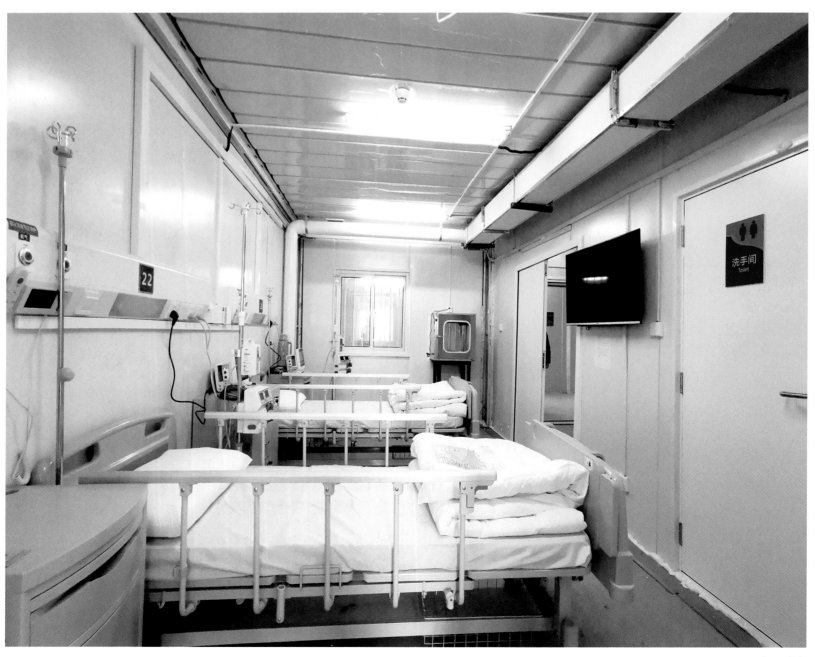

负压病房

2. 医用"三气"系统施工关键技术

（1）医用气体工程介绍

火神山、雷神山医院项目医用气体工程包括供氧系统、负压吸引系统、压缩空气系统（后称"三气"系统）和病房医疗设备带。

雷神山医院中心供氧系统由 6 台 20m³ 液氧罐、18 台 400Nm³/h 汽化器、6 台 1000Nm³/h 调压装置、汇流排、仪表、管道、阀门、设备带及氧气终端等组成，采取 3 用 3 备 1 应急的模式。分管道及终端压力要求为 0.3 ~ 0.4MPa，每个终端氧气流量不小于 10L/min；氧气管道气体流速不大于 10m/s；系统泄漏率要求小于 0.2%/h。

负压吸引系统由 4 台 15kW 真空机组、2 台 2m³ 负压真空罐、水箱、配电柜、仪表、管道、阀门、设备带及吸引终端等组成，采取 2 用 2 备的使用模式。压力调节范围要求为 -0.07 ~ -0.02MPa；终端抽气速率不小于 30L/min。

压缩空气系统由 3 台 55kW 空气压缩机、3 台 13.8m³/min 冷冻式干燥机、3 台 10m³/min 压缩空气汽水分离器、9 台 13m³/min 压缩空气精密过滤器、3 台 2m³ 空气储罐、仪表、管道、阀门、设备带及空气终端等组成，采取 2 用 1 备的模式。压力调节范围要求为 -0.65 ~ -0.45MPa。

病房医疗设备带按每床位配置氧气终端、吸引终端、空气终端、内置式床头灯及灯罩、单极大板灯开关各 1 套，国标五孔电源插座 2 套，网络插座 1 套，呼叫器 1 套，氧气维修阀 1 个、漏电保护开关 1 个。设备带安装高度为 1.4m。

（2）工艺流程

医用气体工程工艺流程图

（3）施工要点

1）管道的焊接

雷神山医院医用气体主管道采用 φ159、φ89、φ57 无缝脱脂不锈钢管，氩弧焊连接；末端支管采用 φ8 紫铜管，承插后铜基钎焊连接；铜管与不锈钢管采用银基钎焊连接，或使用不锈钢管与铜管的转换接头连接。

不锈钢管与铜管连接前，需先在主管道钻 φ6 的小孔，再用转换接头的不锈钢头的一侧对准不锈钢主管道 φ6 小孔，氩弧焊连接，然后用转换接头的铜头的一侧与 6 铜管铜基钎焊连接，最后将两头对接，拧紧螺母，完成不锈钢

转换接头　　　　　　不锈钢管与铜管连接

管与铜管的连接。施工初期，铜管与不锈钢管采用了转换接头的连接方式，要进行两次施焊后，再将活接拧紧，因这种连接方式效率低，严重影响进度，改用银基钎焊的方式连接，在取消转接头的同时减少一道焊接工序。

2）设备带中强、弱电线与供气管路隔离

雷神山医院采用了国内主流使用的三仓设备带，集成了气路末端接口、电源插座、床头灯及开关、网络插座、呼叫器等一系列末端点位。行业规范《医用中心供氧系统通用技术条件》YY/T 0187-1994 第 4.2.3.2 条规定氧气管道不允许和导电线路、电缆共架敷设，也不允许与导电线路、电缆交叉接触，防止漏电火花击穿管道造成事故。因此三个专业要分仓布置，弱电线路布置在上仓，气体管路布置在中仓，强电线路布置在下仓。但是实际使用中，氧气终端与电源插座、传呼器共用安装面板的设备带是无法达到此条款要求的，因为强、弱电末端安装在中间气路仓的面板上，强、弱电线需要从强、弱电仓引到气路仓才能够接线，而这样强、弱电线路还是与气体管路形成了交叉。

在施工过程中，采用对电线加装绝缘管，并对气路仓与强、弱电仓的过路孔进行密封处理，同时将电线与插座的连接点采用玻璃胶胶封等措施来防止电弧产生，起到了保护作用。

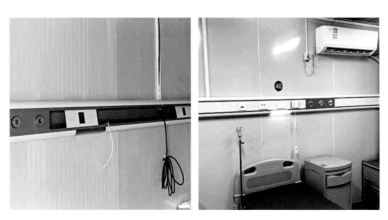

设备带上末端点位均布置在气仓

3）液氧灌的安装

雷神山医院以液氧灌作为供氧系统的氧源，液氧汽化温度为-183℃，一旦泄露极易出现冻伤及爆炸事故。火神山、雷神山医院液氧罐为立式罐体，外形尺寸为Φ2.62m×8.76m，由三个支腿支撑（每个支腿与地面接触面积0.07m³），空罐重量为8.25t，注满液氧时重量达到20t，故液氧灌安装的稳固性尤为重要。

基础加固方案：先在400mm厚混凝土板上满铺20mm厚钢板，并将全部钢板焊接连接后，使用20号化学锚栓将钢板固定在混凝土板上；再将液氧罐吊装在钢板上，把其支腿与钢板满焊，即通过钢板分散地面的受力；最后用20号通长槽钢横跨钢板后，使用20号化学锚栓将槽钢固定在混凝土板上，以此保证液氧灌的稳固性。

4）液氧站报警系统的设置

雷神山医院原设计未对报警系统有明确要求，出于安全因素考虑，补充安装了两套报警装置。在液氧灌设置GPRS/NB-IOT物联网传感装置，通过手机APP即可实时监测罐体压力、剩余体积、当前液氧液位及历史运行曲线，可靠监测并记录液氧实时数据，以实现对用氧量、灌氧时间及灌氧量的指导性数据支撑。同时在液氧汽化后的南北两区的主管道始端设置氧气压力声光报警装置，当汽化压力与设置压力大于0.05MPa时，声光报警器将进行报警并通知维保人员进行处理。两套报警装置为氧气系统的平稳运行提供了有力保障。

液氧站基础加固示意图

3. 电离辐射防护关键技术

（1）技术背景

火神山、雷神山医院作为治疗新冠肺炎的大型呼吸类传染病专科医院，设置了 CT 诊断检查室，配置了 CT 机，因此在主体建造过程中对辐射防护系统有着严格的技术要求。

（2）电离辐射防护方法

电离辐射外照射防护的基本方法主要有三种，分别是时间防护、距离防护和屏蔽防护，火神山、雷神山医院主要采用屏蔽防护方法。

屏蔽防护材料选用页岩实心标准砖砌筑（厚度为 200mm），结合铅板进行防护，其砌筑砖缝的密实度也应达到防护要求；其底板和顶板利用 2mm 铅板进行防护；防护门窗选用专业厂家生产的合格成品门窗（防护效果达到 2mm 铅当量）在现场进行安装。

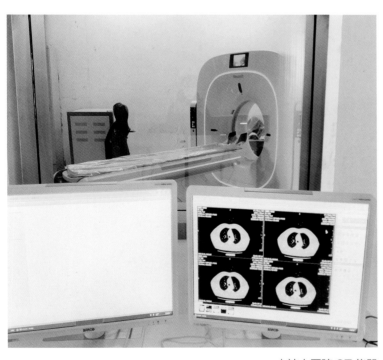

火神山医院 CT 仪器

（3）技术要点

1）土建技术要求

① CT 机设备安装在机房中央距后墙壁稍远的位置，以减少射线对操作者和病人的影响。各大部件在机房的安放位置要兼顾机器运行安全、维修留有空间、病员进出通畅、医生操作方便和通风换气良好等几个方面，要尽可能地减少各个工作区域的相互干扰。

② 机房的使用面积和空间尺寸：根据 CT 机规格的大小，机房应有适合使用面积和室内净空。拍片室净尺寸为 4.5m×5.4m（24m²），透视净尺寸宜为 5.4m×6.0m。室内的梁底净高以不少于 3.0m 为宜。

③ CT 机房四壁、顶棚及地板等六个空间界面应考虑防护问题，其选材及厚度、构造等都要满足该室 CT 机的防护要求。机房的空间界面不允许留洞开槽或管道穿越，机房门应有防护措施，窗口下端应高出室内地面 1.5cm，且应为遮光窗。与暗室相邻的机房，其间墙上应设有传片箱。成品传片箱本身应符合防护要求，安装及缝隙处应有防护措施和存取胶片的信号装置。

④ CT 机的供电可采用架空电缆，也可在地面上设宽 250mm、深 150mm 的电缆沟铺设电缆。机房的地面支撑要满足机器的载荷要求。要抗静电、防火、防尘、耐压和耐摩擦。电缆的铺设应避开交流电磁场（变压器、电感器、马达等），且信号线和电源线应屏蔽、分路铺设。必要时需要做白铁皮衬里的电缆暗沟，上面加盖，且有防鼠害措施。电缆线若太长，必须波形铺设，不可来回折叠或圈缆。

⑤ CT 室墙体采用页岩实心标准砖（厚度为 370mm）砌筑，结合铅板进行防护，顶板采用 5mm 厚铅板防护。雷神山医院 CT 室原设计采用 300mm 厚钢筋混凝土墙 +250mm 厚钢筋混凝土顶板，综合考虑施工进度及防止射线外漏的要求，将顶板混凝土结构修改为钢结构 +5mm 厚铅板。地面做法均为结构底板 + 设备基础 + 地板胶。

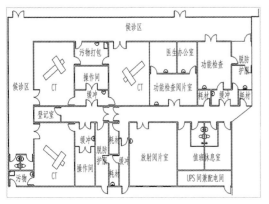

CT 室平面布置图

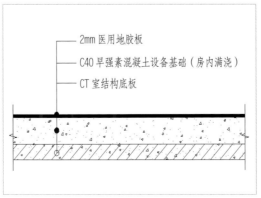

雷神山医院 CT 室地面做法

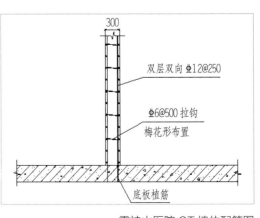

雷神山医院 CT 墙体配筋图

2）环境需求

CT 机房应建在周围振动小、无严重电磁场干扰、噪声低、空气净度较高的环境中，可能的话还应考虑离配电房较近。

环境温度：扫描室为 20～28℃、控制室为 18～28℃。

相对湿度：扫描室为 30%～70%、控制室为 30%～80%。

3）电源需求

CT 电源电压值的允许范围为额定值的 90%～110%；电源频率为 50Hz 或 60Hz，频率值的允许偏差为 ±1Hz；CT 机所需的电源应尽量由配电室专用电缆提供。不得和空调电梯等其他感性负载设备共用同一变压电组。为了确保 CT 机的供电稳定，抑制脉冲浪涌干扰，一般需加接交流稳压器。CT 系统电源干线容量应大于机组额定总功率的 10%～20%。

CT 机须有良好的接地装置，其电阻＜4Ω，并每隔半年需检查一次。且接地端到所有被接地保护的金属零部件间的电阻也必须＜0.1Ω。

（4）验收要点

需对 CT 室等放射诊疗设备进行质量控制与放射防护检测。根据放射防护要求现场督促施工，紧盯房顶盖铅板、封门缝、玻璃窗等每个细节。组织放射卫生检测，确保诊疗设备达到国家卫生标准，可以投入使用。

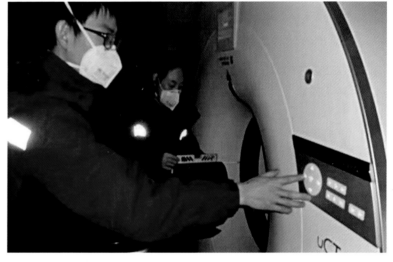

验收 CT 设备

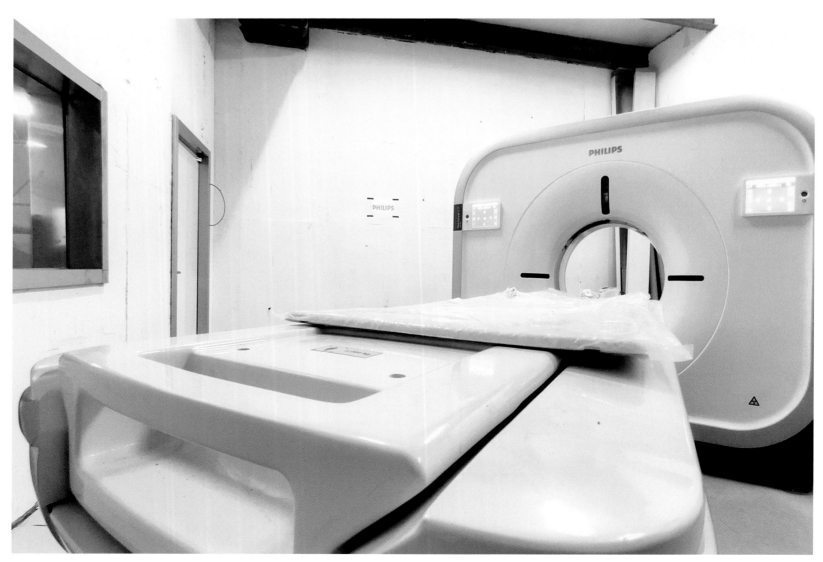

CT 设备

4. 医疗信息化系统关键技术

（1）综合布线系统

1）系统概况

综合布线系统是将语音信号、数字信号的配线，经过统一的规范设计，综合在一套标准的配线系统上，此系统为开放式网络平台，方便用户在需要时，形成各自独立的子系统。综合布线系统可以实现资源共享、综合信息数据库管理、电子邮件、个人数据库、报表处理、财务管理、电话会议、电视会议等功能。在火神山医院综合布线系统共布设1192个数据点、610个语音电话点、432个室内AP点及13个大覆盖公共AP点位和127个供医护对讲、背景音乐、监控、门禁等系统运行使用的网络数据点位。

2）施工流程

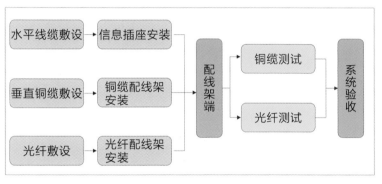

综合布线系统施工流程图

综合布线系统施工

（2）网络系统

1）系统概况

根据设计和医院业务实际需求，网络系统分为内网（医疗专用网）、外网（含电视网）、无线网、设备网四套网络系统。利用先进、成熟的网络互联技术，构造高速、稳定、可靠的信息网络平台，该网络平台必须满足相应医疗救治的总体要求，并实现与上级主管部门的平滑连接。数据网络系统对来自医院内外的各种信息予以接收、储存、处理、交换、传输并提供决策支持。同时根据火神山、雷神山医院的特点，针对网络系统设计，提出网络安全必须达到三级安全要求，在遇到突发安全事件后采取专业的安全措施和行动，并对已经发生的安全事件进行监控、分析、协调、处理、保护资产等。能够第一时间采取紧急措施，恢复业务正常运行，追踪原因并提供可行性建议，避免同类事件再次发生。

2）施工流程

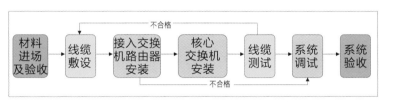

网络系统施工流程图

网络WIFI

数据面板

（3）医护对讲系统

1）系统概况

在医院病房设置护士呼叫系统，可以提高医院护理水平，减轻护士的劳动强度，提高病患的舒适程度。本系统采用数模结合的方式，设置在护理单元的病房区。系统由床位分机、洗手间求助报警按钮、门灯、走廊显示屏、护士站主机及服务器等组成。实现一键呼叫语音提示，双向通话实时显示等功能。

火神山医院共有17个护理单元，每个护理单元均为25间病房，共设计了833个床头对讲分机、17个护士站对讲主机、425个卫生间报警按钮、17个护士站报警按钮、34块走廊显示屏。

2）施工流程

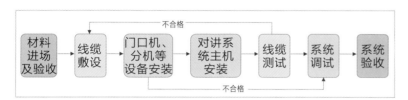

医护对讲系统施工流程图

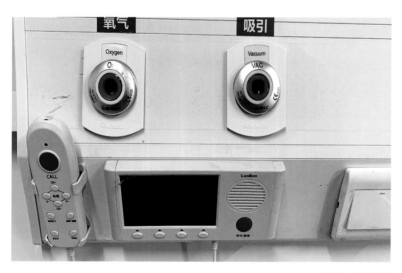

房头对讲分机

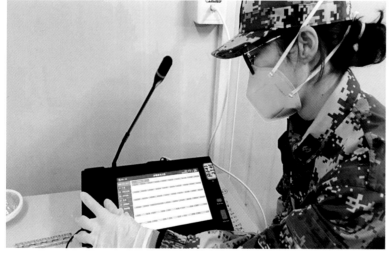

医护对讲系统

（4）视频监控系统

1）系统概况

系统采用1080P高清网络摄像机进行视频信号采集，并通过磁盘阵列进行集中存储。监控中心通过控制键盘可对医院前端摄像点进行电视墙管理控制、云台控制、镜头控制等。

考虑到系统监控点较多而显示设备较少，监控中心解码视频输出必须满足1、4、9、16画面分割显示，解码视频输出最高可支持1080P。医院监控中心、医院领导随时查看和调阅医院监控摄像机采集的图像。各护士站配置相应的监控设备对管辖的区域进行视频信息的监视。

医院周界、停车场、药房、主要出入口、等候区域、通道、取药等重要功能室等作为监控重点；其中周界的摄像头具有远程控制的高倍变焦功能。

系统支持智能分析，能锁定系统设置的黑名单，当黑名单人员出现在监控范围内，能在控制中心弹出该人员视频，供安保人员及时作出处置。系统支持红线设置，对越过红线触警有预警功能。支持大容量直播和点播。

2）施工流程

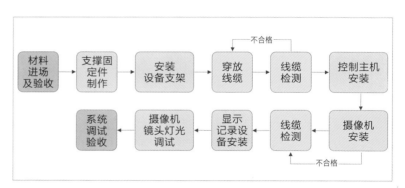

视频监控系统流程图

摄像机安装示意图

（5）报警系统

1）系统概况

入侵报警系统由前端探测器、报警控制中心两部分组成。负责火神山医院内各个点、线、面和区域的侦测任务。

前端是由各种探测器、紧急按钮、双鉴移动探测等组成，该系统可探测人员的非法入侵，同时向报警控制中心发出报警信号。报警控制中心设置报警主机及报警管理软件。发生异常情况时发出声光报警，同时联动监控系统视频保存记录。

2）施工流程

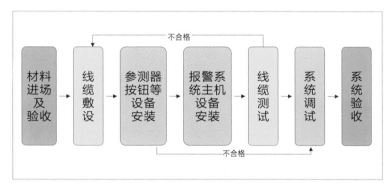

入侵报警系统流程图

（6）门禁系统

1）系统概况

针对院区内各类人员的出入进行智能化管理，尤其是对患者进行严密的活动区域控制，以保障其他人员的安全。系统由输入设备、控制设备、信号联动设备、控制中心等组成，系统采用 TCP/IP 传输方式。在主要出入口及功能分区处设置出入口控制装置，只允许授权人员在规定时间内进出并记录所有出入人员、出入时间等信息。火神山门禁系统共设 6 个单门单向门禁，6 个单门双向门禁，81 个双门单向门禁，44 个双门双向门禁。共配置双门门禁控制器 125 台、双门磁力锁 169 个、单门门禁控制器 12 人、单门磁力锁 20 个、读卡器 166 个以及 60 个出门按钮。在设计过程中，针对门禁优化了 AB 门，并形成相应专利。门禁系统点位按照功能分区和医院使用特点设计。对污染区与室外、半污染区与洁净区所有门均设置了门禁，保证这些区域的严格隔离。在缓冲区和传递间设置 AB 互锁门禁，保证缓冲每次只能开一扇门，防止可能的污染。

在病房病人走道与室外设置双向门禁，在每个病区入口设置与相应病区护士站连接的可视对讲系统，可以由病人呼叫护士站，得到授权后解除门禁进入病区。在医院洁净区与室外设置单向门禁，防止外部非授权人闯入医院。在脱防护服间与病人走道设置单向门禁，医生可通过授权的腕带，刷读卡器后由病人走廊进入脱防护服间。

2）施工流程

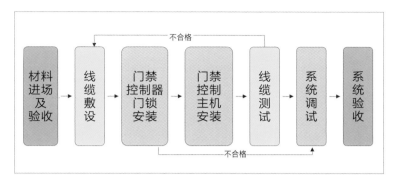

门禁系统施工流程图

（7）不间断 UPS 系统

1）系统概况

在网络机房处配置集中式不间断 UPS 系统为火神山医院的门禁、视频监控、网络系统等弱电井设备提供集中供电，在断电时保障设备正常运行。

UPS 是能够提供持续、稳定、不间断的电源供应的重要外部设备，UPS 可以在市电出现异常时，有效地净化市电；还可以在市电突然中断时持续一定时间给电脑等设备供电，提供充裕的应对时间。

2）施工流程

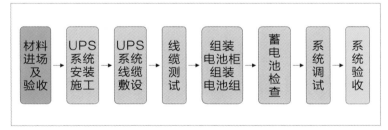

机房 UPS 系统施工工艺流程图

紧急按钮　　　　　声光报警器

缓冲间

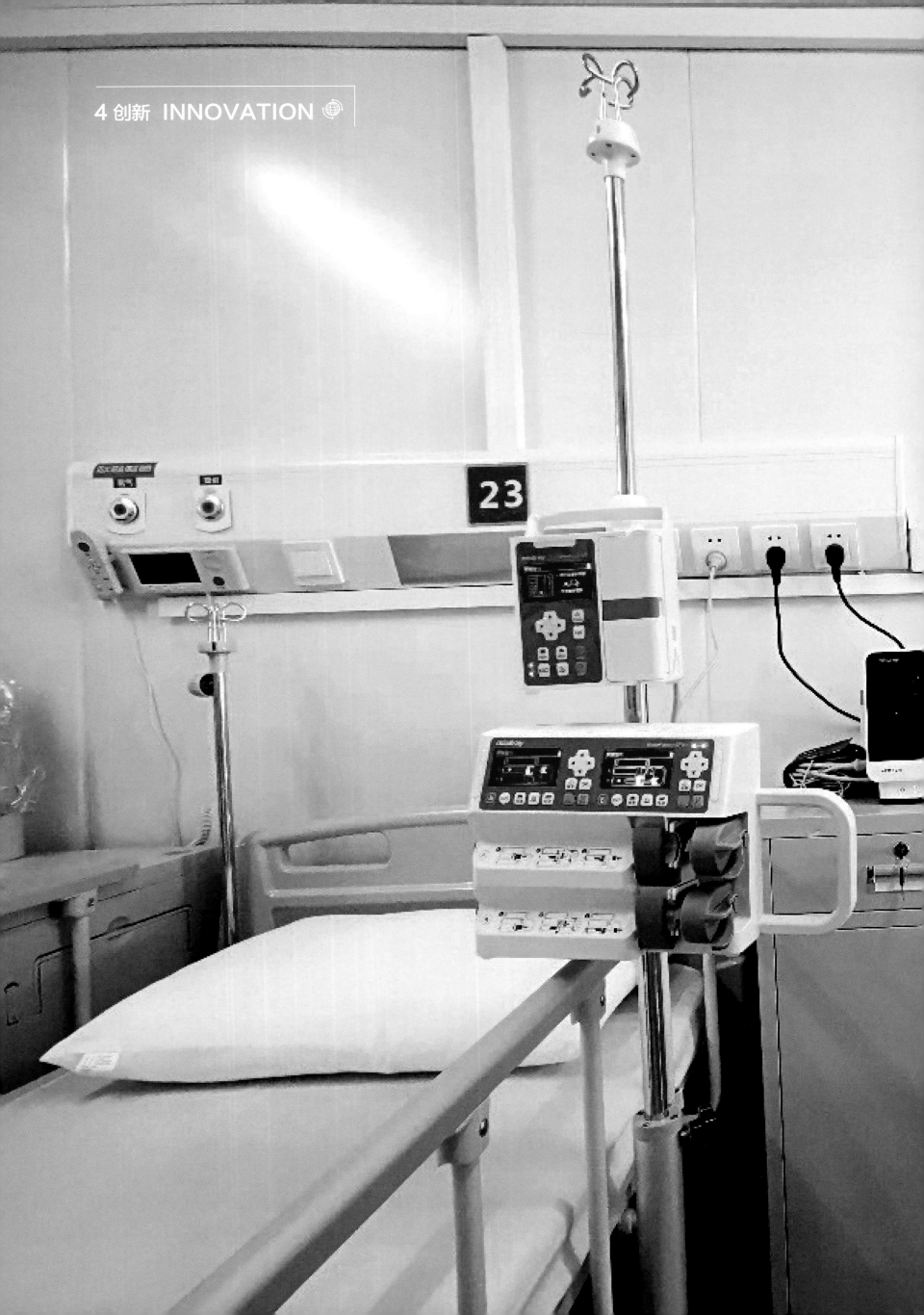

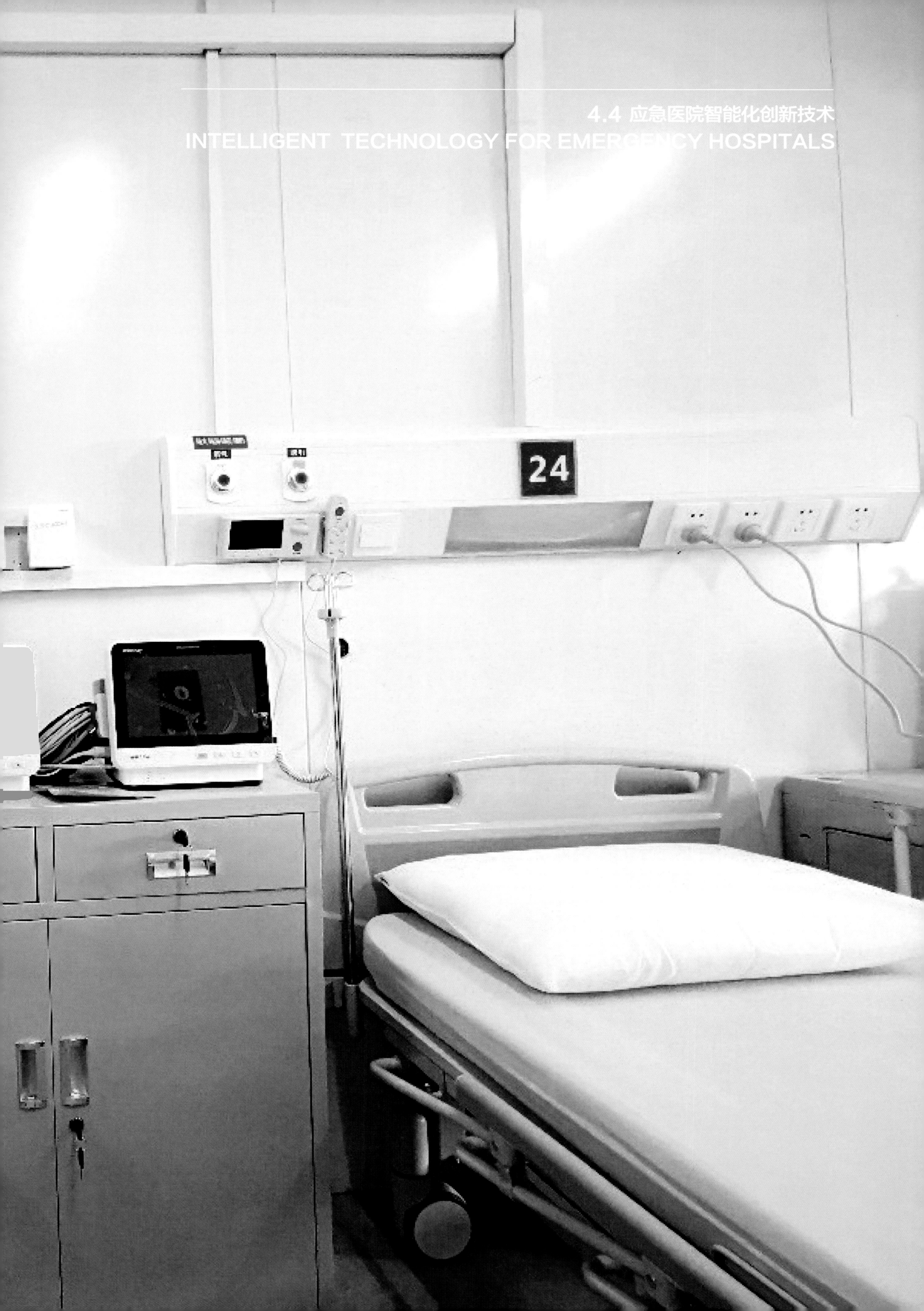
24

应急医院智能化创新技术

1. 资源保障信息化管理

（1）基于物联网的集装箱管理平台高效调配技术

1）云平台开发方法

根据公司项目管理的经验和信息化需求，提出了"集装箱房管理云平台"的应用管理模块解决方案，以"集装箱房管理云平台"为数据集成枢纽，将信息技术、装配式施工技术与管理深度融合，综合应用 BIM 技术、物联网技术、移动通信和各种智能化设备，实现装配式建筑施工全过程质量数据自动采集、信息交互、智能分析及智能预警。分别满足不同管控细度的管理需求，通过统一的数据标准、接口标准相互关联，实现数据互通共享。

2）数据库设计

"集装箱房管理云平台"采用关系数据库，参考标准数据库的设计原则，将实体和关系区分，使得数据表的信息定义更为明确，易于管理。集装箱房管理云平台的项目数据库中数据表数量众多，可以划分 BIM 模型存储、基本信息存储、管理信息存储、后台信息存储、移动端数据存储、项目环境、空间结构、关联表一共 8 个模块。

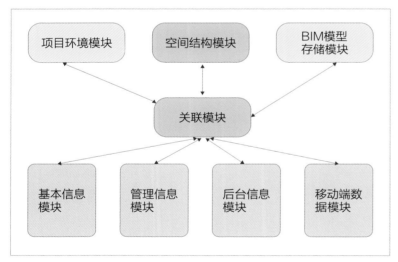

数据模块关系图

3）集装箱 RFID 追溯技术

① 实施准备

A. 建立数据库，给各环节岗位人员分配账号，并设置相关权限。

B. 根据项目规模确定手持扫码枪的数量及分配人员，并在设备上安装"基于 RFID 的集装箱管理系统"。

C. 确定编码规则并根据工程需求准备 RFID 芯片。

② RFID 芯片植入集装箱

A. 准备集装箱所对应编码的 RFID 芯片，在芯片植入构件前需要通过扫码枪对 FRID 进行检查，确定芯片正常工作。

B. 待集装箱生产后将 RFID 芯片贴于构件表面，保证芯

片的固定。

C. RFID 芯片的放置位置需相对固定，并做明显标记。

③ 构件生产过程信息写入

A. 通过扫码枪扫描构件，获取构件 ID 并完善构件编码信息，其中构件状态改为生产。

B. 录入生产过程信息，包括图纸、原材料检验、生产过程记录、过程检验、部品入库检验、部品出库检验等信息并提交上传至服务器。

4）构件出厂运输

① 装配式构件装车后，通过扫码枪扫描构件，获取编码信息。

② 将构件编码信息中的构件状态修改为运输。

③ 扫码枪记录当前时间及地点，并填写运输车辆等运输信息，并将以上信息提交上传至服务器。

5）构件进场验收

① 装配式构件进场时，通过扫码枪扫描构件，获取构件编码信息。

② 将构件编码信息中的构件状态修改为进场。

③ 逐项检查验收项目，并填写验收记录，主要包括构件编码、构件类型、质量证明文件、结构性能检验、混凝土外观质量、构件外观质量、饰面与混凝土粘结、粗糙面、键槽外观、饰面外观质量、预留预埋型号及数量、构件外形尺寸等构件进场验收信息。

6）吊装

① 吊装时，通过扫码枪扫描集装箱，获取构件编码信息。

② 将构件编码信息中的构件状态修改为吊装。

7）完工验收

① 当集装箱安装固定等工序完成后，通过扫码枪扫描构件，获取构件编码信息。

② 将构件编码信息中的构件状态修改为验收。

③ 逐项检查验收项目，并填写验收记录。

8）工程进度统计

① 在工程进行过程中，可以通过网页端查看集装箱统计状态。

② 根据集装箱状态统计结果可知工程施工进度状况及集装箱进场生产状况，为工程施工管理提供决策依据，保证现场特殊资源供应。

（2）智慧工地信息化管理平台技术

通过"云大物移智+BIM"等先进技术的综合应用，对"人、机、料、法、环"等各生产要素进行实时、全面、智能的监控和管理，实现业务间的互联互通、数据应用、协同共享、综合展现。

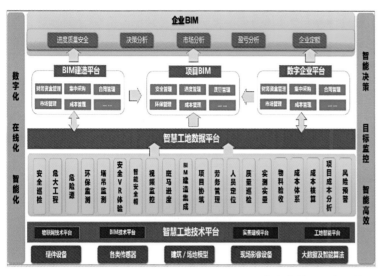

信息化管理平台系统图

1）劳务管理

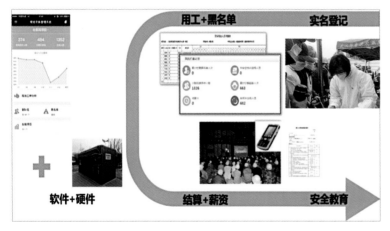

劳务管理流程图

① 信息化系统

通过信息化系统＋各类智能硬件设备，实现对工人实名登记、及时记录，掌握其安全教育情况，实时统计现场劳务用工情况，分析劳务工种配置；监控人员流动情况，监管工资发放，为企业及项目的生产提供数据决策依据。

② 智能终端

通过配置身份证识别器、IC卡读写器（二维码扫描设备）、通道闸机、监控抓拍摄录、现场显示（液晶显示屏、LED设备）、硬件控制台及其他保护支持设备（UPS电源、稳压器）等形成信息化系统的智能门禁控制设备，实现工人身份采集、进出场控制、考勤信息采集、现场劳务数据展示等功能。

2）实名制管理

采用专用手持设备，进行身份证扫描，简选工人工种、队伍等信息，同时进行证书扫描或人员拍照留存等；发放安全帽的同时，关联人员ID和安全帽芯片，真正实现人、证、图像、安全帽统一。

实名制管理

3）智能安全帽

① 系统架构

以工人实名制为基础，以物联网＋智能硬件为手段，通过工人佩戴装载智能芯片的安全帽，现场安装"工地宝"数据采集和传输，实现数据自动收集、上传和语音安全提示，最后在移动端实时数据整理、分析，清楚了解工人现场分布、个人考勤数据。

② 人员考勤

在记录人员考勤的同时，对施工人员的个人信息及队伍信息进行区分，并播报预警信息；数据上传到云端，再经过云端服务器按设定规则计算，得出人员的出勤信息，生成个人考勤表。

③ 智能语音预警提示

当施工人员进入施工现场，通过考勤点设置的"工地宝"，主动感应安全帽芯片发出的信号，区分队伍和个人，进行预警信息播报，预警信息预置可通过使用手机端自助录入。

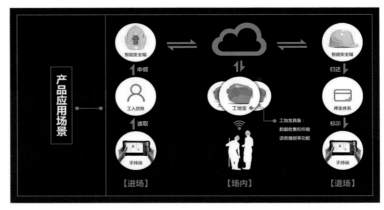

系统架构图

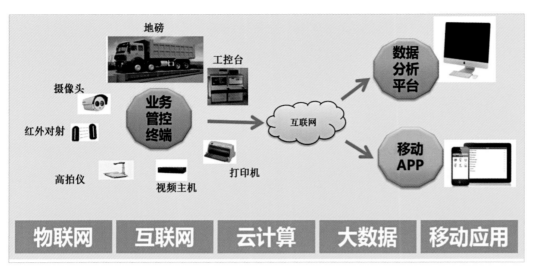

物料验收系统

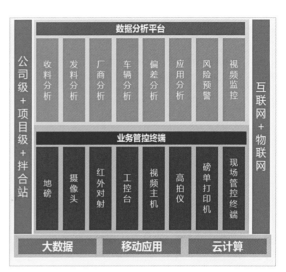

物料验收架构图

仪表示意图

物料记录示意图

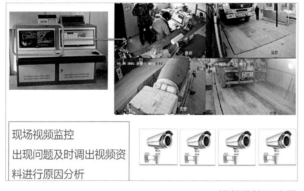

现场视频监控
出现问题及时调出视频资
料进行原因分析

视频监控示意图

车辆验收示意图

计算偏差界面

4）物料验收系统

① 系统介绍

系统由软硬件两部分构成，硬件部分提供了丰富的防作弊功能，如实时动作瞬间图像抓拍、全程视频监控、软件数据自动生成等；软件部分做了大量项目易用性设计，如简单一步式操作、供应商供货合格分析、不同供货单位设置不同换算系数、车辆供货合格分析、单车料标准偏差分析、自动预警提示、移动端远程监控与分析等。

② 业务管控终端

与地磅仪表集成，自动记录数据。

全方位抓拍：称毛称皮时刻分别抓拍4张图片，依次为前车牌及车身、后车牌及车身、顶部车斗、磅房内部。

现场视频监控：实时监控过磅环节，出现问题及时调出视频资料进行原因分析。

拒绝重复：同一车辆，如果未出场，重复称毛会给出提示，避免重复称毛。

自动计算偏差：单位自动换算、偏差自动计算，不需查表，不需计算器。

自动打印磅单：系统自带二维码防伪功能，结算时直接采用二维码扫描验证单据真实性，扫描同时可以读出称毛、称皮相片、磅单和料单信息。

2. 应急医院 AI+ 安防技术

（1）技术概述

呼吸类传染病应急医院安全管理尤为重要，由于其区域之间相对封闭，一些病患身体虚弱、情绪难以控制等情况对呼吸类传染病应急医院的安全管理提出更高的要求。另外新冠肺炎主要特征就是发热，加强初步甄别发热人员也是安全管理的重要方向。

随着近年来人工智能（AI）、深度学习、大数据等技术的发展，通过 AI 与图像识别技术相结合，能有效满足呼吸类传染病应急医院安全需求。以火神山医院和雷神山医院应急抢险工程为基础，探讨"AI+ 安防"技术在呼吸类传染病应急医院的应用。

（2）AI+ 智慧监控系统的应用

现代呼吸类传染病应急医院安防监控系统建设主要有以下两个特点，一是安全监控区域多，比如院区周界、院区重要路口、室内主要出入口、护士站、医护走廊、病患走廊及 ICU 等；二是安全管理要素多，不同区域监控重点不一，例如室外监控主要针对越界报警，室内病患走廊则要做到病患聚集、摔倒报警等。

安全监控区域多势必会造成监控点多，产生的数据相应增多，如何在海量数据中提取有效的信息是现代呼吸类传染病应急医院监控系统建设的要点之一。安全管理要素多就必须针对性地开发与安全管控点结合的识别方法。

AI+ 智慧监控系统很好地解决了现代呼吸类传染病应急医院中的监控难题。借助计算机强大的数据处理功能，智能视频监控系统（IVS）能高速分析计算视频图像中的海量数据，并对其中关键信息进行自动的分析和提取，可以对不同目标对象进行识别，把用户不关心的数据过滤掉。同时还能够发现系统中的异常情况，辅以适当的分析和描述，进行最快方式的报警处理，能有效帮助工作人员提升工作效率。

1）AI+ 智慧监控技术在医院室外的应用

针对现场"边设计、边施工、边调整"三边模式，医院围墙的位置及结构形式在过程中均无法确定，采用基于 AI+ 视频智能分析的周界防范系统，在医院周界处每 50m 左右布置一个室外枪式摄像机，并在关键重点区域设置一体化球机的方式组成室外监控防范区域，既实现了院区室外视频监控、周界防入侵报警的功能，又大大节约了施工时间，同时保证了医院智能化系统的功能交付。

通过对于周界防范的监控视频进行智能分析，采用多种周界防范规则，一是穿越虚拟警戒墙检测，即在视频画面中，设置虚拟围墙，自动检测目标穿越围墙的情形，并将报警信号传输至安防控制中心；二是区域入侵检测，针对医院的主要出入口，启用分时段入侵检测，提升整个医院的周界防范等级；三是徘徊检测，针对医院外的公共区域启用防徘徊检测，对于不法分子的违法行为起到警示的作用。

2）AI+ 智慧监控技术在医院室内的应用

除了以上室外的施工技术应用外，还有很多室内基于 AI 智慧监控的功能可应用于火神山、雷神山等医院，在基本不增加额外工程量的前提下，可大大提升医院的使用功能及安全性，快速处理临时突发事件，对于医护人员及病人起到更好的防护作用。

① 剧烈运动检测

院区护士站、医护及病患走廊，发现人员动作过大甚至是剧烈动作，存在人员打斗等安全隐患和危险行为动作时，通过智能分析，一旦检测到该行为，马上报警到安防控制中心的监控平台，并同时联动相关画面进行弹窗显示，确保相关人员及时确认，能大大提升医护人员及病人的安全性。

② 人员倒地检测

针对 ICU、重症 / 亚重症病区等易产生突发性事件的重点区域，通过人员倒地智能分析，及时发现病人突发倒地的情况，在倒地后一定时间内未能正常爬起，马上发出预警至控制中心，便于安排对倒地人员及时进行处理和抢救，避免因不知情导致抢救不及时，造成不可挽回的损失。

③ 人员聚集检测

针对病区内患者走廊等限制人员聚集的区域，设定人员阈值，通过智能分析，一旦发现超过人员阈值，产生预警信号上传至监控中心进行下一步处理。

④ 佩戴口罩检测

医院出入口可采用基于视觉 AI 分析的人脸口罩识别，实现对进出人员的口罩佩戴情况进行检测，快速发现及统计未佩戴口罩人员的情况，及时通知相关人员进行处理。

⑤ 在离岗检测

针对医院出入口门岗、控制中心等重要区域，启用在离岗检测功能，通过对指定区域内人员进行图像采集，通过 AI 智能分析，当检测到视频中满足设定条件时，则触发报警并按照规则上传报警信息和图片，变被动监管为主动监管。对于重要岗位的监督起到了关键性的作用，可避免因人员的疏忽导致事故发生。

在火神山医院，设置了三套监控系统，均采用 1080P

高清摄像机进行监控。一是 ICU 设置独立监控系统，均存储及显示在 ICU 护士工作站区域，便于医护人员实时观察 ICU 病人的情况；二是在每个隔离医疗区进出病房的缓冲间设置视频监控系统，主要是"一脱"和"二脱"区域，供感控人员对污染区实施检查，确保安全性，防止感染；三是公共区域设置一套视频监控系统，摄像机主要设置于医护走廊、病患走廊、医护区、护士站、室外等公共区域。视频监控传输网络采用专用设备网进行传输，采用 VLAN 进行划分，前端交换机采用 POE 交换机，以确保给 POE 摄像机进行供电。

（3）热成像快速测温的应用

采用热成像摄像机对通过通道人员的图像进行采集，通过智能分析快速判断通过人员体温，超过正常体温即判断存在发烧的可能性，达到快速筛选的目的，一是确保了应急医院现场上万施工人员的健康，降低传染的风险性。二是在院区运营期间能配合防疫管理要求，对进入院区的人员实现来访人员发热预警。

施工过程中，在雷神山应急指挥部入口、工地入口、施工办公区入口设置热成像通道，对通过通道人员的热成像图像进行采集，判断应急医院现场上万施工人员是否存在体温异常现象，迅速采取措施防止发热人员流动，降低传染的风险性。交付使用后，医院入口处设置热成像采集点，对于进出医护及管理人员体温进行筛查，确保安全性。

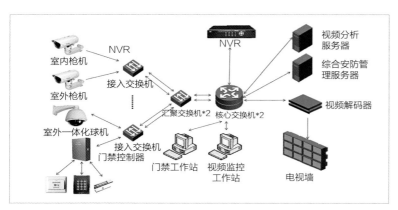

AI+ 安防系统架构图

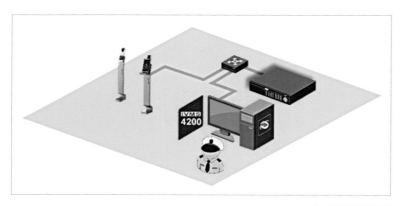

立式测温示意图

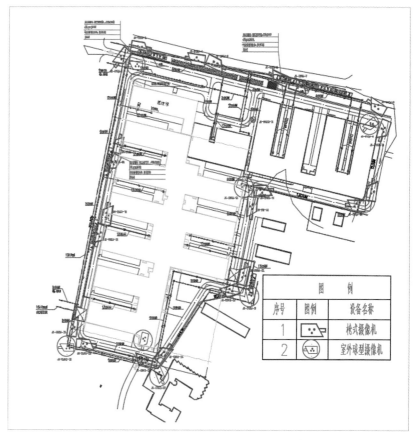

室外及周界监控布置图

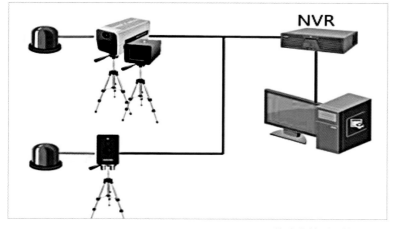

热成像检测系统拓扑图

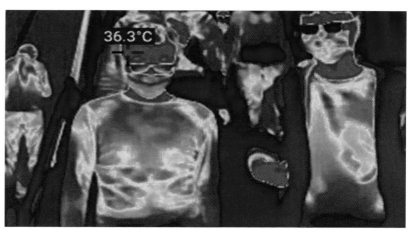

热成像检测示意图

3. 数字化智能技术应用

（1）技术概述

无线接入技术是指接入网的某一部分或全部采用无线传输。无线数字化医院就是利用计算机和数字通信网络等信息技术，实现语音、图像、文字、数据、图表等信息的数字化采集、存储、阅读、复制、处理、检索和传输。利用 PDA、平板电脑和移动设备随时随地进行数据的采集，在医护人员数据查询和录入、医生每日的查房、床旁护理、护理监控等方面，充分发挥医院信息化系统在医疗过程中的技术特点与优势。其特征是：无纸化、无胶片化、无线网络化，真正实现无线数字化医院，为医生、护士、患者提供一个更为快捷有效的信息纽带和相互交流的广阔空间，医患之间资料获取更为方便、快速。无线医护对讲系统的使用，使医护人员在移动查房时就能够及时地通过移动设备在线查看患者的相关信息。

（2）无线对讲系统的应用

1）无线医护对讲系统

医护对讲、视频监控、综合布线、网络与 WIFI 等相关智能系统建设，累计完成 19530 个信息点位和 129.8 万 m 的管线施工任务。所有病房床头、洗手间、护士站、医生办公室都设置便捷按钮，实现一键呼叫、紧急报警功能，保障病人及医护人员安全。在医院病房设置该系统，可以提高医院护理水平，减轻护士的劳动强度，提高病患的舒适程度。系统由床位分机、洗手间求助报警按钮、门灯、走廊显示屏、护士站主机及服务器等组成。实现一键呼叫语音提示，双向通话实时显示等功能。

无线医护对讲系统的应用，减少了综合布线的数量，而且采用 WIFI 实现室内联网，能够在应急野战医院或装配式医院病房进行预制，减少现场组装时间，而且还能减少调试时间。通过与无线手环的配合使用，能有效提醒医护人员及时处理病患的请求。

火神山医院医护对讲系统共涉及 17 个医护单元，每个单元内设置 48 个床位，医护对讲分机安装在床头，报警按钮安装在卫生间，两台双向医护对讲显示屏安装在医护走道。护士站放置一套医护对讲单元呼叫机。总计 833 个床位，各单元联网形成整套系统。

雷神山医院医护对讲系共涉及 15 个医护单元，南区分别是 C1-C12、B1-B3 及 IUC，每个单元内设置 50 个床位，医护对讲分机安装在床头，报警按钮安装在卫生间，两台双向医护对讲显示屏安装在医护走道。护士站放置一套医护对讲单元呼叫机。南区总计 750 个床位，各单元联网形成整套系统。

2）无线对讲系统

无线对讲系统采用数字专网通信，系统主要用于火神山、雷神山医院各病床与护士站之间的呼叫，特别在医护对讲系统出现故障时，便于医护人员及时响应病人的需求，是呼吸类传染病应急医院通信保障的重要方式。

其技术原理是利用 VoIP 技术基于 CDMA 1x/EVDO 无线网络实现的智能化数字无线对讲集群通信系统，具有无距离限制、无杂音、不串频、可视化管理等优势，利用专业的指挥调度系统平台，让现场管理的指挥调度工作更加及时、有效、安全、可靠。

系统设备选型时满足平均无故障时间的要求，在成本可接受的条件下，尽最大可能降低系统的故障率，保证系统连续、稳定、正常地运行。所采用的基站设备必须具有强大的单站集群功能，保证即使在链路中断的情况下仍然能为用户提供正常的服务。

新建无线通信系统由对讲机和车载台组成，包括手持数字对讲机 180 部，固定车载台 3 部。确保在工作区域内，每一个工作人员之间都能互联互通，并不受其他部门影响。病人直接呼叫每个病区的固定台，医护人员车载屏幕可了解具体是哪个病区的病床的呼叫。后期扩容，不论是人员增加，还是与其他区域进行互联，都有预留容量。

在火神山、雷神山医护对讲系统设计过程中，将用户划分为三类群体，并设计了三个保密频段，相互独立互不干扰。第一类是医生群体，针对医生内部交流，解决内部电话无法使用时，作为备用使用。第二类，是护士站与病人用户，这是针对医护对讲系统的备用，因为紧急项目在实施过程中，难免会出现部分系统调试不及时，而出现问题的情况，此时无线对讲系统作为备用可解决沟通问题。第三类，即物业服务及安保的指挥调度，物业内部交流紧急通信以及安全巡查、消防人员的及时报告使用。

医护对讲系统作为应急医院的必备系统，是搭建病人与医护人员的呼叫通道，选择数字系统进行传输，将床头呼叫、卫生间报警结合起来，对病人起到良好的保护作用。

（3）智慧消防系统的应用

传统消防系统施工需要布置大量线缆，施工调试周期较长，在时间上很难满足应急医院的建设需求，并且在后期运维管理中无法对消防设备进行有效的实时监管。

智慧消防采用最前沿的消防设计概念，综合运用物联网、大数据、云计算和移动互联网等技术，对消防系统设备进行实时监控，为应急医院项目提供有效的解决方案。

2019年7月，应急管理部《关于推进全国智慧消防建设的提案》的回函：积极建设智慧消防大数据平台和物联网系统；进一步指导和支持地方推进智慧消防建设；加强智慧消防建设成果实效性宣传。

在火神山和雷神山两座应急医院建设中采用智慧消防系统，一方面响应国家政策，另一方面克服传统消防系统的不足，解决应急医院的实际需求。实现智慧消防系统在应急医院项目的快速施工部署、提供优质运维管理。

火神山和雷神山两座应急医院的智慧消防系统，在走廊、病房、库房等区域设置感烟探测器，在网络机房设置感烟和感温探测器，使应急医院所有区域在监测范围内；每个防火分区至少设置一只手动火灾报警按钮，从一个防火分区内的任何位置到最邻近的手动火灾报警按钮的步行距离不大于30m，手动火灾报警按钮宜设置在疏散通道或出入口处。在手动报警按钮附近，同时设置声光报警器。前端设备主要分为智能火灾报警、智能消防用水检测、消防设备管理、智能巡检、视频AI五大部分，前端设备通过物联网（LoRa、NB-LoT、无线GPRS等）传输至智慧消防大数据云平台，通过数据中心的云服务进行集中存储和统计分析，从而实现应用层中心平台、手机APP的各种功能。

无线烟感技术要点在于：一是火灾报警探测，二是将报警信号传输至系统主机。探测类型主要是光电类型，当出现火灾后，燃烧期间产生的烟雾受到空气对流的影响，被传送到探测器中，探测器根据烟雾粒子在烟室内折射率的变化来确定报警信号；现在市场上用于工程领域的无线烟感报警信号传输方式主要是NB-LOT技术与LORA技术。

NB-LOT技术在全球范围内应用广泛。优点主要体现在四方面：一是广覆盖，在同样的频段下，比现有网络提升了100倍覆盖区域的能力；二是具备支撑连接的能力，一个扇区能够支持10万个连接，基本不受数量限制；三是更低功耗，终端模块的待机时间可长达10年；四是模块成本低。

火神山医院消防报警系统采用NB-LOT技术的无线烟感。

智慧消防系统运维管理可实现所有信息在同一平台显示，克服传统系统消防设施设备运行状况不明，各系统独立运行的痛点，实现无纸化办公，满足紧急情况下的快速响应，提高运维管理工作效率。保证消防设施处于正常状态，为应急疏散和火灾的及时扑灭提供保障。

值班人员在消控中心电脑上，通过输入网址访问，可以在模型里查看每个设备的状态及报警信号。消防安全管理的所有人员可以在手机APP上查看报警信息及系统评分（设备系统状态以及监管建筑物报警次数的安全系数的综合评分）、每个报警点的具体位置，便于安排工作人员迅速处理各类报警信息。

火神山、雷神山医院无线烟感报警系统，提前编码、硬件预先组装等方式提高了效率，满足项目进度要求；同时在调试和运维中利用手机端软件，快速发现系统故障位置，及时发现及时解决的方法和经验，为今后无线烟感报警系统的推广应用提供了可借鉴的依据。智慧消防系统反应快，无线式设备安拆便捷、维修速度快，在火神山、雷神山医院应急医院得到了各方的一致认可。

智慧消防系统架构图

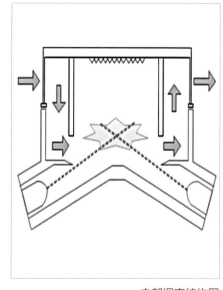

内部烟室结构图

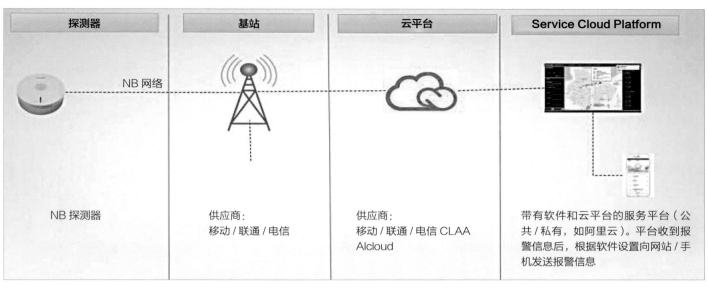

探测器	基站	云平台	Service Cloud Platform
NB 探测器	供应商： 移动 / 联通 / 电信	供应商： 移动 / 联通 / 电信 CLAA Alcloud	带有软件和云平台的服务平台（公共 / 私有，如阿里云）。平台收到报警信息后，根据软件设置向网站 / 手机发送报警信息

NB 网络

基于 NB 网络的无线烟感传输技术原理图

计划制定 → 任务下发

隐患整改 ← 现场巡查

消防巡查的 PDCA 闭环管理

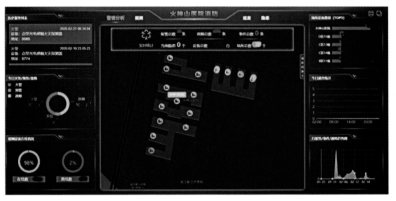

消防电子地图示例

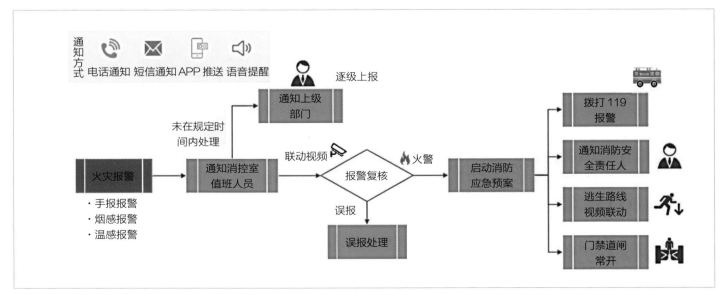

火灾报警处理流程图

疫情大考中的

中国建造

火神山医院、雷神山医院

建设纪实

4 创新 INNOVATION

4.4 应急医院智能化创新技术

（4）5G 智慧医疗的应用

5G 具有高速率、低时延和大容量特点，可将传统的医院有线通信无线化，且不影响数据传输质量，极大地加快了应急医院的通信网络部署速度，加快了应急医院的建设。

通过在火神山、雷神山医院 5G 部署实现了以下几点：一是建设 5G 专网为应急医院的各项数据传输提供高速、高可靠的无线专网通信；二是利用 5G 传输技术可以将患者的血压、心电监护、超声检查、医学图像等基本体征数据以毫秒级速度、无损实时传输到远程专家会诊团队实现远程会诊；三是通过 5G 传输实现多方高清晰度超低延时云视频会议。

1）5G 专用通信

无线通信设施建设是信息化建设的重要节点，通信网的行程能有效支持周边信息通信，为院区提供无线通信保障，火神山医院和雷神山医院建成并开通 4G/5G 基站共计 42 个，实现 4G/5G 网络全覆盖，可承载 2 万~3 万人通信需求，满足远程指挥、远程会诊、远程手术和数据传输等需求。火神山医院语音线路分配 500 个 IMS 号码，并添加了红名单、统付等功能，确保医院建成后语音线路即可正常使用。

2）5G 远程会诊

除了火神山医院之外，雷神山医院、武汉协和医院、四川大学华西医院和四川卫建委都完成了 5G 网络的远程会诊，这样既可以充分利用专家资源，病患也可以无接触地享受到专家诊疗服务。火神山医院还使用了 5G 远程医疗小推车，实时收集本地医疗数据，包括 CT 影像检测指标等，并共享给远端的专家来进行远程诊断。

3）5G 远程会议

在火神山医院的 5G 网络建设过程中，Welink 远程会议系统可支持解放军总医院多路远程会诊。该设备由高清视频会议终端和管理平台组成，支持 1080P 的高清画质。可以支持两地的医疗专家通过视频分享病患的 CT 片等医疗档案进行诊断。

AI 审片技术原理是通过"5G+ 云 +AI"的模式及时将患者 CT 影像上传到云端，同时 AI 算法快速分析病毒类型，将原本需要 5~15 分钟的 CT 阅片在 1min 内完成，以超过 90% 的准确度检测患者 CT 影像的疑似病灶，并对其进行勾画（勾画误差 <1%），极大地提升了疫情诊疗效率。

在雷神山医院的 5G 网络建设中，华为打造了一套完整的移动医疗信息系统，包括 HIS、LIS、PACS 系统，此套系统基于华为公有云进行建设，临床医生可以熟练操作，无缝联接，使得医务人员能够立即投入救治工作中去。

5G 远程专家交流会

医务人员使用智慧医疗远程会诊系统

5G AI 智能审片

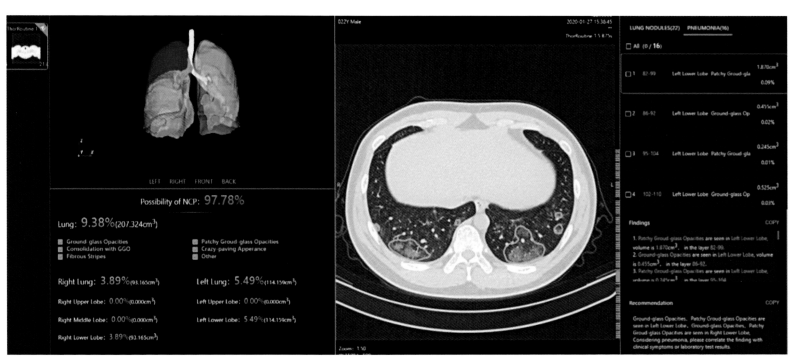

5G AI 智能审片界面

5G 远程会诊

4. 运行管理关键技术

（1）供氧系统智能化应用案例

火神山医院整体分 13 个病区加 ICU 和医技楼，医院采用集中供氧形式以满足整个病区的高质量医学用氧的需求。平稳供应是新冠肺炎重症及危重症病人维持生命的重要补给，因此应急传染病医院的供氧系统需做到运行稳定、故障率低、自动化程度高，且要满足极端情况下的用氧要求。

火神山医院内每一个标准间均设置两个病床，每个病床配置标准设备带，带插座、灯、呼叫、德标氧气接头及负压接头。每个供氧系统通过外网进入病区主走道上方，再进入病区的不锈钢管通过分支铜管进入病房，在病房分别接入设备带上的氧气接头。

为保障对氧气的实时智能化监控，在每个病区子系统的干管最前端（病区缓冲区）设置有压力变送器，产生 4~20mA 电流信号。信号送入护士站的医用气体报警箱，本地压力异常可以报警，远端通过手机 APP、电脑客户端进行监控。氧罐上带有用氧实时监控，可以记录每天的氧气用量以及各个罐体实时剩余氧气，方便预警。系统均采用 RS485 通信口进行计算机网络通信，通过智能卡远传数据、监控及报警。

（2）维保云平台系统的应用

火神山、雷神山交付使用后的维保工作成为医院正常运行的重中之重。采用自主研发的"零接触"维保云平台，可以实现维保工作零接触上报，现场流程快速响应及数据云储存等功能。

"零接触"维保云平台是基于移动互联网技术，针对已竣工项目的维保管理。系统采用 APP + PC 管理平台的组合开发模式，服务器轻量化部署在云端。

APP 端：为业主和维保工程师提供便捷的报修服务，在保障功能、流程完整的前提下，整个界面尽量简洁、直观、易操作。

PC 管理平台：为管理员提供移动的管理办公平台，以图表的形式直观地展现项目维保工作的进展情况。能根据需求，完善和提取需要的维保数据。

Web 平台的前端使用 html css 和 js 语言开发，后端使用 PHP 语言开发；移动端基于 Hybrid APP（混合模式移动应用）进行跨平台移动应用开发框架。

后端系统基于 B/S 进行架构，开发语言采用 php5.6 以上的语言技术，数据库采用开源免费的 Mysql 数据库。PHP+Mysql 是目前最为成熟、稳定、安全的企业级 Web 开发技术。

火神山和雷神山医院在交付维保的同时，启用了项目的维保云平台。"零接触"维保上报和快速统一的维保排单，让应急医院维保工作能以最快速高效的方式进行，使得订单的响应效率和一次故障处理率大幅提高，将维保工程师的感染风险降到最低，对医护人员和病人的影响也降到最低。移动数字化智能维保云平台实行维保记录电子化，相关记录存储在云端，让维保记录有据可查，维保工作有理可依。火神山和雷神山医院维保期间，共形成有效维保记录 128 条，云端的维保记录沉淀，能帮助更优的维保服务决策，进一步提高了维保效率和服务质量。

运维平台的应用降低了项目的维保成本，提高用户的使用满意度，树立良好的企业形象。移动数字化智能维保云平台的开发，推动建筑工程智能化项目售后维保服务向信息化、智能化方向迈进，对于业主单位的维保管理，规范维保人员的维保工作，增强维保服务质量，具有现实意义。

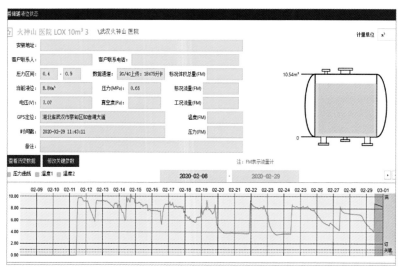

氧罐氧气储量变化曲线图

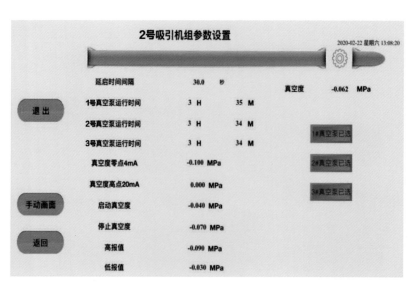

氧气压力实时监控图

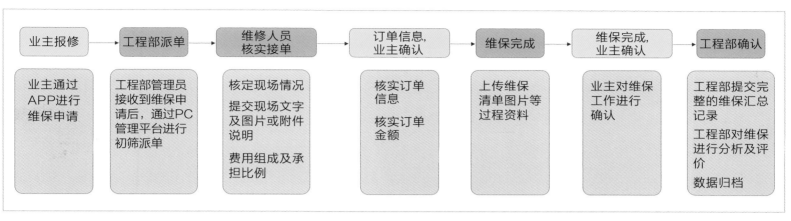

业主报修 → 工程部派单 → 维修人员核实接单 → 订单信息, 业主确认 → 维保完成 → 维保完成, 业主确认 → 工程部确认

业主报修	工程部派单	维修人员核实接单	订单信息, 业主确认	维保完成	维保完成, 业主确认	工程部确认
业主通过APP进行维保申请	工程部管理员接收到维保申请后,通过PC管理平台进行初筛派单	核定现场情况 提交现场文字及图片或附件说明 费用组成及承担比例	核实订单信息 核实订单金额	上传维保清单图片等过程资料	业主对维保工作进行确认	工程部提交完整的维保汇总记录 工程部对维保进行分析及评价 数据归档

系统业务流程梳理图

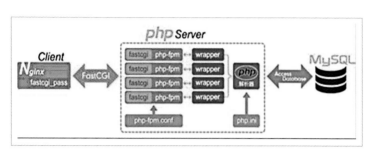

Web 端管理平台架构方案

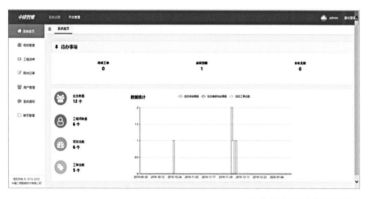

PC 管理平台操作界面

火神山医院移动端 APP 操作界面

火神山医院集中供氧站

疫情大考中的中国建造

火神山医院、雷神山医院

建设纪实

4 创新 INNOVATION

4.4 应急医院智能化创新技术

214
215

5 维保
MAINTENANCE

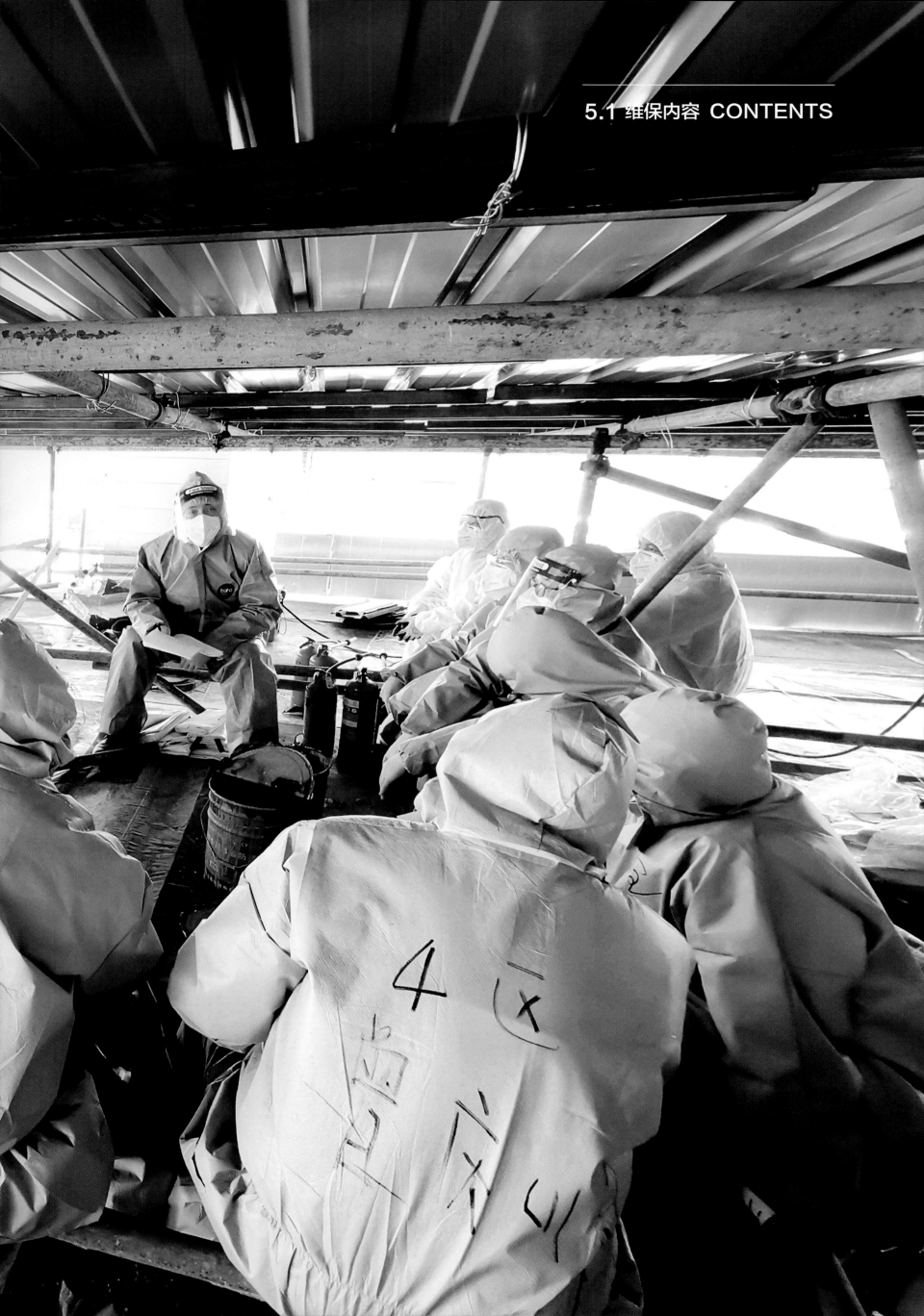

维保内容

火神山、雷神山医院的维保工作涉及土建、机电、智能化等多个方面，需要大量维保人员参与，从小至螺丝钉更换，大至病房设备维修，都需要维保人员临危不惧、克难攻坚。

1. 维保工作流程

维保工作成立物资保障组、工作组、操作组、后勤保障组，以工作组为核心，全面牵头维保具体工作内容，并负责与院方各科室负责人对接，收集维保任务，形成维保任务台账。

主要工作流程如下图。

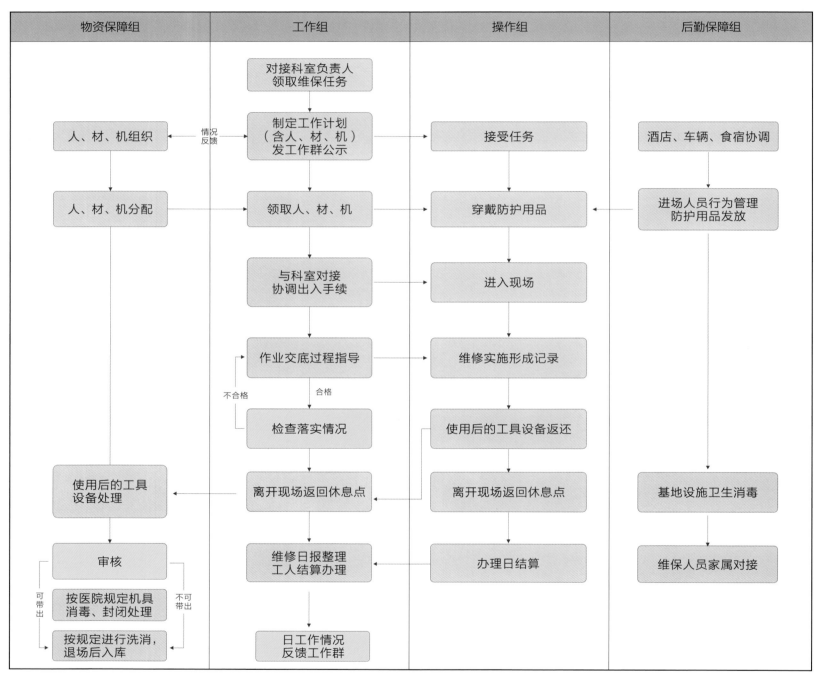

物资保障组	工作组	操作组	后勤保障组
	对接科室负责人领取维保任务		
人、材、机组织	制定工作计划（含人、材、机）发工作群公示	接受任务	酒店、车辆、食宿协调
人、材、机分配	领取人、材、机	穿戴防护用品	进场人员行为管理 防护用品发放
	与科室对接 协调出入手续	进入现场	
	作业交底过程指导	维修实施形成记录	
	检查落实情况	使用后的工具设备返还	
使用后的工具设备处理	离开现场返回休息点	离开现场返回休息点	基地设施卫生消毒
审核	维修日报整理工人结算办理	办理日结算	维保人员家属对接
按医院规定机具消毒、封闭处理	日工作情况反馈工作群		
按规定进行洗消，退场后入库			

情况反馈　不合格　合格　可带出　不可带出

工作流程图

物资保障组组织物资运送

操作组现场消杀

疫情大考中的
中国建造
雷神山医院、火神山医院
建设纪实

5 维保
MAINTENANCE

5.1 维保内容

2. 维保实施方案

维保实施方案主要内容：项目维保重难点、组织体系保障、维保日报及例会制度、维保基地建设、维保供应链联系机制、防疫方案、相关培训等。使用手册主要内容：各系统使用方法及维修方法。

根据医院各系统使用功能、频繁程度、故障影响程度，将系统故障风险划分为红、橙、黄、蓝四个颜色，制定有效的应对措施，详见下表。

火神山医院项目
维保实施方案

维保实施方案

火神山医院项目
维保使用手册

维保使用手册

系统故障风险划分及应对措施

序号	风险类别	划分依据	系统类别	应对控制措施
1	一类	使用频率高，影响病人或医护人员安全	1.电力供电系统（主供电系统及医用设备供电回路） 2.电力备用电源系统（备用电源切换） 3.供氧及医疗设备系统（室外供氧站及室内医疗设备带） 4.新风、排风系统（室外新风机及室内排风机） 5.消火栓系统（室内消火栓） 6.压差监控系统（压差表）	1.电力供电系统：常发故障为电力回路断电、元器件烧毁 2.电力备用电源系统：暂未发生故障，若发生故障，需要工厂及时响应 3.供氧及医疗设备系统：常发故障为设备带缺电、设备带无氧气 4.新风、排风系统：常发故障为皮带更换、电机烧毁、新风机入口进垃圾 5.消火栓系统：常发故障为消火栓系统无水。加强给水系统巡检频率，及时排障 6.压差监控系统：暂无故障，应对措施为日常巡检，及时排除故障
2	二类	使用频率高，影响功能使用	1.室内空调（室内机及相应电气回路） 2.室内热水器（室内机及相应电气回路） 3.电力照明系统（普通照明系统及紫外线消毒灯回路）	1.室内空调：常发故障为主板烧毁 2.室内热水器：常发故障为主板烧毁 3.电力照明系统：常发故障为灯管烧毁
3	三类	使用频率高，影响舒适性	1.排水系统（排水主干管及末端洁具） 2.给水系统（末端洁具，尤其是龙头供电）	1.排水系统：常发故障为管路堵塞 2.给水系统：常发故障为水龙头断水，备足电池（5号）。花洒损坏，备足备件及时更换
4	四类	使用频率一般，影响舒适性	网络系统及闭路电视系统	网络系统及闭路电视系统：常发故障为电视机损坏，应对措施为备足备件，及时排除故障

3. 维保工作特点

序号	重难点	对策
1	出院区、污染区卫生防疫管理	1. 加强维保人员卫生防疫知识培训，同时联合院方对维保人员进出院区及污染区规程进行培训，经培训合格后方可进入院区开展维保工作 2. 根据院方要求，固化进出院区及污染区标准化流程 3. 做到五到位：进出院区及污染区人员交底到位、防护用品佩戴到位、专人检查到位、离场前洗消到位、病区维修使用后的材料工具处理到位 4. 制定防疫应急预案，建立维修人员作业台账，对于作业人员在病区环境下暴露或者维修作业后出现有咳嗽、发热、乏力、呼吸困难或有其他身体不适等症状，立即启动应急预案
2	维保工作对接科室多，协调工作量大	1. 成立项目维保工作领导组，对维保工作进行全过程、全方位统筹 2. 设置工作组，安排专人负责科室的对接和协调工作，建立工作群，工作组将维保任务和计划及时发布 3. 规范维保工作业务流程，加强过程管理和协调，工作组全过程检查督促，提升工作效率
3	维修工作限人次限时间，维修工效低	1. 工作组做好维修任务统筹管理，维修计划确保维修人员工作安排饱满，提高效率，减少进出病区次数 2. 维修工作尽量安排在中午1点开始的时间段，进场维修部位的维修方案准备、材料工具设备准备到位，确保一次维修完成，避免遗留尾项 3. 与院方加强沟通协调，保证维修作业面具备条件，避免进场后因院方使用造成无法作业
4	维保工作紧张	1. 加强现场排查，进行立项销项管理，按照"轻、重、缓、急"的要求进行分类，制定销项计划 2. 销项计划由专人负责，对于既重要又紧急的问题，由维修专业组负责人靠前管理，协调解决负责 3. 加强与院方使用科室沟通协调，了解院方使用过程中的功能需求，全力做好维保服务

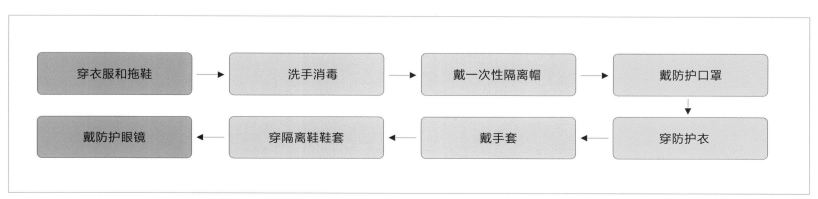

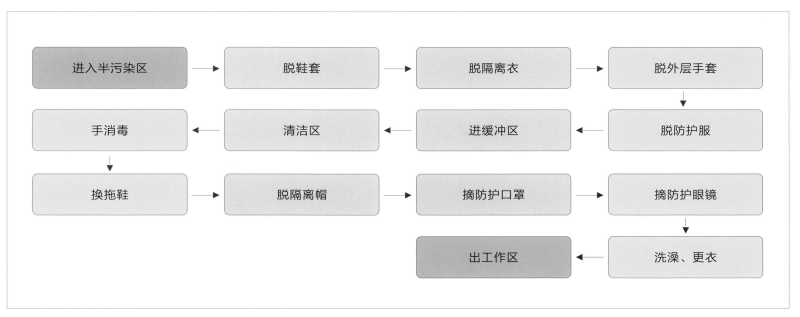

进入半污染区	→ 脱鞋套	→ 脱隔离衣	→ 脱外层手套
手消毒	← 清洁区	← 进缓冲区	← 脱防护服
换拖鞋	→ 脱隔离帽	→ 摘防护口罩	→ 摘防护眼镜
	出工作区	← 洗澡、更衣	

出院区及污染区标准化脱衣流程图

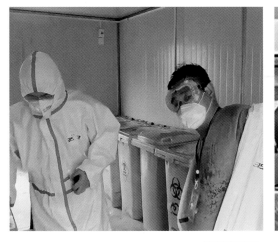

穿脱防护服	暖通系统维修加固	污水处理设备维修检查

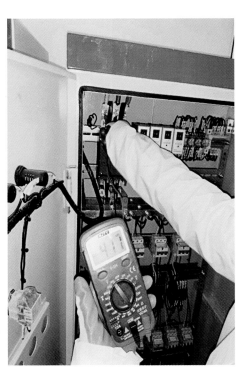

屋面修补加固	机电设备巡检

维保效果

维保团队延续火神山、雷神山医院建设精神，挺身而出、不畏艰险、解决大量难题，首次在国内应急医院工程中建立起维保体系及标准化，根据维保任务"轻重缓急"情况，将任务科学分级，对于不同层级维保任务，科学高效地提供针对性维保服务，确保医院平稳高效运行。

根据维保任务"轻重缓急"情况，维保队将任务分为4个层级。

一类风险：涉及患者亟须的医疗设施，比如氧气的供应设备故障，要求必须在2h内响应并解决故障。
二类风险：使用频率比较高的区域设备，比如淋浴区热水器等，要求4h内响应并解决故障。
三类风险：日常影响使用舒适性的问题要求1天之内响应并解决故障。
四类风险：不常使用，基本不影响使用的问题要求两天内响应并解决问题。
四类风险科学分级，科学管理，高效提供及时完备的维保服务。

1. 维保概况

火神山医院维保团队高峰期达120人，为火神山医院提供"管家式"服务，委派专业维保人员一对一快速了解各病区维修需求。医院共计17个病区，每一个病区内维修等任务都可以得到及时快速的响应。

雷神山医院维保团队高峰时期达230人。为确保及时高效解决问题，维保团队24h随叫随到，与医院各病区建立"一对一责任制"。30个病区维修任务能够及时快速响应。

火神山医院维保团队高峰期达120人。他们在维保誓师大会上许下誓言，在维保志愿书上果断签下姓名按下手印。"最危险的地方我们去""最紧急的关头我们上"，他们坚定安全高质量服务医院的决心。

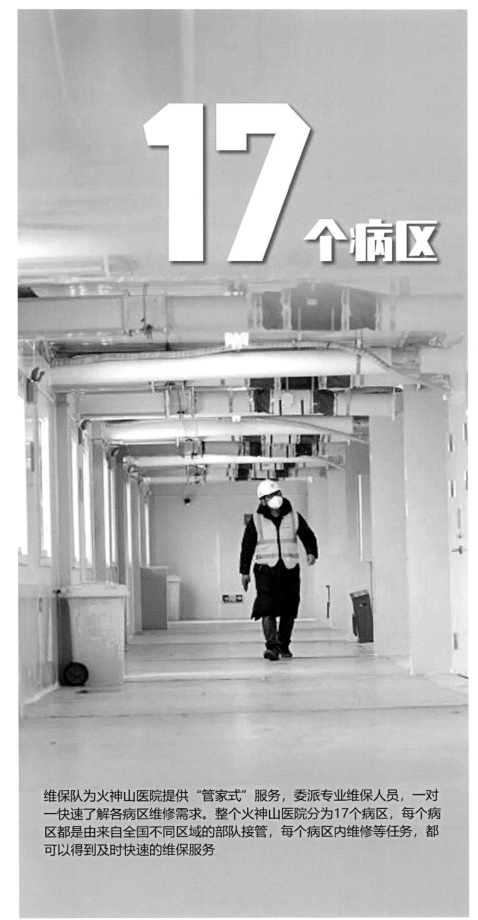

17个病区

维保队为火神山医院提供"管家式"服务，委派专业维保人员，一对一快速了解各病区维修需求。整个火神山医院分为17个病区，每个病区都是由来自全国不同区域的部队接管，每个病区内维修等任务，都可以得到及时快速的维保服务

雷神山医院维保团队高峰期达230人
他们和白衣战士并肩作战
用血肉之躯筑起疫情阻击"防火墙"

雷神山医院维保团队高峰期达230人

30个病区
为确保及时高效解决问题，雷神山维保团队24h随叫随到
被称为"金牌物业"，与医院各病区建立"一对一责任制"

30个病区

疫情大考中的
中国建造

火神山医院、
雷神山医院
建设纪实

5 维保
MAINTENANCE

5.2 维保效果

226
227

2. 维保问题解决

医院维修任务意义重大，时间紧迫。维保队员加强日常检修，问题发现后第一时间找到根源，对症下药予以解决。火神山医院共发现维保问题 1304 项，解决 1303 项，完成率 99.9%。雷神山维保团队收集整理维修记录单 438 份，共计完成维保任务 1460 条。

截至 2020 年 3 月 29 日，进入楼内维修 2209 人次，其中洁净区 937 人次，污染区 1272 人次。管理人员及工人均按要求佩戴防护用品，无感染人员。

现场主要问题为房屋渗漏、门锁、插座及开关、下水堵塞、灯具故障、水电风系统完善等问题。

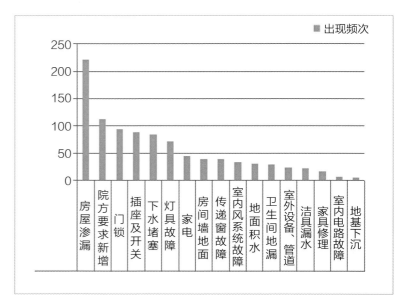

维保问题分类柱状图

维保问题分类汇总表

问题分类	具体内容
房屋渗漏	屋面、卫生间渗漏维修
院方要求新增（提供增值服务）	新增淋浴防滑垫、镜子、写字白板、抽纸盒、消毒水架、摄像头等
门锁	门锁损坏维修
插座及开关	新增插座及插座故障维修
下水堵塞	地漏、马桶堵塞维修
灯具故障	紫外线灯、照明灯维修
家电	热水器、电视、空调维修
房间墙地面破损	墙面、地面破损或打胶封堵
传递窗故障	电源故障、玻璃损坏、灯管损坏等维修
室内风系统故障	风机、风口、风管损坏维修
地面积水	地面积水处理
卫生间地漏	卫生间地漏安装过高或新增地漏
室外设备、管道	水泵、阀门、仪表、风机、雨污管网等维修
洁具漏水	洗脸盆、花洒、水龙头维修
家具修理	桌椅、柜子等维修
室内电路故障	电线、电路故障维修
地基下沉	结构地基局部下沉处理

3. 工作表彰

休舱仪式上雷神山医院现有医护与管理人员、建设施工单位代表等 500 余人共同见证这一历史时刻。武汉市政协副主席、雷神山医院运行保障指挥部指挥长梁鸣会向雷神山医院及 6 家医疗单位、运行保障单位颁发纪念牌，向运行保障人员优秀代表颁发荣誉证书。

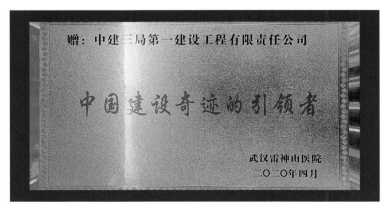

雷神山休舱仪式

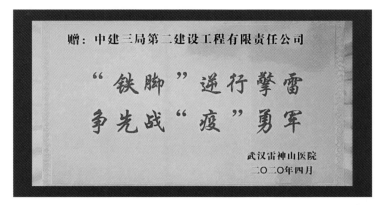

二公司维保表彰

三公司维保表彰

绿色投资公司表彰

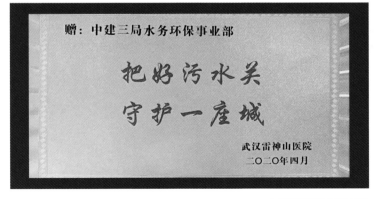

水务环保事业部表彰

一公司维保表彰

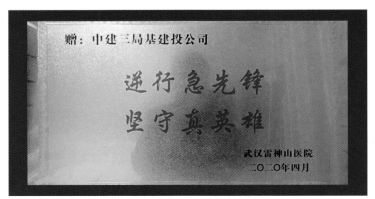

基建投公司表彰

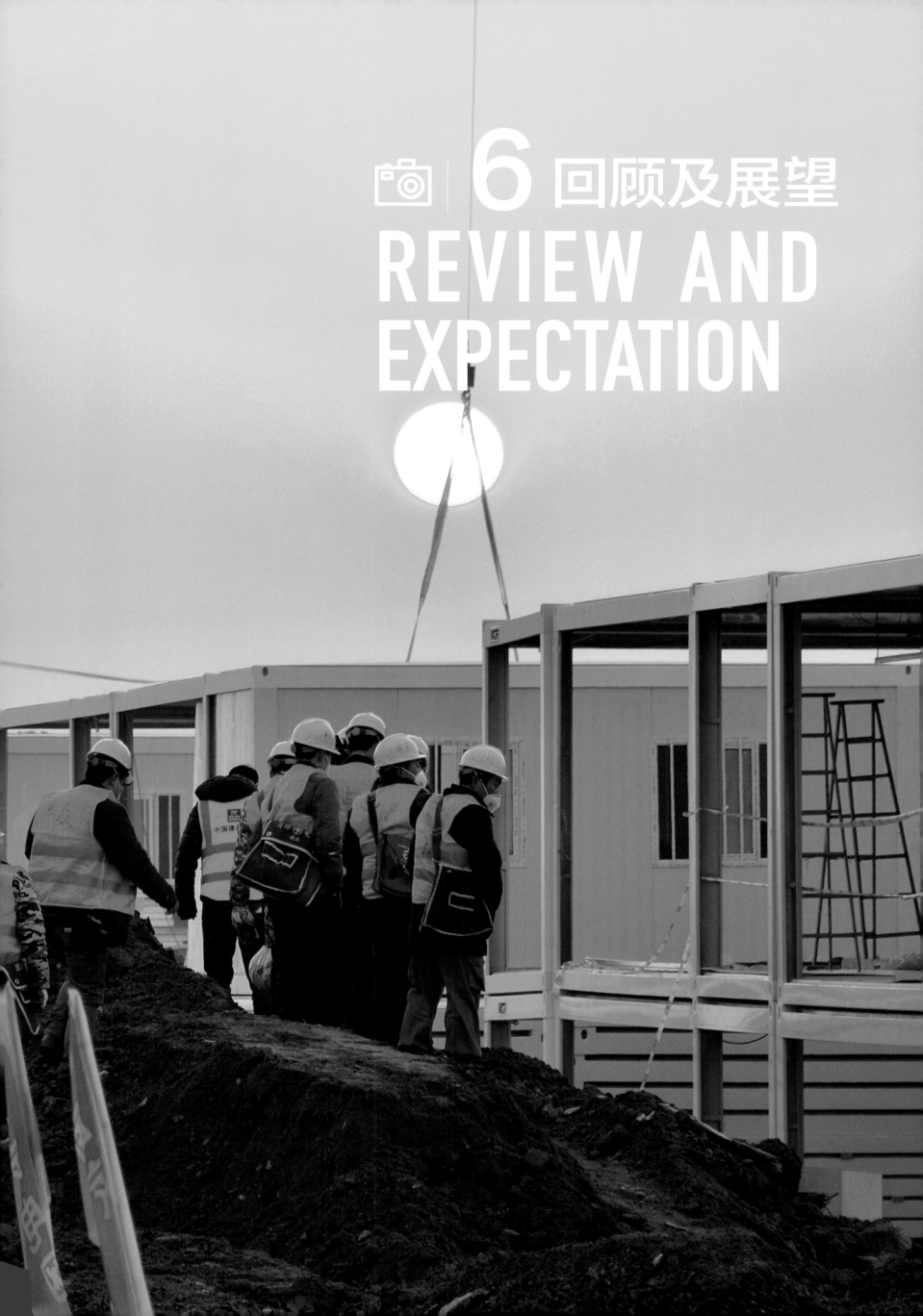

6 回顾及展望
REVIEW AND
EXPECTATION

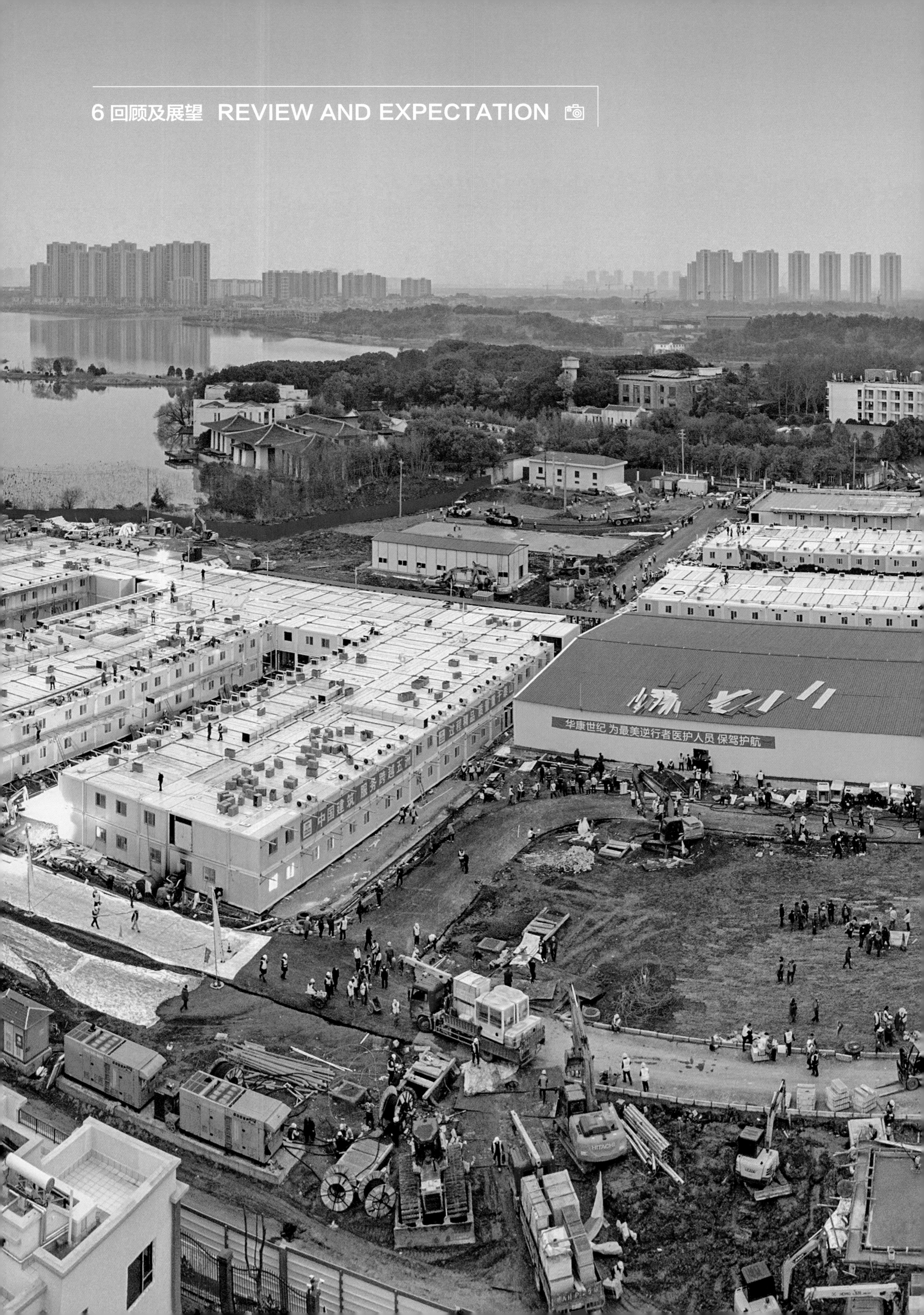
华康世纪 为最美逆行者医护人员 保驾护航
HITACHI

建设重要节点回顾

1. 火神山重要节点回顾

2020 年 1 月 23 日（农历腊月二十九下午），武汉市城乡建设局紧急召开专题会议，决定由中建三局集团牵头，参照 2003 年"非典"时期北京小汤山医院模式，于 2 月 3 日前在蔡甸区武汉职工疗养院建设一座呼吸类传染病医院——火神山医院。

火神山医院总建筑面积 3.39 万 m²，编设床位 1000 张，于 2020 年 1 月 25 日开始建设，2020 年 2 月 2 日交付并投入使用，建设时间九天九夜，前后投入机械 1500 余台，参与建设人员 12000 余人。

2020.01.25

火神山项目正式开工，在图纸尚未确定的情况下提前进场，当日完成大部分地面平整及碎石铺设，细砂回填，3.4 万 m² 场地平整基本完成。

中国建筑集团有限公司党组书记、董事长周乃翔深入一线检查火神山、雷神山医院施工情况

中国建筑集团有限公司党组副书记、总经理郑学选视察火神山医院进度

2020.01.26

　　防渗层施工全面展开，地下管网、HDPE 膜铺设和板房施工基础同步开展，底板钢筋开始绑扎，箱式房已陆续进场。260 多套专业设备在场施工。

火神山、雷神山医院应急工程建设指挥部指挥长，时任中建三局集团有限公司党委书记、董事长陈华元在现场安排工作

2020.01.27

管沟开挖持续进行，HDPE膜铺设面积已完成 3 万 m²，已近过半。基础钢筋及混凝土施工大面积展开，箱式房首个模块已经开始吊装搭建。

中建三局集团有限公司党委书记、董事长陈文健检查火神山医院维保工作

2020.01.28

　　火神山医院效果图正式发布。截至中午 12 时，HDPE 膜铺设面积已完成 60%，混凝土浇筑全面展开，同步铺设地下管网。投入汽车泵 6 台、汽车吊 12 台、平板车 10 台、吊车 5 台。

火神山、雷神山医院应急工程建设指挥部指挥长，中建三局集团有限公司党委副书记、总经理陈卫国宣布成立中建三局火神山医院项目指挥部临时党总支

疫情大考中的
中 国 建 造

火神山医院、
雷神山医院

建设纪实

📷 6 回顾及展望 REVIEW AND EXPECTATION

6.1 建设重要节点回顾

2020.01.29

　　项目建设快速推进，已完成板房基础混凝土浇筑约90%，300多个箱式板房骨架现场安装完成，同时场外同步拼装板房约400个。水电暖通、机电设备等材料全面到位，同步开始作业。现场已集结各类大型机械设备及运输车辆近千台，24h轮班作业。当日进场污水处理设备6车、电缆200m、管材500m。

疫情大考中的
中国建造

火神山医院、
雷神山医院
建设纪实

📷 6
回顾及展望 REVIEW AND EXPECTATION

6.1
建设重要节点回顾

2020.01.30

项目场地平整、砂石回填、HDPE 膜铺设全部完成。基础混凝土浇筑完成 95%；集装箱板房进场、改装、吊装快速推进。管线沟槽开挖、埋设及回填完成 50%；污水处理间设备吊装完成，管道安装完成 60%。高峰时期挖机 16 台、吊车 18 台、汽车泵 6 台、运输车 400 辆、发电机 5 台。Ⅲ区集装箱全部进场，Ⅱ区集装箱已进场 380 间，货源后备 100 间。

2020.01.31

基础混凝土浇筑全面完成，4 台 10kV 环网箱安装完成，实现医院通电。箱式板房进场 1650 套，完成约 90%；活动板房骨架安装完成 3000m²，完成约 70%；管线沟槽开挖、埋设及回填完成 70%。高峰时期投入设备挖机 16 台、吊车 19 台、汽车泵 6 台、平板车 15 台、半挂车 13 台、运输车 450 辆、发电机 5 台。进场 $DN300$ 波纹管 2000m，$DN1000{\sim}DN1200$ 波纹管 400m，电缆 7000m 全部到位。电缆套管、路灯、化粪池均到场。

6 回顾及展望 REVIEW AND EXPECTATION

6.1 建设重要节点回顾

2020.02.01

项目场地基础施工全部完成，开始安装医疗配套设备。集装箱安装完成 1650 套，完成约 95%；活动板房骨架安装完成 4000m²，完成约 95%；水电暖通设备、供氧安装完成 1200 套，完成约 70%；管线沟槽开挖、埋设及回填完成 95%；污水处理站设备吊装完成，管道安装完成 95%；室内装饰配套、室外医疗配套工程全面展开。投入设备挖机 16 台、吊车 19 台、平板车 15 台、半挂车 13 台、铲车 4 台、运输车 150 辆、发电机 5 台等。

疫情大考中的
中 国 建 造

火神山医院、
雷神山医院
建设纪实

📷
6
回顾及展望 REVIEW AND EXPECTATION

6.1
建设重要节点回顾

246
247

2020.02.02

火神山医院正式交付，武汉市市长周先旺与联勤保障部队副司令员白忠斌签署互换交接文件，标志着火神山医院移交给军队支援湖北医疗队管理使用。

武汉市市长周先旺（左一）与联勤保障部队副司令员白忠斌（右一）签署互换交接文件

2. 雷神山重要节点回顾

2020 年 1 月 25 日（农历大年初一）16 时，武汉市新型冠状病毒感染的肺炎疫情防控指挥部紧急召开调度会，决定在半个月之内再建一所传染病医院——雷神山医院。

雷神山医院总建筑面积 7.99 万 m²（包括隔离病房区 5.22 万 m²，医护人员生活用房 2.77 万 m²），可提供 1600 张床位，以及可供 2700 名专家医护人员和部队官兵工作、生活用房。雷神山医院于 2020 年 1 月 27 日开始施工，2020 年 2 月 6 日交付并投入使用，建设时间十天十夜，前后投入机械 2000 余台，参建人员 30000 余人。

疫情大考中的
中国建造

火神山医院、
雷神山医院
建设纪实

6
回顾及展望 REVIEW AND EXPECTATION

6.1
建设重要节点回顾

2020.01.27

雷神山医院项目正式开工建设，隔离病房区开始箱体深化，给水排水图纸完成第二次调整优化。病房区完成场平及碎石铺设工作，开始垫层浇筑；医护生活区开始钢梁基础拼接施工。高峰时期各类大型机械设备100台。

2020.01.28

　　隔离病房区沟槽管线开挖及预埋完成 70%，HDPE 防渗膜铺设、焊接完成 50%，条形基础放线定位及模板支设开始施工，箱式房开始现场拼装；医护生活区完成所有钢梁基础施工（除预留运输通道外），进入一层结构施工。高峰时期各类大型机械设备 150 余台，进场工字钢 15300m、HDPE 防渗膜 52000m²、土工布 33000m²、水泥 20t、钢管 60t 等。

疫情大考中的
中国建造

火神山医院、
雷神山医院

建设纪实

6
回顾及展望 REVIEW AND EXPECTATION

6.1
建设重要节点回顾

2020.01.29

雷神山医院进行设计变更，总建筑面积扩大至 7.99 万 m^2，其中隔离病房区约 5.22 万 m^2，病床 1600 张；条形基础完成超 40%，集装箱板房已全面开始场外拼装及改装，现场完成吊装及试拼 20 间。医护区钢结构基础全部完工，板房安装总体完成 60%，水电和防水已开始进场施工。高峰时期各类大型机械设备 176 台。进场灰砂砖 30000 块、模板 3000m^2，集装箱累计已进场 827 间，其中走道箱 290 间等。

疫情大考中的 中国建造

火神山医院、雷神山医院 **建设纪实**

📷 6 回顾及展望 REVIEW AND EXPECTATION

6.1 建设重要节点回顾

254
255

2020.01.30

　　隔离区 B 医技楼出图，整体建筑布局全部调整。ICU 病区室钢构施工图、屋面布置图、医技楼建筑布置图、总平面布置图深化完成，医护生活区结构和给水排水相关深化修改完成。现场管道沟槽回填基本完成，沟槽区 HDPE 膜完成 50%，混凝土条形基础浇筑完成约 60%；集装箱板房吊装完成 124 间，室内管线安装开始施工；污水处理站底板混凝土浇筑完成；医技楼基础底板浇筑完成 50%；医护生活区主体完成 85%，机电管线安装完成 30%。高峰时期各类大型机械设备 215 台，进场灰砂砖 31400 块、模板 2000m² 等。

疫情大考中的
中国建造
火神山医院、
雷神山医院
建设纪实

📷

6
回顾及展望
REVIEW AND EXPECTATION

6.1
建设重要节点回顾

2020.01.31

雷神山医院 B 版图纸、医护生活区图纸下发。隔离病房区 HDPE 膜总计完成约 70%；混凝土条形基础浇筑完成约 80%；集装箱板房吊装完成 229 间，钢结构开始吊装施工；医护生活区主体基本完成，机电安装完成 40%，新增 3 栋建筑已进场开展基础施工。高峰时期各类大型机械设备 244 台，进场 28 工字钢 2430m、地胶 5600m²、吊顶材料 7560m²、钢板 80 块、集装箱 1211 间、走道箱 629 间等。

2020.02.01

雨水调蓄池、救护车洗车间图纸下发。全面进入箱式房吊装施工阶段。隔离病房区混凝土条形基础浇筑完成，箱式房吊装完成700多间，机电安装完成约80%，室内装修工程同步插入施工，钢结构工程完成50%，污水处理站、调蓄池等吊装完成50%。医护生活区一期建筑主体全部完成，机电安装完成70%；二期后勤保障楼进行贝雷梁基础拼装，专家楼进行基础施工。高峰时期各类大型机械设备303台，进场材料贝雷片600片、活动板房5车、累计进场强化地砖4100m²、地板胶62000m²、累计进场集装箱3040间等。

疫情大考中的 中国建造

火神山医院、雷神山医院 **建设纪实**

📷 **6**
回顾及展望
REVIEW AND EXPECTATION

6.1
建设重要节点回顾

2020.02.02

箱式房吊装完成 1364 间；地板胶大面积同步施工，完成 600 余间；B 区手术室等洁净区域外墙封堵完成 90%；钢结构框架吊装完成 70%；液氯加药间、液氧站、正负压站房、垃圾暂存间等配套设施所有基础全部完成。医护生活区机电管线安装完成 80%；二期 2 栋后勤保障楼、专家楼进入主体结构拼装阶段。高峰时期各类大型机械设备 329 台，进场活动板房 4040m²、木模板 3870m²，累计进场集装箱 2020 间、走道箱 1073 间等。

2020.02.03

完成污染品暂存库全套专业图；垃圾焚烧站、加药间平面调整优化出图；隔离病房区完成总体工作量的 75%。医护生活区完成总体工作量的 90%，隔离区箱板房总计吊装完成 2260个；A 区地胶铺设完成总量的 80%；隔离病房 BC 区道路回填已开始；钢结构工程总体完成约 85%，CT 仪器吊装完成；液氯加药间、污水处理站、液氧站、正压房等配套设施设备已完成吊装。医护生活区一期进入收尾阶段，剩余四栋安装完成 85%；二期 2 栋后勤保障楼、专家楼主体施工完成，进入机电管线安装阶段。高峰时期各类大型机械设备 327 台，进场成品传递窗 300 个、强化地砖 600m²、地板胶 12000m²。

中国建造
疫情大考中的

火神山医院、
雷神山医院
建设纪实

📷 6 回顾及展望 REVIEW AND EXPECTATION

6.1 建设重要节点回顾

2020.02.04

　　污染品暂存库图纸下发。武汉雷神山医院总体进度完成约90%，隔离病房区完成总体工作量的85%，箱式板房吊装完成2901间，约96.5%；场外道路回填完成70%；A区医技区架空地板已完成50%，机电安装工程完成85%；CT室具备供电条件，进入通电调试阶段；污水处理站设备完成交付。医护生活区完成总体工作量的95%。一期3栋建筑完成验收移交，二期机电管线安装完成50%。高峰时期各类大型机械设备360台，进场银镜1000块、洁具500套、成品传递窗400个、强化地砖1600m^2。

2020.02.05

　　明确现场大门做法样式，完善围墙节点施工图，补充CT室简装做法。隔离病房区道路回填完成50%，路面及简易绿化完成50%；A区钢结构施工已完成，机电安装完成约80%，室内装修完成50%；CT室设备安装及电缆接线全部完成，2台设备开展通电调试。液氯加药间、微波消毒间、垃圾焚烧间及暂存间、正负压房、污水处理站等配套设施均已进入收尾工作。医护生活区一期全部完成并验收，二期后勤保障楼、专家楼机电管线安装完成75%。高峰时期各类大型机械设备376台。

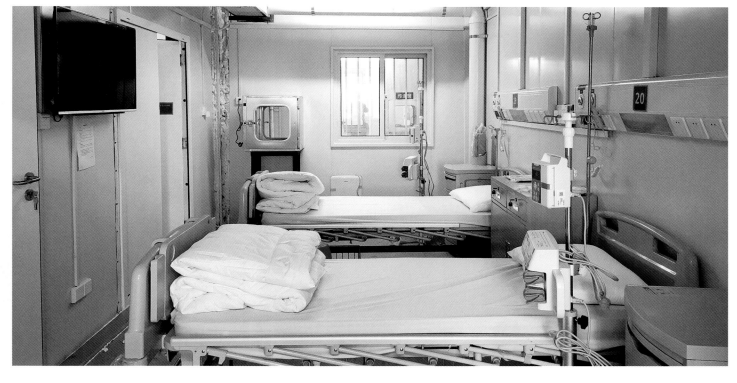

2020.02.06

武汉市城乡建设局会同市卫健委组织雷神山医院项目代建方武汉地产集团、承建方中建三局开展雷神山医院验收工作并逐步移交。隔离病房区医技楼、A15、A16通过内部验收，提请接收方验收并开展房间清理工作，医护生活区已移交医院接管方，二期后勤保障楼和专家楼机电管线安装完成，提交验收。逐步组织人员和机械设备退场。高峰时期各类大型机械设备345台。

疫情大考中的

中国建造

火神山医院、雷神山医院

雷神山医院 建设纪实

📷 6 回顾及展望 REVIEW AND EXPECTATION

6.1 建设重要节点回顾

3. 云监工回顾

2020 年 1 月 27 日 20 时，央视频客户端率先开通了两座医院建设现场的慢直播，人们得以在线上亲眼见证中国速度。

在特殊时期，火神山、雷神山的建设是国家统一调控、接管病例的重要举措，其背后也有着强大的鼓舞性，这样的意义使得直播间内的氛围具备着高团结性和强凝聚力，无数观看者更容易在这里受到群体共鸣的影响，直播全程没有音乐，没有解说，也没有评论区的话题引导，只有建设工人忙碌的身影，以及各类机械设备运作时发出的噪声，却依然吸引了数千万名网友的关注。疫情的情况下，作为普通人能做的事情很少，但是从直播中看到两座医院在不间断地建设，大家在忙碌着做同一件事，这是很温暖的内容，能抚平大家的心情。数千万名网友在线"云监工"，默默见证着两座医院的建设，在评论区里为一线建设者加油。此外，实时直播令信息得以公开和透明，一些谣言在"云监工"下也不攻自破。

这两座 10 天左右时间平地崛起的医院，不仅全程吸引着国内数千万网友担当"云监工"，新华社在脸书、推特和 YouTube 平台对火神山医院建设全程报道，更是让无数外国网友震撼不已，纷纷赞叹中国速度、中国力量，系列报道浏览量超过 3000 万次，转发、点赞、评论超过 200 万次，成为海外社交媒体平台近期受到持续关注的热点。

在 5G 网络的支持下，降低了实现慢直播的技术难度，令网友能看到实时高清信号 + 现场声的画面。这两座医院的建设，或许是人类历史上监工人数最多的建设项目，累计近 2 亿人次，高峰时期，超过 6 千万人同步在线观看。被疫情困在家中的人们，通过云技术和 5G 搭建的直播渠道，以一种前所未见的形式，为火神山、雷神山医院的诞生呐喊助威。

云监工直播设备

火神山医院直播画面

雷神山医院直播画面

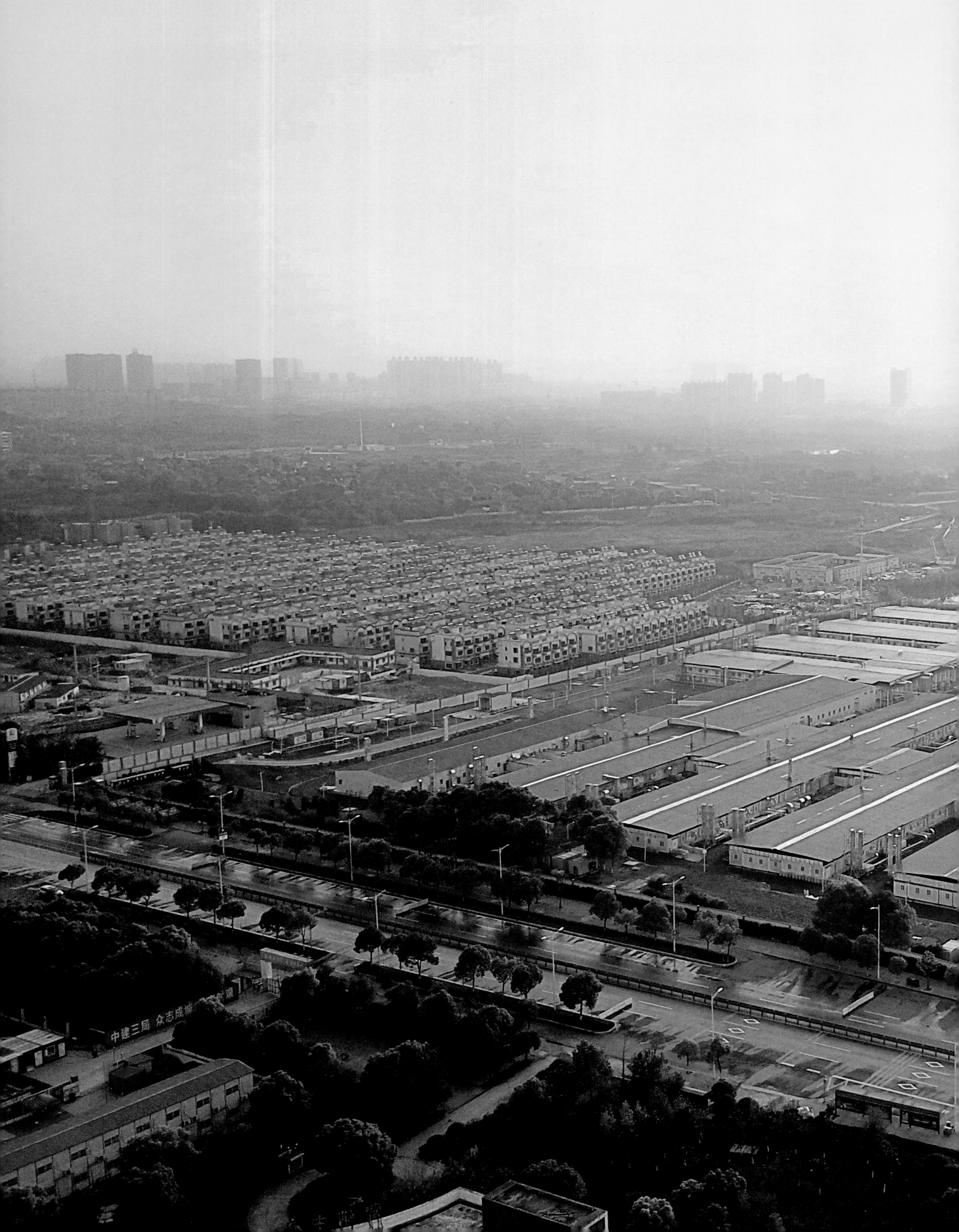
中建三局 众志成

展望

1. 平战结合

所谓"平战结合"，即对定点永久医院、公共建筑，"平"为非疫情时的综合服务性医院、公共服务设施，"战"为疫情时的临时传染病医院、方舱医院。在规划、设计、建设阶段，提前科学布局，便利于疫情突发时的功能转化，"平战"两用，提高医疗资源利用率，减少大型疫情中的增建、改建工作量，提升城市抗疫能力。

（1）统筹规划，匹配抗疫需求，提升平战综合服务能力

考虑城市规划规模与战时需求，前瞻性统筹大、中、小城市的传染病医院与综合医院数量，平战结合医疗设施建造规模。科学规划传染病医院、战时定点收治综合医院的选址，尽可能截断与市区传播路径，同时，最大化提升两类医院平时综合服务能力、战时抗疫服务能力，提高医疗资源利用率。

（2）科学合理布局，长效持续运营，平战应用两不误

合理规划综合医院战时病例收治区域大小及院内位置，从病毒传播途径上对收治区域科学布局，合理设置与平时接诊服务区域的建筑间距，利于平战转化时的应急改建，便利战时迅速组织各种人流、物流；保障综合医院原有功能，使战时收治区域同时能高效服务于平时常规接诊。而传染病医院作为战备医院，要强化长效运营机制，形成战时隔离区、限制区、生活区、平时污染区、清洁区、辅助区的双重综合布局，兼顾平时综合接诊服务能力；在医疗资源投入上强化"尖专科、强综合"，在综合学科资源选择上围绕传染病相关学科做深、做强、做大，维持长效运营。

（3）深化功能设计，提高设施共用性，实现平战高速转化

对综合医院的战时收治区域，在室内布局、设备安装、装饰选材、构造做法上都尽可能向传染病医院倾斜，利于平战高速转化，实现空间、设备、设施的平战协调利用率最大化，战时改建量最小化。室内布局尽可能倾向"三区两通道"标准，设备安装尽可能满足洁污分级分区、气压分级分区，装饰选材与构造做法尽量不利于细菌病毒滋生、利于日常清洁消毒。

（4）预留应急场地，预建基础设施，储备战时增建能力

在大型综合医院、传染病医院建造规划中，要考虑战时收治病例数超出医院容量时，具备在短时间内于院区内增建应急抗疫设施的能力。建议在选址与院区规划时预留合理的建设用地，为战时增建应急抗疫设施预先做好水电、排污、防渗等地下基础设施的设计与施工，利于战时用最短时间增建所需抗疫设施。该预留用地平时可以作为景观性草坪、停车场使用。

（5）加强物资储备，完善建造技术标准，提升战时增建能力

按地域设置"疫战区"，建立应急抗疫设施、增建物资常态化储备机制，根据"疫战区"内城市人口密度，确定抗疫设施、增建物资储备量，固定医疗设施、增建物资提供单位和医院建设单位。宁可备而不用，不可战有所缺。完善传染病应急医疗设施建设技术及标准，加强模块化、标准化、工厂化、装配式建造研发，实现战时集成高效建造，战后能广泛周转使用。如2月3日湖北省住房和城乡建设厅发布《呼吸类临时传染病医院设计导则（试行）》，2月6日中国工程建设标准化协会发布《新型冠状病毒感染的肺炎传染病应急医疗设施设计标准》，可供疫情抢建应急医疗设施参考，但相关建造领域详细标准仍有待完善。

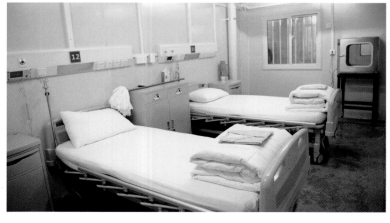

感染区

清洁区

缓冲区

零污染 废水处理

应急物资储备中心

雷神山医院全貌

2. 标准化研究

（1）应急防疫工程高效建造集成技术及标准体系研究

1）基于火神山、雷神山医院的防疫工程快速建造成套技术

总结火神山、雷神山医院建造过程中设计技术、施工技术、组织措施、功能创新、智能运维等领域成果内容，形成《防疫工程快速建造施工指南》。

2）防疫工程快速建造核心攻关问题

分析火神山、雷神山医院建造过程中涉及的结构布局、体系选型、标准选取、智能化应用、机电结构安装融合等领域中存在的系统性问题，以及屋面防水、负压梯度、室内供氧等具体化问题，探讨应急抗疫设施建筑发展方向，为集成技术及产业化研究提供方向。

3）防疫工程快速建造模式及建造理念

基于火神山、雷神山医院成果基础，研究形成防疫工程快速建造模式、建造方法、设计施工理念，形成《防疫工程快速建造设计导则》。

4）防疫工程设计施工建造标准研究

基于火神山、雷神山医院成果基础，考虑院方、民用医院等使用方对防疫工程需求，考虑医疗功能和建造布局的结合，突破现有标准体系，建立更适合应急防疫工程的新标准体系，在达到防控、防治目的的基础上，简化设计、优化标准，形成设计施工一体化标准，即《全装配式抗疫应急工程建造标准》。

（2）防疫工程可周转高效建造建筑产品研发

1）防疫工程医疗设施功能和建筑结构布局研发

从医疗设施功能、医患防护要求、建造便利等多角度，研究除"鱼骨头"布局以外更为合理先进的建筑结构布局。

从用户需求、建筑功能、医患防护、医疗功能、高效建造、周转利用等角度，定义新建筑产品的功能指标，为产品设计提供明确的目标要求。

2）防疫工程室内气流仿真模拟研究

开展气流仿真模拟等理论研究，研究特定室内布局、进排风设计及负压设置下，室内气流压力梯度分布，为产品结构体系设计提供理论支撑。

3）防疫工程建筑产品新材料研发

开发新材料，针对现有箱式板房材料缺陷，提升材料性能，从材料性能上，提升新建筑产品功能。

4）防疫工程可周转高效建造建筑产品研发

在中建科技现有模块化箱式集成房屋、钢结构模块化建筑及功能配套模块的基础上，开展产品标准化、系列化、模块组合化研究，解决通用性、功能多元化、快速设计建造等问题，开发满足防疫工程建筑及医疗抗疫功能的新建筑产品，解决屋面防水、建筑密闭、负压梯度、室内供氧等现有箱式板房存在的问题，形成《全装配式抗疫应急工程产品手册》。

三区两通道

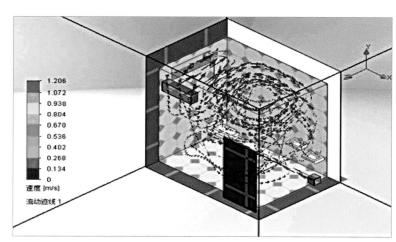

气流仿真模拟研究

疫情大考中的

中国建造

火神山医院、雷神山医院

建设纪实

6 回顾及展望 REVIEW AND EXPECTATION

6.2 展望

（3）防疫工程可周转高效建造产品产业化应用

1）防疫工程建筑产品标准化生产线开发

基于建造标准和图集，对标国内一流生产线，结合现有生产技术，总结生产工艺，形成标准化生产流程，完成相关设备的开发，形成建筑产品标准化生产线，形成《防疫工程产业化生产设备选型手册》。

2）防疫工程新型建筑产品可周转安拆维护技术研究

从快捷安拆节点设计、安装拆除专项工艺、节点交接密闭材料、建筑产品无损吊装、保养维护等方面，开展系统研究，实现新型建筑产品可高效安拆、周转利用。

3）防疫工程高效建造配套设备研发

研发和防疫工程新建筑产品相配套的高效施工设备，包括转运设备、吊装设备、安拆设备等系列高效便捷施工装备，以实现机械化高效施工。

4）应急防疫工程安全非接触建造管理系统研究

开发工程安全管理及远程安全检查系统、远程安全监控系统、非接触智能通行管控系统、场地地形自动测绘设备与技术，实现建造人员非接触管理，减少出入口等人员集中危险部位的触碰，降低传染风险，实现快速、自动化的三维精细建模及土方量计算。

（4）防疫工程安全高效运维配套设施开发及建造

1）应急防疫工程暖通系统控制标准研究

防疫工程暖通系统研究内容涵盖设计标准化、功能提升、装配化研究。

设计标准化包括不同气候区的设计参数标准化、数据库化，选用产品、材料标准库的清单建设，室内高效新风排风气流组织等内容。功能提升包括新风预处理冷、热、加湿除湿，室内空气杀毒灭菌循环处理，空调系统杀毒灭菌清洗等内容。装配化研究包括单元式通风系统和集中通风处理系统的设计建造研究。

2）防疫工程"零感染"医护设备安装技术开发

不断优化室内送排风口、下水排污系统、室内供氧系统、室内负压系统及医护防护设备的设计与安装，确保医护人员"零感染"。

3）防疫工程"零污染"医废处理设备开发

研发一套应急防疫工程医疗废物原位处理设备，包括处理效果好、减量化显著的高温焚烧工艺，研发原位一体化焚烧设备，包括进料提升、预处理、焚烧、烟气净化、排料等功能模块，设备集成于一个整体箱式模块内，具有运输便捷、快速拆装、自动控制、节能环保等优势。

非接触工程管理

4）防疫工程安全高效智能化运维技术开发

合理设计与应用智能化设备，保留实用设备、剔除多余设备、开发专项设备，积极开展全光网络、5G、物联网、智能机器人、模块化整体机房等领域新设备的研发应用，实现智能呼叫、智能消杀、智慧消防、智能医药物流等智能化运维。

5）防疫工程智能化试验检测技术开发

开发智能化检测设备，特别是对装配完成后的建筑成品密闭性、负压梯度、供氧浓度以及高压管道焊接损伤等实现智能化试验检测的设备。

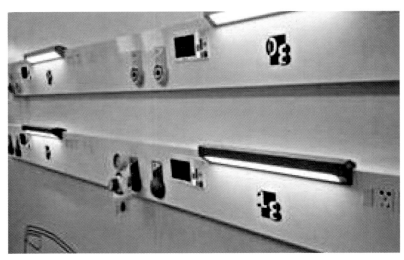

室内负压病房及供氧系统

室内负压病房及供氧系统

污水废气处理设备

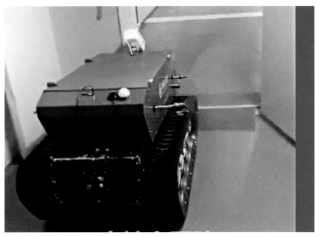

智能机器人及5G网络

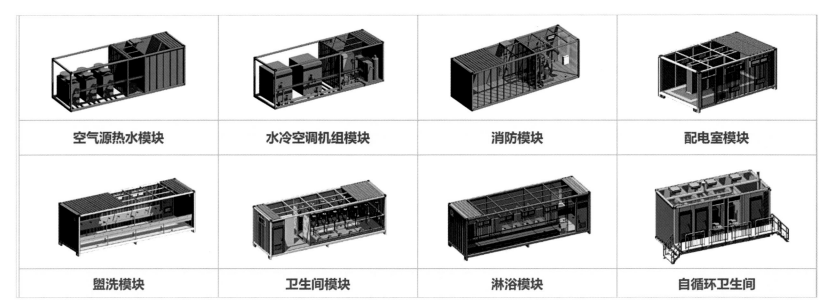

模块化整体机房研发

图书在版编目（CIP）数据

火神山医院、雷神山医院建设纪实／张琨主编. —北京：
中国建筑工业出版社，2020.7
ISBN 978-7-112-25338-8

Ⅰ.①火…　Ⅱ.①张…　Ⅲ.①传染病医院－建筑设计
Ⅳ.①TU246.1

中国版本图书馆CIP数据核字（2020）第134225号

　　火神山医院、雷神山医院在设计方面，首次采用模块化设计、细化洁污分区、创新卫生通过室等措施，集成了一套高效可靠的应急医院防扩散设计技术，解决了呼吸类传染病应急医院快速建造和安全保障的难题。同时，该项目创新使用分阶段逆向设计、现代物流优化、模块化施工、快速验收等组合技术，形成了设计、施工、物流与工艺优化高度融合的应急医院一体化建造技术，实现了极限工期下应急医院快速建造、快速交付。

　　本书作为系统论述火神山医院、雷神山医院建设纪实的专业图书，全面介绍火神山医院、雷神山医院建造的设计理念及施工技术体系，主要内容包括火神山医院、雷神山医院建造概况，设计理念，关键建造技术，主要创新点及维保工作等。

责任编辑：朱晓瑜　毋婷娴
责任校对：焦　乐

火神山医院、雷神山医院建设纪实
主编：张琨
*
中国建筑工业出版社出版、发行（北京海淀三里河路9号）
各地新华书店、建筑书店经销
北京锋尚制版有限公司制版
北京富诚彩色印刷有限公司印刷
*
开本：889×1194毫米　1/8　印张：36　字数：642千字
2020年7月第一版　　2020年7月第一次印刷
定价：**300.00**元
──────────────
ISBN 978-7-112-25338-8
（36072）

疫情大考中的
中国建造
火神山医院、
雷神山医院
建设纪实

6
回顾及展望 REVIEW AND EXPECTATION

6.2
展望